高等学校规划教材
GAODENG XUEXIAO GUIHUA JIAOCAI

RUANYINLIAO
GONGYIXUE

软饮料工艺学

蒋和体　主编
张美霞　徐宝成　副主编

西南师范大学出版社
XINAN SHIFAN DAXUE CHUBANSHE

图书在版编目(CIP)数据

软饮料工艺学/蒋和体主编.—重庆:西南师范大学出版社,2007.12
ISBN 978-7-5621-4033-7

Ⅰ.软… Ⅱ.蒋… Ⅲ.饮料－生产工艺－高等学校－教材 Ⅳ.TS275.04

中国版本图书馆CIP数据核字(2007)第200364号

软饮料工艺学

蒋和体 主编

责 任 编 辑:张浩宇
整 体 设 计:周娟 钟琛
出版、发行:西南师范大学出版社
     重庆·北碚 邮编:400715
     网址:www.xscbs.com
印 刷:重庆紫石东南印务有限公司
开 本:185mm×260mm
印 张:15.25
字 数:400千字
版 次:2012年3月第2版
印 次:2020年5月第2次
书 号:ISBN 978-7-5621-4033-7
定 价:40.00元

我国软饮料工业发展迅速、持久,已成为食品工业中最具活力的组成部分。对软饮料新技术的需求将有一个显著的增长。

《软饮料工艺学》是为食品、茶学、园艺等专业编写的专业课教材。全书主要内容有软饮料水处理、原辅材料、包装材料、碳酸饮料、果蔬汁饮料等,详尽论述了软饮料工艺学涉及的基本原理和技术,生产中易出现问题的解决方法,反映了国内外有关软饮料的成就、现状及发展趋势。本书对食品科技人员和饮料企业技术人员均有参考价值。

全书共分12章,绪论、第2章、第4章、第9章由蒋和体编写,第1章由章道明编写,第3章、第7章由冯艳丽编写,第5章、第11章由徐宝成编写,第6章、第10章由张美霞编写,第8章由袁先铃编写。本书主编蒋和体负责全书的统稿工作。

由于本书涉及面广、内容丰富,加之编者能力有限,书中难免有疏漏和不妥之处,敬请专家和读者指正。

编 者
2007年2月

- 1　前言
- 1　绪论
  - 1　软饮料的概念 1
  - 2　软饮料的分类 1
  - 3　软饮料工业现状 4
  - 4　软饮料工艺学的学习方法 6

- 8　第1章　软饮料用水及水处理
  - 1　软饮料用水及水质要求 8
  - 2　软饮料用水处理 12

- 26　第2章　软饮料常用辅料
  - 1　食糖 26
  - 2　甜味剂 30
  - 3　酸味剂 32
  - 4　香料和香精 34
  - 5　色素 39
  - 6　防腐剂 42
  - 7　抗氧化剂 45
  - 8　增稠剂 47
  - 9　乳化剂 50
  - 10　酶制剂 51
  - 11　二氧化碳 52

- 55　第3章　包装容器和材料
  - 1　玻璃瓶 55
  - 2　金属包装材料及金属罐 61
  - 3　塑料及复合包装材料 64

- 71　第4章　碳酸饮料
  - 1　碳酸饮料的分类及产品技术要求 71
  - 2　碳酸饮料的生产工艺流程 73
  - 3　糖浆的制备 74
  - 4　碳酸化 78

  5 碳酸化的方式和设备 85
  6 调和系统与调和器 87
  7 碳酸饮料的灌装 89
  8 其他设备 91
  9 碳酸饮料常见的质量问题及处理方法 93

100 第 5 章 果蔬汁饮料
  1 果蔬汁饮料的定义与分类 101
  2 果蔬汁饮料的生产工艺 103
  3 果蔬汁生产中常见的质量问题 118
  4 果蔬汁饮料的生产实例 122

128 第 6 章 含乳饮料
  1 含乳饮料的定义与分类 128
  2 配制型含乳饮料 129
  3 发酵型含乳饮料 135
  4 乳饮料常用稳定剂 141
  5 含乳饮料常见质量问题及其解决办法 142

146 第 7 章 植物蛋白饮料
  1 植物蛋白饮料的定义与分类 146
  2 豆乳类饮料 147
  3 提高豆乳的质量与蛋白质回收 159
  4 豆乳生产的基本工序 161
  5 其他植物蛋白饮料 165

169 第 8 章 瓶装水
  1 饮用天然矿泉水 170
  2 饮用纯净水 189

192 第 9 章 茶饮料
  1 茶饮料的概念和分类 192
  2 茶饮料加工 196
  3 茶饮料加工实例 205

207 第 10 章　固体饮料
　　1　固体饮料概述 *207*
　　2　果香型固体饮料 *209*
　　3　蛋白型固体饮料 *214*
　　4　其他类型固体饮料 *221*

225 第 11 章　特殊用途饮料
　　1　运动饮料 *225*
　　2　滋补饮料 *230*
　　3　低热量饮料 *233*

绪　　论

1　软饮料的概念

饮料是指经加工制作,供人饮用的食品,也可以是指经过一定的加工程序而制成的液体食品。饮料的主要加工程序为:原料处理、配料、灌装、灭菌、包装等。饮料的种类繁多,各具其独特的风味,有的可使人提神兴奋、消除疲劳,有的具有一定的营养价值和疗效,有的是嗜好品,但都很强调其色、香、味及口感。按其成分不同又可将饮料分为两类:非酒精饮料和酒精饮料。非酒精饮料即软饮料,含酒精在 0.5%(m/v)以下。

软饮料是以补充人体水分为主要目的的液体食品,在饮料工业发达的国家,它是食品工业的重要组成部分,已成为人们日常生活中的必需品。一般说来,一个成年人,每天通过呼吸、汗、尿、粪等途径排出的水分约 2 500 mL,通过日常的食品可补充 40% 左右,通过自身生理调节可弥补 10%,其余的 50% 需靠饮水和饮料补充,即成人平均每年的理论饮液量为 450 kg,而软饮料在客观上起到了补充水分和一定营养成分的作用。随着社会的进展,生活水平的不断提高,特别是发达国家,白水饮用量逐年下降,各种软饮料的销量逐年增加,促使软饮料工业迅速发展。

2　软饮料的分类

软饮料目前在世界上没有统一的分类法,各国对于分类都有不同的意见,因为对软饮料的含义的解释有所差别,严格来说无酒精饮料与软饮料所包括范围也有所差别,前者的范围更广一些,但大多数国家都习惯称无酒精饮料为软饮料,英文中的"Soft-drinks"可译为软饮料、清凉饮料或无醇饮料,其分类是按其原料成分、产品及工艺特点进行的。

2.1 国内软饮料分类法

国家标准 GB10789-1996《软饮料的分类》规定了软饮料的分类,适用于不含乙醇或作为香料等配料的溶剂的乙醇含量不超过 0.5% 的饮料制品。本标准根据不同的原辅材料或产品形式进行分类。

2.1.1 碳酸饮料类

在经过纯化的饮用水中,压入二氧化碳气体的饮料,或在糖液中,加入果汁(或不加果汁)、酸味剂、着色剂及食用香精等制成调和糖浆,然后加入碳酸水(或调和糖浆与水按比例混合后吸收碳酸气)而制成的饮料,可包括果汁型、果味型、可乐型和其他型的碳酸饮料,不适宜用发酵法生产而产生 CO_2 的饮料。

2.1.2 果汁饮料类

用成熟适度的新鲜或冷藏果品为原料,经机械加工所得的果汁或混合果汁类制品,也可是将所得果汁或混合果汁加糖、酸调配的制品,可直接饮用或稀释后饮用,所含原果汁不少于5.0%,包括制作原果汁或混合原果汁、浓缩果汁、原果汁、原果浆、浓缩果浆、水果汁、果肉果汁饮料、高糖果汁饮料、果粒果汁饮料、果汁饮料、果汁水等种类。

2.1.3 蔬菜汁饮料

一种或多种新鲜蔬菜汁(或冷藏蔬菜汁)、发酵蔬菜,加入食盐或糖等配料,经脱气、均质及杀菌等所得的制品,包括蔬菜汁、混合蔬菜汁、发酵蔬菜汁等种类。

2.1.4 含乳饮料类

以新鲜乳或乳制品为原料,未经发酵或经发酵,加入水或其他辅料加工制得液状或糊状制品,包括配制型含乳饮料和发酵型含乳饮料两种类型。

2.1.5 植物蛋白质饮料类

以大豆或蛋白质含量高的种子为原料,与水按一定比例研磨、去残渣,加入风味剂(或不加)或配料,经杀菌、脱臭、均质等制得的成品。其成品蛋白质含量不低于 0.5%(m/v)。包括纯豆乳,调制豆乳,豆乳饮料和其他植物蛋白饮料等种类。

2.1.6 瓶装水饮料

瓶装饮用水是指密封在塑料瓶、玻璃瓶或其他容器中可直接饮用的水。其原料水除了允许使用臭氧之外,不允许有外来添加物。瓶装饮用水包括饮用天然矿泉水、饮用纯净水和其他饮用水三种类型。

2.1.7 茶饮料类

茶饮料是茶叶经过抽提、过滤、澄清等工艺制得的抽提液,直接罐装或加入糖类、酸味剂、食用香精、果汁、植物抽提液等配料配置而成的制品。包括茶汤饮料、果汁茶饮料、果味茶饮料和其他茶饮料四种类型。

2.1.8 固体饮料类

以糖(或不加糖)、果汁(或不加果汁)、植物抽提物及其他配料为原料,加工制成粉末状、颗粒状或块状的经冲溶后饮用的制品,其制品含水量小于5%。包括果香型、蛋白质型及其他型固体饮料。

2.1.9 其他饮料

在经过纯化的饮用水中,加入对人体有益的某些微量元素或食用香精,配以辅料所制得除上述八种类型以外的饮料品,如特种饮料:为人体特殊需要而加入某种食品强化剂的制品;高糖果汁饮料:在糖液中,加入天然香精、植物浸提液、合成香料,以甜味剂、酸味剂调制而成的,经稀释后饮用的制品。

2.2 国外软饮料分类介绍

世界各国对饮料的分类不一致,普遍将其分为三类:即为含酒精饮料、无酒精饮料、其他饮料,国外都把无酒精饮料称为软饮料。

2.2.1 美国的软饮料分类

美国《软饮料法规》中,对软饮料所下的定义为:"软饮料是人工配制的乙醇(用作香料等配料的溶剂)含量不超过0.5%的饮料,它不包括:(1)加糖的或不加糖的、浓缩的或不浓缩的、冷冻的或不冷冻的纯果汁或纯蔬菜汁;(2)牛奶及脱脂奶、酸奶、奶粉等奶制品;(3)以茶叶、咖啡及可可等植物性原料为基础的饮料"。"软饮料可以充气也可以不充气,还可以是浓缩加工成固体粉末状"。软饮料分为下列几类:

(1)含果汁 标准果汁含量不低于10%,可以含有两种或两种以上的果汁,可以含有法规允许的配料。

(2)含果肉 含有不低于2%的碎果肉的饮料,可含有皮、芯及汁,但不含籽,可含有法规中允许的配料。

(3)含天然抽提物 含有法规中允许的任何配料,但人工合成风味剂除外,常含有低于10%的标准果汁,可以是两种或两种以上的果汁混合。

(4)加香 可以含有法规中允许的配料,包括人工合成风味剂,常含有但低于10%的标准果汁,可以是两种或两种以上的果汁混合。

(5)不加香 仅含有法规中允许的盐类。

以上所指配料多指添加的食品添加剂:酸化剂、抗氧化剂、色素、香料等。法规中各种不同果汁的糖度为9°Bx~13°Bx,如:苹果、红杏、菠萝、杏等。

2.2.2 日本的软饮料分类

(1)清凉饮料 包括①碳酸饮料:可乐型、透明型、加果汁型、果实着色剂型、乳酸型、苏打水及其他;②果汁饮料:天然果汁(100%果汁)、含果汁50%以上的饮料、浓缩汁、果味糖浆、加果肉的果汁饮料。

(2)饮料粉

日本软饮料除包含100%天然果汁与美国不同外,其余与美国软饮料的分类基本相似。

2.2.3 欧洲软饮料分类

(1)果汁 各种不同原果汁含量的果汁,包括100%天然果汁。

(2)乳及乳制品、茶、咖啡、可可等植物饮料。

(3)矿泉水 是欧洲最盛行的饮料之一,由于不含热卡,受到消费者的欢迎。

(4)碳酸清凉饮料 包含可乐饮料和低卡饮料。低卡饮料是以天冬甜精作为甜味剂的可乐饮料。

从以上可看出各国软饮料的分类,有相同也有不同之处,而我国软饮料包括的范围更广,品种更多一些,更有利于我国软饮料工业的发展。

3 软饮料工业现状

3.1 世界软饮料发展概况

发达国家年人均100 kg、美国年人均300 kg,美国主要生产公司有可口可乐公司(Coca-Cola Co.,KO)、百事公司(PepsiCo Inc.,PEP)、吉百利食品有限公司(Cadbury Schweppes Plc,CSG)和CottCorp.(COT)。日本年人均在150 kg以上,2002年销售4兆9 168亿日元,按消费量大小排序为:茶饮料、咖啡、果汁饮料、可乐、瓶装水,销售量的45%是通过自动饮料销售机销售的,全世界年人均消费50 kg。

软饮料的发展与整体社会经济发展有密切关系,软饮料生产和消费强国仍然是经济强国。

2001年,全世界软饮料销售已达2 000亿美元,发达国家和地区增长趋缓,但竞争激烈,向品种多样化、健康与天然方向发展。2002年世界软饮料总消费量为3 300亿升(约合33 000万吨),是啤酒消费量1 423亿升的2.3倍,较不发达国家和地区增长迅速,如西欧、中东、中国、东南亚,大集团公司加速世界市场占领。可口可乐公司从1886年创立以来,一直以其可口的碳酸饮料系列产品风靡全世界,2005年零售收入231.04亿美元,净利润为50亿美元。2006年度世界500强公司排行267位。

3.2 我国软饮料工业的现状与发展前景

利用大豆制作的蛋白质饮料——豆浆,饮用果汁或用果汁做清凉饮料,在我国均有悠久的历史,豆浆早在2000年前的家庭或作坊就有生产,以后传入日本及东南亚各国。饮用果汁在900多年前,宋朝就有记载,当时已经用果汁调和各种奶汁,再放上冰块制成冰冻冷饮,宋代诗人杨万里曾在一诗中描述:"似腻还成爽,如凝又似飘,玉来盘低碎,雪向日冰消",实际上是用果汁、奶和冰调制而成的一种雪糕。而饮料形成工业化的生产在我国只有近90年的历史,随着帝国主义的入侵,而带进一些饮料生产设备,在沿海城市建立一些小型的汽水厂,如天津的山海关汽水厂、上海的正广和汽水厂、沈阳八王寺汽水厂、广州亚洲汽水厂等,这就是我国早期饮料工业的萌芽。

解放后,随着人民生活水平的提高,软饮料工业有了一定的发展,但总的来看起步较晚,在近二十多年中以迅猛的速度向前发展,我国软饮料制造业近25年来产销量以每年20%的速度递增,预计在未来几年,仍将保持15%的增长速度。

饮料工业产值排名在前列的省区均为东部省区。我国饮料三大品种:瓶装水、碳酸饮料和果蔬汁饮料以80%的产量比例主导饮料业。

(1)品牌结构与生产集中度

1983年,中国饮料市场尚未全面开放,可口可乐和百事可乐(简称"两乐")在中国仅有两个装瓶厂,饮料品牌基本上都是地方品牌,饮料生产主要集中在俗称的"八大汽水厂",当时"八大汽水厂"的产量占全国总产量的比例为42%。1993年起,可口可乐、百事可乐加快进入中国各地市场的速度,饮料市场的竞争度提高,带来了中国本土品牌的大洗牌,"八大汽水厂"已被中国饮料工业十强(简称"十强")所替代,同时非本土品牌也由"两乐"逐渐拓展至达能、雀巢、三得力、统一、康师傅等。目前中国饮料市场的品牌,主要有"两乐"为代表的国际品牌和以"十强"为代表的本土品牌,这些大品牌在市场中的主流地位基本确立。2002年以来"两乐"及"十强"的饮料产量扩张速度放缓,进入调整期。前几年,"两乐"及"十强"的饮料产量稳定在中国饮料总产量的60%左右。2002年"十强"(新十强)企业的饮料总产量占中国总产量的35%,娃哈哈以323万吨成为各饮料品牌的产量冠军,并保持了29%的同比增速,有部分企业产量下降。2002年"两乐"企业的饮料产量占中国总产量的比例为22.3%,也比上年略低。中国饮料正处于发展期,新企业不断诞生而且起点很高,加之地域广大,地方品牌有独特的销售优势。

2005年软饮料产量为3 380万吨,比2004年增长24.08%。2005年实现总产值(现价)1 090.79亿元,销售收入1 139.50亿元,分别比上年同期增长25.82%、24.97%。其中,瓶(罐)装饮用水1 386万吨(占41%);碳酸饮料771万吨(占22.8%);果汁及果汁饮料634万吨(占18.7%)。2006年1~11月,全国软饮料产量已经达到4 219万吨,增幅已经达到了21.52%。

(2)与国际市场的互动

我国饮料工业的进口产品主要是作为生产原料的浓缩果汁,其中大部分是浓缩橙汁,2005年进口量为6万吨,占进口总量的80%。我国加入WTO后,浓缩果汁的进口关税降低,直接降低了果汁饮料的生产成本,扩大了果汁类饮料的消费量,果汁是我国饮料最主要的出口品种。2005年,我国果汁出口总量为75万吨。在出口果汁中,苹果汁所占比例最高,浓缩苹果汁在我国的生产优势越来越突出。2004年,我国浓缩苹果汁出口60万吨,5 500美元/

吨,占出口果汁总量的85%。目前,我国的苹果品种以低酸类型偏多,正进行高酸品种的引进和扩大种植面积。

(3)市场的培育和发展

在很长的一段时间内,饮料业的特点是地方品牌当地生产当地销售,1983年饮料产量的前6名省市依次为广东、上海、辽宁、湖北、北京、浙江,六省市产量占全国总产量的比例为74%。在"两乐"的影响下,很多地方饮料品牌开始向外输出,方式有或挂牌或出售浓缩液或合作办厂,形成了产销量向全国的延伸。至1993年前6名省市依次为广东、湖北、上海、天津、浙江、福建,六省市产量占全国的比例为59%。1997年前6名省市依次为广东、浙江、上海、江苏、湖北、山东,六省市产量占全国的比例为57%。2002年前6名省市依次为浙江、广东、上海、江苏、河北、北京,六省市产量占全国的比例为64%。在最近几年,浙江省的饮料产量超过了广东省,成为全国的第一大饮料产区,浙江省与广东省的产量维持在全国总产量的40%。从前6名省市的变化中,说明饮料生产消费市场格局远未稳定,同时随着对大中型城市消费潜力的不断挖掘,企业的目光已开始转向培养新兴的中小城市和农村的消费群,并推出在价格、包装、内容物上适合他们的饮料。

(4)存在问题

虽然我国饮料工业近年来得到了快速发展,但也应看到,整个行业仍存在人均消费水平低,饮料品种结构仍不够合理,企业规模小,品牌集中度低,原料生产与加工脱节,标准化和质量管理工作落后等问题。

在今后几年,饮料工业应以国内外饮料市场需求为导向,继续提高总量;积极发展新型产品和市场需求迫切,特别是消费者在休闲、营养、健康等方面需求强烈的饮料产品;进一步调整产品结构,重点发展以我国优势农产品资源为原料的果蔬汁饮料产品;重点建设好大型骨干企业,带动企业结构调整和饮料行业的全面产业化升级;进一步规范和保证饮料产品质量,特别是其营养和安全性质量,满足消费者需求,实现饮料工业的可持续发展。

4 软饮料工艺学的学习方法

软饮料工艺学是食品工艺学的一个分支,是一门应用科学。和食品工艺学一样,软饮料工艺学需要有相应的自然科学学科、工程技术学科以至与社会科学交界的学科作为基础,才能够开展自身的研究工作。软饮料工艺学是根据技术上先进、经济上合理的原则,研究软饮料生产中的原材料、半成品和成品的加工过程和方法的一门科学。

(1)经济上合理和技术上先进:技术上先进包括工艺和设备的先进。工艺上需要与了解和掌握工艺技术参数的控制联系在一起,主动地进行控制,达到工艺控制上的最佳水平。同时考虑到设备对工艺水平适应的可能性。因此,也需要了解有关单元操作过程的食品工程学原理,这是对软饮料工艺学进行充分研究的必要条件。经济上合理要求投入和产出有一个合理的比例。任何一个企业的生产、一项科学研究的确定,都必须考虑这个问题。这就需要社会科学中的有关管理学科的知识作指导,使生产和科研在权衡经济利益的前提下决定取舍或如何进行。

(2)软饮料工艺学的研究对象是从原材料到制成成品,对它们的品质规格要求、性质和加工中的变化,必须能够充分地把握,才能正确地制订工艺技术要求。这就需要具有食品化学分析的本领,有了准确的数据依据,才能正确地确定工艺技术参数。反之数据不准确,会造成严重的失误。加工过程和方法的研究,是建立在实验的基础上,工艺参数的科学性就表明了该产品生产技术水平的高低和先进程度。总之,软饮料工艺学是涉及相关科学很多的学科,只有具有较全面的知识,在生产实践和科学研究中不断地创新和提高,才能使这门学科不断地进步。

第1章 软饮料用水及水处理

1 软饮料用水及水质要求

水是软饮料生产中的主要原料,在日常饮用的各种饮料中,85%以上的成分是水。水质的好坏直接影响到产品的质量。因此,了解水的各种性质,对于饮料用水的处理极为重要。

1.1 饮料用水的水源及特点

1.1.1 自来水

主要是地表水经过适当的水处理工艺,水中的杂质及细菌指标已达到饮用水的标准。其特点是水质好且稳定;水处理设备简单,容易处理,一次性投资小;但水价高,经常性费用大。使用时注意控制 Cl^-、Fe^{3+} 的含量以及碱度、微生物含量。

1.1.2 地下水

地下水主要包括深井水、泉水、自流井水等。由于经过地层的渗透和过滤溶入了各种可溶性矿物质,如镁、钙、铁等。其特点是水质较清,水温较稳定,但硬度、碱度比较高。因地质层是一个自然过滤层,可滤去大部分悬浮物、水草、藻类、微生物等,水质较清亮。

1.1.3 地表水

地表水是指地球表面存积的天然水,主要包括河水、江水、湖水、池塘水、浅井水、水库水等。其特点是水量丰富,溶解的矿物质较少,硬度一般为 1 mmol/L～8 mmol/L。但是地表水水质不稳定,受自然因素影响较大。其中,河水、江水含有较多的泥土、砂石,还有部分水是由地下水穿过土层或岩层再流至地表,因此矿物质含量也会增多。一般我国江河水的含盐量为70 mg/L~990 mg/L。

地表水的污染物主要有黏土、水草、砂、腐殖质、昆虫、微生物、无机盐等,有时还会被有害物质,如工业废水等污染。

1.2 天然水中的杂质

1.2.1 天然水源中杂质的分类

天然水在自然界循环过程中,不断地和外界接触,使空气中、陆地上、地下岩层中的各种物质溶解或混入,造成水源受到不同程度的污染。

天然水中的杂质按其微粒大小,大致可分为三类:悬浮物、胶体物质、溶解物质,见表1-1。

表1-1 天然水中杂质的分类

杂质类型	溶解物	胶体物质	悬浮物
粒径	<1 nm	1 nm~200 nm	>200 nm
特征	透明	光照下混浊	混浊(肉眼可见)
识别	电子显微镜	超显微镜	普通显微镜
常用处理法	离子交换	混凝、澄清、自然沉降、过滤	

1.2.2 天然水源中杂质的特点

1.2.2.1 溶解物质

这类杂质的微粒在1 nm以下,以分子或离子状态存在于水中。溶解物主要是溶解气体、溶解盐类和其他有机物。

(1)溶解气体:天然水源中溶解的气体主要是氧气和二氧化碳,还有硫化氢和氯气等。这些气体的存在会影响饮料中二氧化碳的溶解量并产生异味,影响饮料的风味和色泽。

(2)溶解盐类:溶解盐类包括 NaCl、Na_2S 以及 Ca^{2+} 和 Mg^{2+} 等的碳酸盐、硝酸盐、氯化物等。溶解盐类的种类和数量因地区不同差别很大,它们构成了水的硬度和碱度,能中和饮料中的酸味剂,使饮料的酸碱比例失调,影响品质。

①水的硬度:水的硬度是指水中离子沉淀肥皂的能力。

硬脂酸钠+钙或镁离子→硬脂酸钙或镁↓

(肥皂)　　　　　　　　(沉淀物)

所以,水的硬度取决于水中钙、镁盐类的总含量。即水的硬度大小,通常指的是水中钙离子和镁离子盐类的含量。

水的硬度分为总硬度、碳酸盐硬度(又称暂时硬度)和非碳酸盐硬度(又称永久硬度)。

碳酸盐硬度的主要化学成分是钙、镁的重碳酸盐,其次是钙、镁的碳酸盐。由于这些盐类一经加热煮沸就分解成为溶解度很小的碳酸盐,硬度大部分可除去,故又称暂时硬度。

化学反应式如下:

$$Ca(HCO_3)_2 \xrightarrow{\triangle} CaCO_3\downarrow + CO_2\uparrow + H_2O$$

$$Mg(HCO_3)_2 \xrightarrow{\triangle} MgCO_3\downarrow + CO_2\uparrow + H_2O$$

$$MgCO_3 + H_2O \xrightarrow{\triangle} Mg(OH)_2 \downarrow + CO_2 \uparrow$$

非碳酸盐硬度表示水中钙、镁的氯化物($CaCl_2$、$MgCl_2$)、硫酸盐($CaSO_4$、$MgSO_4$)、硝酸盐[$Ca(NO_3)_2$、$Mg(NO_3)_2$]等盐类的含量。这些盐类经加热煮沸不会发生沉淀,硬度不变化,故又称永久硬度。

暂时硬度与永久硬度之和为总硬度。公式如下:

$$总硬度 = \frac{[Ca^{2+}]}{40.08} + \frac{[Mg^{2+}]}{24.3} (mmol/L)$$

式中:[Ca^{2+}]——表示水中钙离子含量(mg/L)

[Mg^{2+}]——表示水中镁离子含量(mg/L)

40.08 为钙离子的摩尔质量;24.3 为镁离子的摩尔质量。

根据水质分析结果,可算出总硬度。

水硬度的表示方法有多种,我国采用的表示方法与德国相同。即 1 升水中含有 10 mgCaO,其硬度为 1 度。水硬度的通用单位为 mmol/L,其换算关系为:

1 mmol/L=2.804 度=50.045 mg/L(以 $CaCO_3$ 表示)

天然水按硬度(德国度)可分为极软水(<4 度)、软水(4~8 度)、中等硬度水(8~16 度)、硬水(16~30 度)和极硬水(>30 度)。饮料用水要求硬度小于 8.5 度,否则会产生碳酸钙沉淀和有机酸盐沉淀,影响产品口味及质量。使用高硬度的水还会使洗瓶机、浸瓶槽、杀菌槽等产生污垢,使包装容器发生污染,增加烧碱的用量。因此,高硬度的水必须经过软化处理。

②水的碱度:水的碱度取决于天然水中能与 H^+ 结合的 OH^-、CO_3^{2-} 和 HCO_3^- 的含量,以 mmol/L 表示。OH^-、CO_3^{2-}、HCO_3^- 引起的碱度分别称为氢氧化物碱度、碳酸盐碱度和重碳酸盐碱度,三种碱度的总量为水的总碱度。

天然水中通常不含 OH^-,又由于钙、镁碳酸盐的溶解度很小,所以当水中无钠、钾存在时 CO_3^{2-} 的含量也很少。因此,天然水中仅有 HCO_3^- 存在。只有在含 Na_2CO_3 或 K_2CO_3 的碱性水中,才存在 CO_3^{2-} 离子。碱度过高时,会影响其溶解度;水中的碱性物质和金属离子反应形成水垢,产生不良气味;碱性物质还与饮料中的有机酸反应,改变饮料的甜酸比而使饮料显得淡而无味,失去新鲜感;同时酸度下降,使微生物容易在饮料中生存。

总碱度和总硬度的关系,有以下三种情况,见表 1-2。

表 1-2 总碱度和总硬度的关系

分析结果	硬度(mmol/L)		
	H 非碳	H 碳	H 负
H 总>A 总	H 总-A 总	A 总	0
H 总=A 总	0	H 总=A 总	0
H 总<A 总	0	H 总	A 总-H 总

注:H 表示硬度(如 H 非碳即非碳酸盐硬度);A 表示碱度;H 负表示水的负硬度,主要含有 CO_3^{2-}、HCO_3^- 的钠钾盐。

1.2.2.2 胶体物质

胶体物质的大小大致为 1 nm~200 nm,它具有两个重要的特性:一是光线照上去时,被散射而呈混浊的丁达尔现象;二是因吸附水中大量的离子而带电荷,使颗粒之间产生电性斥力而不能相互粘结,颗粒始终稳定在微粒状态而不能自行下沉,具有胶体稳定性。

胶体可分为无机胶体和有机胶体。无机胶体如硅酸胶体、黏土,是由许多离子和分子聚集而成的,是造成水浑浊的主要原因;有机胶体主要是高分子物质,如蛋白质、腐殖质等,多带负电荷,是造成水质带色的主要原因。

1.2.2.3 悬浮物

粒度大于 200 nm 的杂质统称为悬浮物。这类物质使水质呈浑浊状态,在静置时会自行沉降。悬浮物质主要包括泥沙、虫类、藻类及微生物等。

悬浮物质在产品装瓶后经过一段时间沉淀出来,生成瓶底积垢或絮状沉淀的蓬松性微粒。不但影响二氧化碳的溶解,造成装瓶时的喷液,如有微生物存在时还会导致产品的变质。

1.3 饮料用水的水质要求

水是饮料生产中的重要原料之一,水质的好坏,直接影响成品的品质,高质量的饮料是与高品质的水分不开的。目前大中型饮料厂均备有完善的水处理设备系统,这是许多名牌饮料质量稳定的关键因素之一。因此,饮料用水的来源及处理对饮料生产具有重要意义。饮料用水必须符合我国《生活饮用水卫生标准》(GB5749-1985),见表 1-3。

表 1-3 生活饮用水水质的部分标准

项目	要求	说明
色	色度不超过 15 度,并不得呈现其他异色	这些指标过高后,不但给人有嫌恶的感觉,也有可能是水中含有害物质和某些病毒的标志
嗅和味	不得有异嗅和异味	
混浊度	不超过 3 度,特殊情况<5 度	
肉眼可见物	不得含有	
总铁	不超过 0.3 mg/L	人体必要的元素过量时会使成品带有铁锈味,并影响成品色泽
锰	不超过 0.1 mg/L	
铜	不超过 1.0 mg/L	
锌	不超过 1.0 mg/L	
挥发酚类(以苯酚计)	不超过 0.002 mg/L	过量时会产生氯酚臭
阴离子合成洗涤剂(以烷基苯磺酸钠计)	不超过 0.3 mg/L	过量时会使水产生异臭、异味和泡沫,并阻碍净水处理过程
氯化物	不超过 250 mg/L	过量时会产生咸味,影响成品口味
硫酸盐	不超过 250 mg/L	过量会引起腹泻
总硬度	不超过 450 mg/L	以碳酸钙计
pH 值	6.5~8.5	
细菌总数(37 ℃培养 24 小时)	1 mL 水中不超过 100 个	保证水质卫生安全
大肠杆菌	1 L 水中不超过 3 个	
游离性余氯(Cl_2)	在与水接触 30 min 后应不低于0.3 mg/L,管网末梢不低于 0.05 mg/L	余氯含量过高,产生氯臭,影响产品风味

饮用水的理化指标并不能满足生产饮料的要求,特别是蛋白饮料、果汁饮料。根据饮料工艺用水的特殊要求还应强调下列指标,见表 1-4。

表 1-4　软饮料用水标准

项目名称	指标	项目名称	指标
浊度(度)	<2	味及嗅气	无味无嗅
色度(度)	<5	总碱度(以 $CaCO_3$ 计 mg/L)	<50
总固形物 mg/L	<500	游离氯(mg/L)	<0.1
总硬度(以 $CaCO_3$ 计 mg/L)	<100	细菌总数(个/mL)	<100
铁(mg/L)	0.1	大肠杆菌(个/L)	<3
锰(mg/L)	0.1	致病菌	不得检出
高锰酸钾消耗量(mg/L)	<10		

随着饮料工业生产的科学化和现代化,饮料加工工艺越来越精细,对水质提出了更高的要求。因此,分析、研究饮料用水,将对产品质量的稳定和经济效益的提高具有重要的意义。一般经过砂芯过滤、紫外线杀菌、离子交换树脂软化等水处理工序可满足饮料生产的需要。

1.4　饮料用水的检验

我国水质检验的方法,应按 GB5750-1985《生活饮用水标准检验法》执行,并由卫生防疫站、环境卫生监测站负责进行分析质量监督和评价。

2　软饮料用水处理

水处理的目的是除去水中的悬浮物、胶体以及去除异臭异味、脱色,将水的碱度、微生物指标降到符合标准以内,从而把生活饮用水处理成纯净水、超纯水、软化水、医药用水、蒸馏水、矿泉水等,应用于食品饮料、电子、医药、化工、电力、电镀、光学玻璃等。

饮料用水的总体处理工艺如下:

原水→混凝澄清→过滤→软化→消毒杀菌→成品水

2.1　混凝澄清

水中的胶体颗粒一般具有保持分散的稳定性。其原因是同一种胶体颗粒带有相同电性的电荷,彼此间存在着电性斥力,使颗粒之间相互排斥。它们就不可能互相接近并结合成大的团粒,因而也就不易沉降下来。添加混凝剂后,水和水中胶体表面的电荷被破坏,胶体的稳定性丧失,使胶体颗粒发生凝聚并包裹悬浮颗粒而沉降,从而得到澄清的水。

2.1.1　混凝剂

水处理中大量使用的混凝剂可分为铝盐和铁盐两类。铝盐混凝剂有明矾、硫酸铝、碱式氯化铝等;铁盐包括硫酸亚铁、硫酸铁及三氯化铁三种。

(1) 明矾

明矾是无色晶体或白色结晶粉末,易溶于水,略有涩味,有收敛性,分子式为 $KAl(SO_4)_2 \cdot 12H_2O$,相对分子量为 474.39。它是一种由两种不同金属离子和一种酸根离子组成的复盐。在水中 $Al_2(SO_4)_3$ 水解生成氢氧化铝,其水溶液呈酸性。

氢氧化铝的溶解度小,聚合后以胶体状态从水中析出。氢氧化铝带正电荷,天然水中的胶体大都带负电荷,两者具有中和凝聚作用。与此同时,由于氢氧化铝胶体吸附能力很强,可以吸附水中的胶体和悬浮物,随之凝聚成粗大絮状物而沉降,使水澄清。明矾作为一种较好的净水剂被广泛使用,一般用量为 0.001%~0.02%。

(2) 硫酸铝

硫酸铝水溶液 pH 值约为 4.0~5.0,在水中反应原理与明矾相同。由于硫酸铝是强酸弱碱形成的盐,水解时会使水的酸度增加。水解产物氢氧化铝是两性化合物,水中 pH 值太高或过低都会促使其溶解,结果使水中残留的铝含量增加。

当水的 pH 值为 5.5~7.5 时生成的 $Al(OH)_3$ 量最大,所以在使用硫酸铝作为混凝剂时,往往要用石灰、氢氧化钠或酸调节原水的 pH 值至 6.5~7.5。

由于混凝过程不是单纯的化学反应,所需混凝剂的用量不能根据计算来确定,应根据实验数据来确定。$Al_2(SO_4)_3 \cdot 18H_2O$ 的有效剂量为 20 mg/L~100 mg/L。每投 1 mg/L 的 $Al_2(SO_4)_3$ 需加 0.5 mg/L 石灰。

(3) 碱式氯化铝

碱式氯化铝又称羟基氯化铝或聚合氯化铝,其分子式为 $[Al_2(OH)_nCl_{6-n}]_m$,其中 n=1~5,m≤10。制品为白色或黄色固体,也有无色或黄褐色的透明液体。

碱式氯化铝在水中由于羟基的架桥作用和铝离子生成络合物,并带有大量的正电荷,吸附水中带有负电荷的胶粒,电荷彼此中和,与吸附的污物一起形成大的凝聚体而沉淀被除去。因它具有较强的架桥吸附能力,不仅可除去水中的悬浮物,还能使微生物吸附沉淀。

碱式氯化铝是一种新型的混凝剂,一般用量为 0.005%~0.01%,pH 值范围为 5~9,其反应迅速,沉淀较快,在相同的效果下,用量为硫酸铝的 1/2~1/4。

(4) 硫酸亚铁

使用硫酸亚铁时,需要同时使用 $Ca(HCO_3)_2$,其反应式如下:

$FeSO_4 + Ca(HCO_3)_2 == Fe(OH)_2 + CaSO_4 + 2CO_2 \uparrow$

$4Fe(OH)_2 + 2H_2O + O_2 == 4Fe(OH)_3$

硫酸亚铁反应的最佳 pH 值是 8.5~11.0。硫酸亚铁法的优点是生成凝胶重,沉降快,且 pH 值高时凝胶也不会溶解。

当 pH 值>6 时,铁离子与水中的腐殖酸生成不沉淀的有色化合物,所以对于含有机物较多的水质进行处理时,铁盐是不适合的。

2.1.2 助凝剂

为提高混凝效果,加速沉淀,有时需加入一些辅助药剂,称助凝剂。助凝剂本身不起凝聚作用,仅用来帮助凝絮的形成。常用的助凝剂有活性硅酸、海藻酸钠、羧甲基纤维素(CMC)、黏土以及化学合成的高分子助凝剂,包括聚丙烯胺、聚丙烯酰胺(PMA)、聚丙烯等。使用助凝剂可保证在较大的 pH 值范围内获得良好的混凝效果,还有助于消除沉淀池出水时携带的针絮状体或有助于提高澄清设备的处理能力。

2.2 水的过滤

原水通过粒状过滤材料(简称滤料)层时,其中一些悬浮物和胶体物被截留在孔隙中或介质表面上,这种通过粒状介质层分离不溶性杂质的方法称为过滤。

2.2.1 过滤原理

过滤过程是一系列不同过程的综合,包括阻力截留、重力沉降和接触凝聚。这三种作用是在同一过滤系统中同时产生的。接触凝聚和重力沉降是发生在滤料深层的过滤作用,而阻力截留主要发生在滤料表层。

(1)阻力截留

单层滤料层中粒状滤料的级配特点是上粗下细,也就是上层孔隙大,下层孔隙小。当原水由上而下流过滤层时,直径较大的悬浮物首先被截留在滤料层的孔隙间,从而使表面的滤料孔隙越来越小,拦截更多的颗粒。在滤层表面逐渐形成一层主要由截留颗粒组成的薄膜,起到过滤作用。

(2)重力沉降

当原水通过滤层时,众多滤料颗粒提供了大量的沉降面积,例如 1 m³ 粒径为 5×10^{-2} cm 的球形砂粒,可供悬浮物沉淀的有效面积约为 400 m²。原水经过滤料层时,只要速度适宜,悬浮物就会在这些沉淀面沉淀。

(3)接触凝聚

构成滤料的砂粒等物质,具有巨大的表面积,它和悬浮物的微小颗粒之间有着吸附作用。砂粒在水中带负电荷,能吸附带正电荷的微粒(如铁、铝的胶体微粒及硅酸),形成带正电荷的薄膜,因而能使带负电荷的胶体(黏土及其他有机物)凝聚在砂粒上。

2.2.2 滤料层及垫层结构

(1)滤料的选择

滤料是完成过滤作用的基本介质,良好的滤料应具有足够的化学稳定性,过滤时不溶于水,不产生有毒、有害物质;足够的机械强度;适宜的级配和足够的孔隙率。

所谓级配,就是滤料粒径范围及在此范围内各种粒径的数量比例。天然滤料的粒径大小很不一致,为了满足工艺要求和充分利用原料,通常选用一定范围内的粒径。由于不同粒径的滤料要相互承托支撑,故相互间要有一定的数量比,常用 d_{10}、d_{80} 和 K 作为控制指标。

$$K=\frac{d_{80}}{d_{10}}$$

式中 K——不均匀系数;d_{80}——通过滤料重量的 80% 的筛孔直径;d_{10}——通过滤料重量的 10% 的筛孔直径。K 越大,则粗细颗粒差别就越大。K 过大,各种粒径的滤料互相掺杂,降低了孔隙率,对过滤不利。同时反冲洗时,过大的颗粒可能冲不动,而过小的颗粒可能随水流失。普通快滤池的 K 为 2.0~2.2。

滤料层的孔隙率是指滤料的孔隙体积和整个滤层体积的比例。石英砂滤料的孔隙率为 0.42 左右,无烟煤滤料的孔隙率为 0.5~0.6。

(2)滤料层结构

良好的滤料层结构应具有较大的含污能力(kg/m³ 表示)和产水能力(m³/m² · h 或 m/h

表示)以保证处理水的质量。

过滤时水流方向多从上到下,这样可以保持较大的过滤速度及较好的反冲效果。在向下流的条件下,有两种不同的滤料层结构。一种是滤料粒径上细下粗,其结构特点是孔隙上小下大,悬浮物截留在表面,底层滤料未能充分利用,滤层含污能力低,使用周期短;另一种是上粗下细,其特点是与之相反。由此可见,理想的滤层结构是粒径沿水流方向逐渐减小。但是,就单一滤料而言,要达到粒径上粗下细实际是不可能的。因为,在反冲洗时,整个滤层处于悬浮状态,粒径大则重量大,悬浮于下层,粒径小则重量轻,悬浮于上层。反冲洗停止后,滤料自然形成上细下粗的分层结构。

(3) 垫层

为了防止过滤时滤料进入配水系统及冲洗时能均匀布水,在滤层和配水系统之间设置垫层(承托层)。垫层应能在高速水流反冲洗的情况下保持不被冲动;能形成均匀的孔隙以保证冲洗水的均匀分布;同时材料应坚固,不溶于水。

垫层一般采用天然卵石或碎石。砂粒的最大粒径为 1 mm～2 mm,作垫层的最小粒径应选 2 mm。根据反冲洗可能产生的最大冲击力,确定垫层的最大粒径为 32 mm。垫层由上而下分为四层,具体规格见表 1-5。

表 1-5 垫层的规格

层次(自上而下)	粒径(mm)	厚度(mm)
1	2～4	100
2	4～8	100
3	8～16	100
4	16～32	150

2.2.3 过滤方法

通过过滤除去原水中的悬浮杂质、氢氧化铁、残留氯及部分微生物。过滤材料不同,过滤效果也不同。细砂、无烟煤常作为混凝、石灰软化和水消毒综合水处理中的初级过滤材料;原水水质基本满足软饮料用水要求时,可采用砂滤棒过滤器;除去水中的色和味,可采用活性炭过滤器;要达到精滤效果,可采用微孔滤膜过滤器。

(1) 砂石过滤

以砂石、木炭作过滤层,过滤层的厚度依水的混浊度而定,一般滤池从上至下的填充料为小石、粗砂、木炭、细砂、中砂等。滤层总厚度为 70 cm～100 cm。过滤速度一般为 5 m/h～10 m/h (线速度)。通过对原水的过滤处理,可除去原水中的悬浮物质、胶体物质、铁、锰、部分微生物和余氯。砂石过滤器属深层过滤,过滤包括阻力截留、重力沉降和接触凝聚等作用。

(2) 砂滤棒过滤

当用水量较少,原水中的硬度、碱度基本符合要求,只含有少量的有机物、细菌及其他杂质时,可采用砂滤棒过滤器。进入过滤器自来水的压力控制在 1 kg～2 kg。

① 过滤原理

砂滤棒过滤器的主要工作部件是砂棒,又称砂芯。它是采用细微颗粒的硅藻土和骨灰等物质,成型后在高温下焙烧,使其熔化,可燃性物质变成气体逸散,形成直径为 0.002 mm～0.004 mm 的小孔。当具有一定压力的原水进入容器,通过砂滤棒上的微小孔隙时,水中存在的有机物、微生物等杂质即被截留在砂滤棒表面,过滤后的净水由砂棒内腔流出,完成过滤过程。

② 基本结构

砂滤棒过滤器主要有 101 型和 106 型两类。其结构上可分为两个区,即原水区和净水区。两区中间用一块经过精密加工的带有封闭性能的隔板隔开,四周用定制橡胶圈密封。隔板中间钻有很多孔,孔径及其数量视不同型号而异,隔板既是固定砂棒的器件,又是原水区和净水区的分界线,如图 1-1 所示。

③注意事项

在使用中,由于砂滤棒过滤器的过滤材料较脆,当水压太高时很容易破碎,造成污染。所以,在操作中要严格注意表压,如表压突然下降,应立即停用,待检修后方能使用。当砂滤棒使用一段时间后,表压逐渐升高,是因为砂滤棒外壁积垢较多,滤水量下降所引起。表压升至一定值时,应停止使用。将砂滤棒卸出,用水砂纸轻轻擦去表面的污垢层,经刷洗冲净恢复至砂滤棒原色,即可安装重新使用。砂滤棒在使用前均需消毒处理,一般用 75% 的酒精或 0.25% 的新洁尔灭或 10% 的漂白粉液,注入砂滤棒内,堵住出水口,使消毒液与内壁完全接触,数分钟后倒出即可。

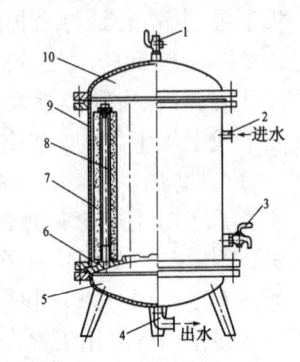

图 1-1 101 型砂滤棒过滤器
1-放气阀 2-原水进口 3-排污阀 4-净水出口 5-下盖 6-隔板 7-砂棒 8-拉杆 9-器身 10-上盖

(3) 活性炭过滤

活性炭对臭味、色度、重金属离子的吸附能力强,通过活性炭过滤器过滤以除去水中的有机物、胶体硅、余氯等。

①工作原理

活性炭是一种以木炭、木屑、果核壳、焦碳等为原料制成的高纯度高吸附能力的炭。它为黑色固体,无臭、无味,具有多孔结构,表面积十分庞大,对气体、蒸汽或胶状固体有强大的吸附能力,1 g 粉状活性炭的总表面积可达 1 000 m²。

活性炭在水溶液中能吸附溶质分子(杂质分子),是由于溶质分子的疏水性和对溶质分子的吸引力所致。活性炭与溶质分子间的吸引力是由于静电吸附、物理吸附和化学吸附三种力联合作用的结果。同时,还兼有机械过滤的作用。

②基本结构

活性炭过滤器有固定床式和膨胀床式两类。膨胀床式是炭层在工作中处于膨松状态,层高发生改变;固定床式在工作中炭层层高不发生变化。膨胀床式的处理效果较好,但炭粒易于流失,固定床式则较稳定。饮料水处理,多采用固定床式。小型活性炭过滤器如图 1-2 所示。

在过滤器内部,从上到下依次是盖板、滤料层、承托层和支撑板。支撑板(6)为多孔金属板,用以支撑滤料层。金属板上面覆盖一层金属网,其上装填一层石英砂作为承托层,高度为 0.2 m~0.3 m,上面再装上五倍承托层高度的活性炭滤料层,粒径为 0.2 mm~1.5 mm。滤料层上压一块多孔盖板(2),其作用是固定滤料层,以免在反洗时炭粒随水流失。

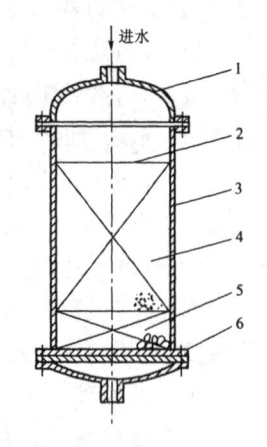

图 1-2 小型活性炭过滤器
1-上盖 2-盖板 3-器身 4-活性炭层 5-承托层 6-支撑板

③注意事项

在过滤时,要求原水中无大颗粒悬浮杂质,否则易堵塞炭粒微孔。活性炭过滤器在使用一段时间后,由于污积过多,活性炭表面及内部的微孔被堵塞,活性丧失,造成压力增大和出水水质变差,这时应进行反冲洗和再生。反冲洗时,先用水进行反洗,反洗强度为 8 L/m²·s~10 L/m²·s,反洗时间为 15 min~20 min;然后进行蒸汽吹洗,打开过滤器的放气阀门及进气阀门,以 0.3 MPa 的饱和蒸汽吹 15 min~20 min;再用氢氧化钠溶液淋洗,用滤料层体积 1.2~1.5 倍的 6%~8% 氢氧化钠溶液,在 40 ℃温度下淋洗;最后进行正洗,用原水顺流清洗到出水水质符合规定要求为止。另外,使用活性炭时需注意,活性炭具有腐蚀性,铁制容器盛装活性炭时要涂上防腐蚀的涂料。

(4)其他过滤方法

①钛棒过滤器

过滤原理与砂滤棒类似,不同之处在于用来烧结的原料不同。钛棒的优点是处理量大,不易破裂,可以作反冲清洗处理。

②化学纤维蜂房式过滤器

又称线绕式蜂房芯过滤器。过滤层是用各种化学纤维线缠绕而成的中空管状过滤器,对去除胶体物质及铁有很好的效果。

③大孔离子吸附树脂过滤器

它是一种不溶于水的大孔聚合物,通过吸附——解析作用达到物理分离净化的目的。不仅可以吸附有机大分子,而且具有良好的机械强度和化学稳定性,易于再生,可重复使用。

④微孔膜过滤器

它的外壳为立式不锈钢圆筒,内置一只或多只滤芯。滤芯为高分子材料滤膜,滤膜材料的结构决定过滤效果。

2.3 硬水的软化

为满足生产饮料用水要求,不仅要除去水中的悬浮杂质,还要采取物理或化学手段改善水质,降低水中的溶解性杂质。即硬水的软化处理,一是降低水中 Ca^{2+} 和 Mg^{2+} 的含量;二是降低全部阳离子和全部阴离子(HCO_3^-、SO_4^{2-}、Cl^- 等)的含量。常采用以下方法对水进行软化处理。

2.3.1 石灰软化法

适用于碳酸盐硬度较高,非碳酸盐硬度较低,不要求高度软化的原水,也可用于离子交换水处理的预处理。

(1)石灰软化法的有关反应

将生石灰 CaO 配制成石灰乳:$CaO+H_2O \Longrightarrow Ca(OH)_2$

用石灰乳除去水中的重碳酸钙 $Ca(HCO_3)_2$、重碳酸镁 $Mg(HCO_3)_2$ 和 CO_2:

$$CO_2+Ca(OH)_2 \Longrightarrow CaCO_3\downarrow +H_2O \tag{a}$$

$$Ca(HCO_3)_2+Ca(OH)_2 \Longrightarrow 2CaCO_3\downarrow +2H_2O \tag{b}$$

$$Mg(HCO_3)_2+2Ca(OH)_2 \Longrightarrow Mg(OH)_2\downarrow +2CaCO_3\downarrow +2H_2O \tag{c}$$

$$MgCO_3+Ca(OH)_2 \Longrightarrow Mg(OH)_2\downarrow +CaCO_3\downarrow \tag{d}$$

$$2NaHCO_3+Ca(OH)_2 \Longrightarrow CaCO_3\downarrow +Na_2CO_3+2H_2O \tag{e}$$

反应(a)先除去水中的 CO_2,CO_2 去除后才完成(b)~(d)的软化反应,不然水中的 CO_2

会与$CaCO_3$、$Mg(OH)_2$沉淀物重新化合,再产生碳酸盐硬度,反应如下:

$$CaCO_3 + H_2O + CO_2 \rightleftharpoons Ca(HCO_3)_2$$
$$Mg(OH)_2 + CO_2 \rightarrow MgCO_3 + H_2O$$
$$MgCO_3 + H_2O + CO_2 \rightarrow Mg(HCO_3)_2$$

反应式(e)是当水中的碱度大于硬度时才出现的。如果$NaHCO_3$中的HCO_3^-没有被除去,这部分HCO_3^-会与Ca^{2+}和Mg^{2+}生成碳酸盐硬度,反应(b)~(d)仍不能完成。

与以上反应同时还进行如下反应:

$$4Fe(HCO_3)_2 + 8Ca(OH)_2 + O_2 \rightleftharpoons 4Fe(OH)_3 \downarrow + 8CaCO_3 + 6H_2O$$
$$Fe_2(SO_4)_3 + 3Ca(OH)_2 \rightarrow 2Fe(OH)_3 \downarrow + 3CaSO_4$$
$$H_2SiO_3 + Ca(OH)_2 \rightarrow CaSiO_3 + 2H_2O$$
$$mH_2SiO_3 + nMg(OH)_2 \rightarrow nMg(OH)_2 \cdot mH_2SiO_3$$

因此,通过石灰软化处理可以除去水中部分铁和硅的化合物。

(2)石灰软化法的处理设备

石灰软化法处理水常结合混凝、消毒过程同时进行,其运行过程原理如图1-3所示。石灰软化设备分为三层,原水从上部进入,中间的搅拌器具有桨叶的作用,可以使内层的水由下向上移动。石灰水从侧面进入内层后,在水流的带动下,一边发生软化反应,一边向上移动与新注入的原水汇合,使原水软化。在上部进水的同时还有混凝剂、消毒剂进入。在设备的中层,水由上向下流动,混凝反应、软化反应以及消毒作用充分进行。当水到达底部时,在外层的水流折返向上,由于外层的直径远大于中层,水流上升的速度大大减缓,当水流上升的速度小于凝聚颗粒的重力所引起的下沉速度时,颗粒就沉降聚集于设备的底部,聚集的凝聚物形成了一层疏松的过滤层,中层的水通过过滤层进入外层,外层的水升至顶部,从同一出口流出,基本完成水的软化、混凝、消毒和澄清。

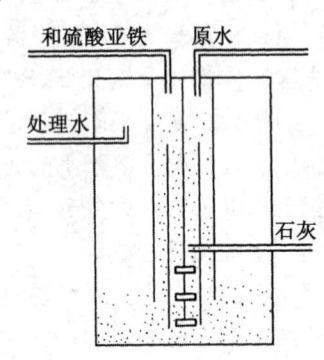

图1-3 石灰软化处理水的过程原理

(3)石灰添加量的确定

石灰软化法处理水时投入的石灰量要准确,少了达不到软化效果,多了会增加永久性钙的硬度。石灰添加量可按下式计算:

$$G = \frac{56D \times (H_{Ca} + H_{Mg} + CO_2 + 0.175)}{K \times 10^3}$$

式中 G 为投入的石灰量(kg/h);D 为处理水量(t/h);H_{Ca}为原水钙的硬度(mol/L);H_{Mg}为原水镁的硬度(mol/L);CO_2为原水中游离的CO_2量(mol/L);0.175为石灰的过剩量;K为石灰纯度(一般为60%~85%);56为CaO的摩尔质量。

根据经验,每降低1 m^3水中暂时硬度1度,需添加纯的氧化钙10 g,每降低1 m^3水中二氧化碳的浓度1 mg/L,需添加纯的氧化钙1.27g。

(4)石灰软化后的水质

经石灰软化处理后,水中暂时硬度大部分被除去,残余暂时硬度可降至0.2 mmol/L~0.4 mmol/L,碱度可降至0.4 mmol/L~0.6 mmol/L,有机物除去25%,硅酸化合物可降至30%~35%,原水中铁残留量小于0.1 mg/L。

2.3.2 离子交换法

离子交换法是利用离子交换树脂交换水中的离子,从而使水质符合使用要求。

(1)软化原理

离子交换树脂在水中是解离的,原水中含有 K^+、Na^+、Ca^{2+}、Mg^{2+} 等阳离子和 SO_4^{2-}、Cl^-、HCO_3^-、$HSiO_3^-$ 等阴离子,当原水通过阳树脂层时,水中的阳离子被树脂所吸附,树脂上的阳离子(H^+)置换到水中;当原水通过阴树脂层时,水中的阴离子被树脂所吸附,树脂上的阴离子(OH^-)置换到水中。也就是水中溶解的阴阳离子被树脂吸附,离子交换树脂中的 H^+ 和 OH^- 进入水中,从而达到水质软化的目的。

(2)离子交换器的结构

离子交换器的结构如图 1-4 所示。一般的离子交换器具有锅形底及圆筒形的顶,其筒体的长度与直径之比值为 2~3,筒体用钢板卷焊而成,上、下部都设有人孔。筒体中部开有视镜孔,以观察反洗强度、树脂层表面污染情况和耗损,筒体底部开有树脂装卸孔。

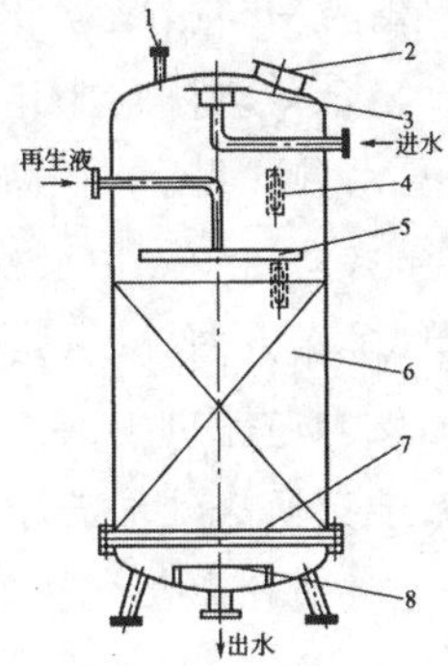

进水管安在筒体顶部,为使原水分布均匀,在出口处一般安有挡板分配装置。树脂层高度占筒体高度的 50%~70%,不能装满,以备反洗时树脂层膨胀。在树脂层上面是再生液分配器,它与树脂层接近,以便在再生时保持再生液浓度,有利于提高再生效率。排水管安在筒体底部,通过多孔板集水后排出。

图 1-4 离子交换器的结构
1-放空气口 2-人孔 3、8-挡水板 4-视镜孔 5-分配器 6-树脂 7-假底

在离子交换器进、出水管上装有压力表,以测定工作时水流的压力损失。并在进、出水管上装有取样装置,以便随时取样。

(3)离子交换树脂的处理、转型及再生

①离子交换树脂的处理及转型

新树脂中往往混有可溶性杂质,影响树脂的交换反应,因此,新树脂在使用前必须进行预处理。另外,市售的阳树脂多为 Na 型,阴树脂多为 Cl 型,需分别用酸碱处理,将阳树脂转为 H 型,阴树脂转为 OH 型。

a.阳离子树脂的处理、转型

新的阳离子树脂用自来水浸泡 1~2 天,使其充分吸水膨胀,再反复用自来水冲洗,去除水中的可溶物,直至洗出的水无色为止。沥干水,加等量 7%HCl 溶液浸泡 1 小时左右,并搅拌,去除酸液,用自来水洗至出水 pH 值为 3~4 为止。清除余水,加入等量 8%NaOH 溶液浸泡 1 小时左右,去除碱液,再用水洗至出水 pH 值为 8~9,并清除余水。最后加入 3~5 倍量的 7%HCl 溶液浸泡 2 小时左右,使阳离子转为 H 型,除去酸液,用去离子水洗至 pH 值为 3~4 即可使用。

b.阴离子树脂的处理、转型

新的阴离子树脂用自来水浸泡,反复洗涤,洗至无色、无臭为止。加入等量 8%NaOH 溶液浸泡 1 小时,并搅拌,去除碱液。再用通过 H 型阳离子树脂处理的水洗至 pH 值为 8~9,

清除余水,加入等量7%HCl溶液浸泡1小时左右。然后,用自来水洗至pH值为3～4。最后加入3～5倍量的8%NaOH溶液浸泡2小时左右,并搅拌,使阴离子转为OH型,除去碱液,用去离子水洗至pH值为8～9即可。

将处理和转型后的阳树脂、阴树脂进行装柱时,要求树脂间没有气泡。树脂量一般为柱容量的3/4。

②离子交换树脂的再生

离子交换树脂处理一定水量后,交换能力下降,这种现象通称为树脂的"失效"或"老化"。此时需进行再生,其机理是水处理的逆反应。树脂再生前应先进行反洗,反洗就是从交换器底部进水,使树脂层松动,并冲掉树脂层表面污物和破碎的树脂,排除树脂中的气泡,以利于再生。

再生时用树脂重量2～3倍的5%～7%HCl溶液处理阳树脂,用2～3倍的5%～8% NaOH溶液处理阴树脂。然后,用去离子水洗至pH值分别为3～4和8～9,使树脂重新转变为H型和OH型。再生液如适当加温(不得超过50 ℃),再生效果更好。这种再生方法称为顺流再生,即再生液由交换器上部进入,下部流出,其流向和运行时水的流向相同。优点是装置简单、操作方便,缺点是再生效果不理想。另一种逆流再生,即再生液的流向和运行时水的流向相反。逆流再生出水的水质较好,但工艺稍复杂。

离子交换法处理的原水含盐量过高时,需经常再生,这个过程既费物、费力,又使水质不稳定,这时应在离子交换处理前作相应的预处理,如凝聚、过滤、吸附或电渗析等。

2.3.3 电渗析法

采用电渗析处理,可以脱除原水中的盐分,提高其纯度,从而降低水质硬度,提高水的质量。电渗析广泛应用于化工、轻工、冶金、造纸、海水淡化、环境保护等领域。近年来更推广应用于氨基酸、蛋白质、血清等生物制品的提纯和研究。在食品、轻工行业制取纯水,电子、医药工业制取高纯水的前处理都得到应用。

(1)电渗析法的工作原理

电渗析水处理设备是利用离子交换膜和直流电场,根据异性相吸、同性相斥的原理,使原水中的电解质离子产生选择性的迁移,从而达到净化的目的。工作时,阳离子交换膜只允许阳离子通过,阴离子交换膜只允许阴离子通过。其工作原理如图1-5所示。

进入1、3、5、7室水中的离子,在直流电场作用下,阳离子向阴极移动,透过阳膜进入极水室以及2、4、6室;阴离子向阳极移动,透过阴膜进入2、4、6、8室。因此,从1、3、5、7室流出来的水中,阴、阳离子都会减少,成为含盐量较低的淡水。

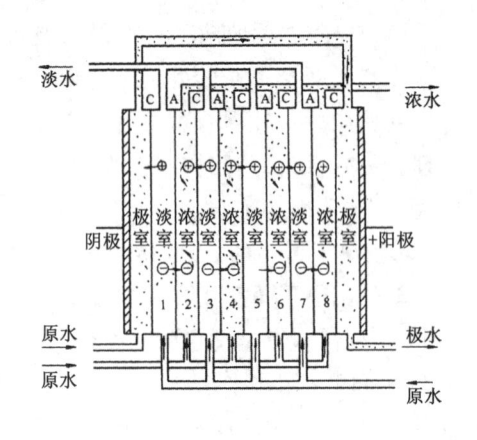

图1-5 多层膜电渗析器脱盐示意图

进入2、4、6、8室水中的离子,在直流电场作用下也要做定向移动。阳离子要移向阴极,但受阴膜的阻挡而留在室内;阴离子要向阳极移动,受阳膜阻挡也留在室内。2、4、6、8室内原来的阴、阳离子均出不去,而1、3、5、7室中的阴、阳离子都要穿过膜进入水中。所以,从2、4、6、8室流出来的水中阴、阳离子数比原水中的多,成为浓水。

靠近电极的隔室(极室)需要通入极水,以便不断排除电解过程的反应产物,保证电渗析器的安全运行。阴极室和阳极室的流出液中,分别含有碱或酸和气体,因为其浓度很低,一般废弃不用。

(2)电渗析器的结构

电渗析器有立式和卧式两种形式。其基本部件是浓淡水室的隔板、离子交换膜、电极、极水隔板、锁紧装置等,如图1-6所示。

①隔板

放在阴阳膜之间,作为水流通道隔开两膜。隔板上有进水孔、出水孔、布水槽、流水槽及过水槽。因布水槽的位置不同将隔板分为淡水室隔板和浓水室隔板。隔板材料为聚氯乙烯硬板,厚度为1.5 mm～2 mm。

②离子交换膜

是由具有离子交换性能的高分子材料制成的薄膜。按透过性能分为阳离子交换膜和阴离子交换膜,能透过阳离子的膜称阳离子交换膜,能透过阴离子的膜称阴离子交换膜。

目前常用的阳离子交换膜为磺酸基型,结构式为$R-SO_3^--H^+$,在水中解离成为$R-SO_3^-$,带负电荷,吸收水中的正离子并让其通过,阻止负离子通过;阴离子为季铵基型,结构式为$R-N^+(CH_3)_3-OH^-$,在水中解离成为$R-N^+(CH_3)_3$,带正电荷,吸收水中的负离子并让其通过,阻止正离子通过。

考虑到阴膜容易受损并防止氯离子进入阳极室,所以在阳极附近一般不用阴膜,而用一张阳膜或一张抗氧化膜。

③电极

电极通电后形成外电场,使水中的离子定向迁移。电极的质量直接影响电渗析的效果。常用的阳极必须采用耐腐蚀材料如石墨、铅、二氧化铅等;阴极多用不锈钢。

④极框

极框用来保持电极与离子交换膜间的距离,分别位于阴、阳极的内侧,从而构成阴极室和阳极室,是极水的通道。保持极水分布均匀、水流通畅,并能带走电极产生的气体和腐蚀沉淀物。极框厚度宜小不宜大,约为5 mm～7 mm。

⑤压紧装置

把交替排列的膜堆和极区压紧,使其组装后不漏水,一般使用不锈钢板,用工字钢或槽钢固定四周,用分布均匀的螺杆拧紧。

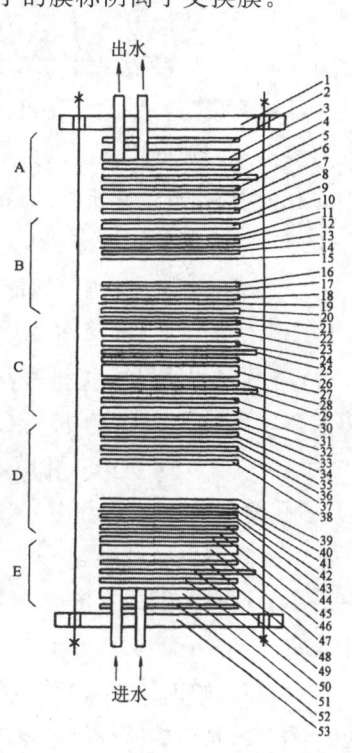

图1-6 电渗析器装置示意图

(3)电渗析器对原水的水质要求

浑浊度宜小于2 mL/L,以避免影响膜的寿命;化学耗氧量不得超过3 mL/L,以避免水中有机物对膜的污染;游离性余氯不得大于0.3 mL/L,以避免余氯对膜的氧化作用;铁含量不得大于0.3 mL/L,锰含量不得大于0.1 mL/L;非电解杂质少;水温应在4 ℃～40 ℃范围内。

2.3.4 反渗透法

反渗透是采用膜分离水处理技术,膜分离是利用膜的选择透性进行分离和浓缩的方法。膜分离技术包括电渗透、超过滤、反渗透、微孔过滤、自然渗透和热渗析等。随着膜科学和制造技术的进步,反渗透水处理技术得到了迅速的发展。

反渗透设备系统可除去水中90%以上的溶解性盐类和99%以上的胶体、微生物、微粒、有机物等。反渗透技术常用于纯水制备、废水处理、水的软化、饮料和化工产品的浓缩等多个领域。

(1) 反渗透与超滤原理

在一个容器中用一层半透膜把容器隔成两部分,一边注入淡水,另一边注入盐水,并使两边液位相等,这时淡水会自然地透过半透膜至盐水一侧。盐水的液面达到某一高度后,产生一定压力,抑制了淡水进一步向盐水一侧渗透,此时的压力即为渗透压。如果在盐水一侧加上一个大于渗透压的压力,盐水中的水分就会从盐水一侧透过半透膜至淡水一侧,这一现象称为反渗透。反渗透作用的结果是浓溶液变得更浓,稀溶液变得更稀,最终达到脱盐。

反渗透法主要是截留无机盐类的小分子,超滤法则是从小分子溶质或溶剂分子中将比较大的溶质分子筛分出来。因此,反渗透法与超滤法并没有本质差别。大体上对于中等程度大小的有机物、高分子有机物、有机及无机胶体粒子的分离称为超滤;对于截留比10倍水分子大小还小的分子则叫反渗透。

(2) 反渗透膜的种类及性能

① 醋酸纤维素膜(简称CA膜)

CA膜是以高氯酸镁和水为溶胀剂,加到以丙酮为溶剂的醋酸纤维素溶液中,将制得的铸膜液在玻璃上刮成。CA膜其外观乳白色,半透明,有一定的韧性。表层结构致密,孔隙很小,厚度约为 $1~\mu m \sim 10~\mu m$,孔隙直径 $8~Å \sim 20~Å$;下层结构疏松,孔隙大,其厚度约占膜厚的99%,孔隙直径在 $0.1~\mu m \sim 0.4~\mu m$ 之间。

② 芳香聚酰胺纤维膜

主要原料为芳香聚酰胺。它具有良好的透水性、较高的脱盐率以及优越的机械强度和化学稳定性,耐压实,能在pH值为8~10范围内使用。

(3) 超滤膜的种类与特性

超滤膜是由醋酸纤维或聚砜等聚合物经特定的工艺制成的多孔性海绵状膜。由上下两层组成,膜的表面为 $0.1~\mu m$ 厚的表层,其直径在 $0.001~\mu m \sim 1~\mu m$ 间,此层在膜分离过程中起关键作用;下层为 $0.13~mm \sim 0.26~mm$ 的多孔性支持层,起支架及增加膜强度的作用。

① 中空纤维超滤膜

这种膜呈中空毛细管状,管壁密布微孔,溶液在压力的作用下,以一定的流速沿着超滤膜壁流动,让溶液中的水、离子、低分子量物质透过膜表面,而将高分子、大分子物质、胶体及微生物截留下来,达到分离与浓缩的目的。

② 醋酸纤维膜

是最早开发的超滤膜品种,在生物酶制剂等方面得到了成功的工业化应用。其缺点是强度差,不耐酸碱,处理物料和膜清洗受pH值的限制。

③聚砜膜

具有良好的理化性质,是目前应用最广泛的膜品种,适用于多种食品物料。其缺点是生产效率不高。

④聚丙烯腈膜

具有良好的化学稳定性,耐温、耐细菌腐蚀,而且亲水性强,具有对蛋白质胶体吸附力小等优点。

2.4 水的消毒

在水的前处理过程中,大部分微生物随同悬浮物、胶体被除去,但仍有部分微生物存在于水中,为了达到软饮料用水微生物指标要求,应对经化学处理的水进行消毒。水的消毒是指杀灭水里的致病菌及有害微生物,防止水传染病的危害。目前国内常用水的消毒方法有氯消毒、臭氧消毒及紫外线消毒。

2.4.1 氯消毒

(1)原理

在不含氯的水中加入氯后,即发生下列反应:

$$Cl_2 + H_2O \rightleftharpoons HOCl + H^+ + Cl^-$$

$$HClO \rightleftharpoons H^+ + OCl^-$$

HClO 为次氯酸,ClO$^-$ 为次氯酸根,HClO 和 ClO$^-$ 都有氧化能力,但 HClO 是中性分子,可以扩散到带负电荷的细菌表面,并渗入细菌体内,借氯的氧化作用破坏细菌体内的酶系统,导致细菌的死亡;ClO$^-$ 带负电荷,难于靠近同样带负电荷的细菌,虽有氧化能力,但消毒作用远远低于 HClO。由于氯气与水反应生成的次氯酸在解离时受环境 pH 值影响较大,当 pH 值小于 7 时,氯的杀菌作用最强。

(2)加氯方法和加氯量

如果原水水质差,有机物较多,可在原水过滤前加氯,以防止沉淀池中微生物繁殖,且加氯量要大。若原水经沉淀和过滤后再加氯进行消毒,则加氯量少,且消毒效果好。

加氯量的确定要考虑作用氯和余氯两个因素。作用氯是和水中微生物、有机物、有还原作用的盐类(如亚铁盐、亚硝酸盐等)起作用的部分;余氯是为了保持水在加氯后有持久的杀菌能力,防止水中残余微生物和外界侵入的微生物生长繁殖的部分。

我国水质标准规定,管网末端自由余氯保持在 0.1 mg/L~0.3 mg/L 之间,小于 0.1 mg/L 时,不安全;大于 0.3 mg/L 时,含有明显的氯臭。为了要使管网最远点保持 0.1 mg/L 的余氯量,一般总投入氯量为 0.5 mg/L~2.0 mg/L。

(3)其他含氯消毒剂

漂白粉　是氯气与氢氧化钙作用制得的混合物,组成比较复杂,主要成分为 Ca(ClO)$_2$。市售漂白粉有效氯含量为 28%~35%。

漂粉精　将氯气通入 20%~30% 的石灰浆中制得,主要成分是次氯酸钙,有效氯含量比漂白粉高,一般在 60%~75% 以上。

氯胺　是氨分子中的氢原子被氯原子取代后的产物。在实际进行消毒时,按比例加入氯剂和氨或铵盐而生成氯胺。氯胺在水中分解缓慢,逐步释放出次氯酸,容易保证管网末端的余氯量,并且可以避免自由余氯产生较重的氯臭。

次氯酸钠　电解氯化钠时,阳极上放出氯气,阴极上放出氢气。电解出的氯气与氢氧化钠反应生成次氯酸钠。次氯酸钠在水中解离成次氯酸,其杀菌能力较强,但制备次氯酸钠耗电多,费用高。

2.4.2　臭氧消毒

臭氧是一种不稳定的气态物质,在水中易分解成为氧气和一个原子氧。原子氧是一种强氧化剂,能与水中的细菌及其他微生物作用,使其失去活性。由臭氧发生器通过高频高压电极放电产生臭氧,将臭氧泵入氧化塔,通过布气系统与需要处理的水接触、混合,达到一定浓度后,即可起到消毒作用。

(1) 臭氧发生器

制备臭氧的方法很多,而在生产中最适用的是无声放电法。无声放电是在一侧或两侧都是绝缘体的两极间进行放电,两极间距离很小,电压很高。臭氧发生器有平板式和管式两种,其工作原理相同,结构如图1-7所示。

管式臭氧发生器主要由一根玻璃管和一根不锈钢管组成。空心的不锈钢管为一极,装在玻璃管里面,中间用挠性绝缘垫分开,其间距为1.5 mm~3 mm,此间距即为放电空间。玻璃管装在一个有循环水的容器中,容器外壳接地,作为另一极工作时,将容器外壳和不锈钢管分别接入电场,空气进入外壳后,均匀地分散在放电空间中,顺着放电空间匀速前进,由于电压很高,高达15 kV~20 kV,即在此区域进行无声放电,将空气中部分氧气转化为臭氧,转化率约为3%~4%,再由出口排出。

由于臭氧的化学性质很不稳定,难以长期保存,一般是随用随制。

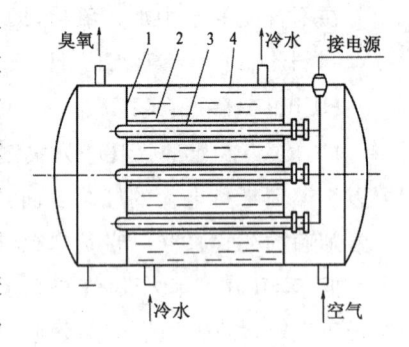

图1-7　管式臭氧发生器
1-绝缘板 2-玻璃管 3-不锈钢管 4-外壳

(2) 臭氧处理水的特点

臭氧溶于水后形成的臭氧水溶液具有很强的杀菌作用,可以除去水中的微生物污染物。臭氧在水中发生氧化还原反应的瞬间,破坏和分解细菌的细胞壁,迅速扩散到细胞里,破坏细胞内酶。当其浓度达到2 mg/L时,作用1 min就可以把大肠杆菌、金黄色葡萄球菌、细菌的芽孢、黑曲菌、酵母等微生物杀死,同时降低水的色度、浊度、悬浮固体含量,除去水中的异味和臭味。

2.4.3　紫外线消毒

当微生物受紫外光照射后,微生物的蛋白质和核酸吸收紫外光谱能量,导致蛋白质变性,引起微生物死亡。紫外光对清洁透明的水具有一定的穿透能力,所以能使水消毒。紫外线杀菌不改变水的物理化学性质,杀菌速度快、效率高、无异味,因此这种方法得到广泛的应用。

(1)紫外线杀菌装置

采用发射波长为 250 nm～260 nm 的紫外线高压汞灯和对紫外线透过率 90% 以上、污染系数小、耐高温的石英套管以及外筒、电气设施等组成的紫外线杀菌装置。杀菌器的外筒一般由铝镁合金和不锈钢材料制成。筒内壁有很高的光洁度,对紫外线反射率达 85% 左右。

(2)使用紫外线杀菌装置注意事项

①原水水质

因紫外线穿透能力较弱,杀菌效果受水的色度、浊度等因素的影响。因此,要求原水的水质色度必须小于 15 度、浊度小于 5 度、铁含量低于 0.3 mg/L、细菌总数小于 900 个/L。

②原水流量的控制

在同一杀菌器内,水质相同,流量越大,流速越快,则紫外线照射的时间越短,杀菌效果越差。

③灯管周围介质温度的控制

当紫外灯周围介质温度很低时,会使辐射的能量降低,影响杀菌效果。一般要求灯管周围的温度保持在 25 ℃～35 ℃。

④紫外灯的运行管理

紫外灯在杀菌前应预热 10 min～30 min。应尽量减少灯的开闭次数;保持电压稳定,波动范围不得超过额定电压的 5%,以获得所需的紫外线能量。

紫外线灯管使用一段时间后,石英套管上会沉积污垢,影响透光性,从而影响杀菌效果。应定时抽样检查水的消毒情况,如发现消毒效果不好,应及时更换解决。

思考题

1.试述软饮料用水对水质的要求。

2.水的过滤方法有哪些?

3.软化水的方法有哪些? 分别说明其适用范围和注意事项。

4.水的消毒方法有哪些? 并说明其杀菌原理。

5.根据某饮料厂的水源,设计出该厂的水处理工艺。

指定参考书

1.邵长富,赵晋府.软饮料工艺学.北京:中国轻工业出版社,1987

2.朱蓓薇.饮料生产工艺与设备选用手册.北京:化学工业出版社,2003

参考文献

1.邵长富,赵晋府.软饮料工艺学.北京:中国轻工业出版社,1987

2.朱蓓薇.饮料生产工艺与设备选用手册.北京:化学工业出版社,2003

3.李勇.现代软饮料生产技术.北京:化学工业出版社,2006

第 2 章　软饮料常用辅料

1　食糖

糖(食糖)是指用甘蔗、甜菜等为原料,经制糖工艺加工获得的一种甜味食品。按制糖原料分为甘蔗糖和甜菜糖两大类。

糖属于碳水化合物类,根据分子结构差异,有以下几种:
(1)单糖类:为碳水化合物中最小的化合物分子,如葡萄糖、果糖。
(2)双糖类:由两分子单糖物质组成的碳水化合物。如蔗糖、麦芽糖、乳糖等。
(3)多糖类:由大量单糖分子组成的大分子化合物。如淀粉、纤维素、果胶等。

1.1　商品食糖及蔗糖

商品食糖是指由甘蔗或甜菜制成的产品,主要成分是蔗糖。蔗糖是指葡萄糖和果糖所构成的一种双糖。

1.1.1　食糖的分类和标准

商品食糖,按晶粒外形和色泽的不同,分为白砂糖、绵白糖、赤砂糖、红糖、冰糖、方糖等。
(1)白砂糖　纯度高,含蔗糖99%以上,色泽洁白明亮,晶粒整齐、均匀,水分、杂质和还原糖含量均较低。
(2)绵白糖　总糖分不及白砂糖高,而还原糖和水分却比白砂糖高。其感官质量与它所含的还原糖、水分以及晶粒细度有关。生产绵白糖需要气温较低和干燥的条件,我国多在甜菜糖厂生产绵白糖。

(3)赤砂糖 是不经水洗蜜的机制三号糖,还原糖含量较高,非糖成分如色素、胶质等含量也较高。

(4)土红糖 在交通不便、甘蔗生产不很集中的地区,由非机制糖厂生产的产品,主要类型是红糖粉。纯度低、色泽深、易吸潮。

(5)冰糖 是再加工的制品,纯净度稍比白砂糖高。

(6)方糖 也是一种再加工制品,将白砂糖经加工处理制成晶粒微细的精白糖,再经成型、干燥处理而得。质量纯净、洁白有光泽、糖块棱角完整,在温水中能很快溶化。

1.1.2 软饮料用蔗糖的标准和质量评定

糖是大多数软饮料的主要组成部分。如果糖质好,软饮料就具有澄清,无沉淀,风味、甜味等皆佳等特点。如果糖质不好,所生产的软饮料产品往往会产生混浊变色、絮状沉淀、风味不正等现象。因此在外购原料时一定要熟悉糖的质量标准和评定方法,如有条件的厂家还应按标准对所购的糖质进行检验分析。

1.1.2.1 食糖质量标准

白砂糖和绵白糖的质量标准:

(1)感官指标

颜色:白砂糖色泽洁白发亮;绵白糖色泽雪白。

晶粒:白砂糖晶粒大小一致,晶面明显,无碎末,并富有光泽;绵白糖晶粒细小,绵软,无结块现象。

气味和滋味:白砂糖应具有纯净的甜味,不应带有苦焦味、酒酸味和其他杂质味;绵白糖的气味和滋味均与白砂糖相同。

夹杂物:白砂糖和绵白糖均不允许含有夹杂物,尤其不允许含有金属夹杂物。溶解于水后,其水溶液应该是清晰透明,不应有悬浮物、沉淀物或浑浊现象。

(2)理化指标:见表2-1

表2-1 白砂糖和绵白糖理化指标

规定指标 项 目	白砂糖			绵白糖		
	优级	一级	二级	精制	优级	一级
总糖不少于(%)				98.37	97.95	97.90
蔗糖不少于(%)	99.75	99.65	99.45			
还原糖不多于(%)	0.08	0.15	0.17	2.0±0.5	2.0±0.5	2.0±0.5
水分不多于(%)	0.06	0.07	0.12	1.60	2.00	2.00
灰分不多于(%)	0.05	0.10	0.15	0.03	0.05	0.10
色值不超过(st°)	1.0	2.0	3.5			
颗粒不大于(mm³)				3.0	0.35	0.40
浑浊度不高于(度)	5	7		4	7	12
不溶于水的杂质不超过(mg/kg)	40	60	90	15	30	60

1.1.2.2 食糖的质量要求和评定

对食糖质量的基本要求是纯净度要高。

食糖纯净度的高低主要从三方面看,一是食糖成分的含量,愈多愈纯;二是水分,水分含量愈少愈纯;三是清净度即夹杂物、微生物、分解物愈少愈纯。

评定食糖纯净度高低,质量优劣,通常是综合运用感官评定的办法进行,分别叙述如下。

(1)感官评定:主要看外观、气味、滋味和杂质含量。

外观:色泽洁白明亮有光泽、纯度高、质量优,要求清洁,无结块,无吸潮现象。

气味和滋味:正常的气味和纯正的甜味是食糖质量良好的起码标志。若有酒味、酸味、焦苦味、杂臭等异味,说明质量已变劣。鉴别气味时,可直接用鼻嗅;评定滋味时,要靠检验者舌头上的味蕾细胞直接品尝,亦可先将糖样品配成10%的水溶液品尝。

杂质含量:检验食糖的杂质主要是观察有无砂土、泥块、草屑、绳屑、纤维屑、蝇虫残骸、鼠屎等夹杂物,尤其要注意有否金属夹杂物。检验时,除肉眼看见糖样外,更主要是测定食糖的水溶液状况,即取20 g食糖样品溶于100 mL热蒸馏水内,待冷却后观察糖粒是否完全溶解;糖水溶液是否透明清晰;有没有悬浮物,沉淀物等,为精确评定,往往还需理化方法测定。

(2)理化鉴定

理化鉴定是鉴定一些感官检查不够精确和不能检验出的指标:如蔗糖含量、还原糖含量、水分含量、灰分含量、色值等项目。

优级白砂糖蔗糖含量不少于99.75%,一级不少于99.65%,精制绵白糖不低于97.5±0.25 g/100 g(有的为98.37%),赤砂糖不得低于83%等等。

还原糖含量的测定:还原糖不影响食用,但含量多易粘结、吸湿而不耐保藏。因此在食糖中含量必须限制,依不同食糖而由不同的标准进行评定。

灰分的测定:灰分主要来自原料本身的矿物质及糖汁处理过程中遗留的石灰等。灰度的增加,降低纯净度,增加吸湿性,既降低食用价值又不利于保藏,所以也必须测定。

水分的测定:水分含量多易使食糖粘连,吸湿溶化、结块甚至变质。测定水分通常用干燥法或蒸馏法。如白砂糖标准规定优级不大于0.06%,一级不大于0.07%。

色值测定:色值是指食糖颜色的深浅。通常是用斯丹密尔比色计来进行的。将食糖样品溶化配成一定的水溶液,用此仪器与深浅不同色泽的玻璃片作为标准色值进行比较,色值是用st°表示,度数越小,色值越白,食糖越纯净。

1.2 葡萄糖

结晶葡萄糖产品主要为含水 α-葡萄糖,含有一个分子结晶水。此外尚有无水 α-葡萄糖和无水 β-葡萄糖,此三种葡萄糖的特性见表2-2。

葡萄糖作为甜味料的特点是能使配合的香味更为精细,即使达20%浓度,也不会达到像蔗糖那样令人不适的浓甜感。此外,葡萄糖具有较高的渗透压,约为蔗糖的2倍。

固体葡萄糖溶解于水时是吸热反应,这种情况下同时触及口腔、舌部时,则给以清凉感觉。

若使葡萄糖最大限度发挥其甜度,则以高浓度或固体使用为好。葡萄糖的甜度约为蔗糖的70%～75%,在蔗糖中混入10%左右的葡萄糖时,由于增效作用,其甜度比计算的结果要高。果汁饮料以12%～13%的葡萄糖置换砂糖,其甜度表现不会减低,但超过该范围,则甜度降低。

表 2-2　不同葡萄糖性质比较

葡萄糖种类	含水-α	无水-α	无水-β
结晶形状	薄片六角形	斜方半面晶形	斜方形
熔点(℃)	83	146	150
溶解度(25℃,%)	30.2	62	72
比旋光[α]D20	112.2—52.7	112.2—52.7	78.7—52.7
溶解热(J/g,25℃)	−105.5	−59.4	−26.0
相对溶解速度(蔗糖为1)	0.35	0.55	1.35

在低温或常温下,葡萄糖溶解度比蔗糖低。因而使用葡萄糖的制品在低温保存时,应与蔗糖混合使用,混合糖的溶解度比单一糖的溶解度要高。

1.3　果葡糖浆

酶法糖化淀粉所得糖化液,葡萄糖值约98,再经葡萄糖异构酶作用,将42%的葡萄糖转化成果糖,所得糖分主要为果糖和葡萄糖的混合糖浆称为果葡糖浆,也称为异构糖。1976年开始生产第二代果葡糖浆,有两种产品,果糖含量分别为55%和90%,甜度高于蔗糖,糖分组成见表2-3。90%的果糖糖浆,是用分离法把45%的果葡糖浆中的葡萄糖分离出去,55%的果糖糖浆是用90%的果葡糖浆和45%的果葡糖浆兑制而成。因为果糖不易结晶,故糖浆浓度较高,且价格较低。

表 2-3　果葡糖浆组成

项 目	百分率(%)	项 目	百分率(%)
浓度(干物质含量)	71	颜色(光密度420)	0.006
水分	29	颜色稳定性(CIRF单位)	0.02
糖分组成(干基计)		颜色稳定性(光密度420)	0.04
果糖	42	密度(kg/L,38℃)	1.30
葡萄糖	53	干物质含量(kg/L,38℃)	0.90
低聚糖	5	灰分(硫酸法,干基%)	0.05
颜色	0.003	粘度(cp,干基%)	160

表 2-4　第二代果葡糖浆

种 类	55%果糖	90%果糖	种 类	55%果糖	90%果糖
浓度(%)	77	80	葡萄糖	41	7
灰分(干基%)	0.03	0.03	低聚糖	4	3
果糖	55	90			

1.4　其他液体糖

除果葡糖浆外,还有其他的液体糖产品,饴糖、糖蜜,国外还有制成67°Bx的液体蔗糖;制成77°Bx的转化糖与总糖比为40%、pH值在5.4左右的液体蔗糖转化糖;以及65°Bx以上、蔗糖46%~52%、葡萄糖18%~24%、果糖3%以下、灰分0.5%以下的液体混合葡萄糖;还有将砂糖和果葡糖浆混合的蔗糖混合果葡糖浆。

2 甜味剂

能赋予食品甜味的食品添加剂。根据热值大小分为营养型甜味剂和非营养型甜味剂两类。

营养型甜味剂:其热值在蔗糖热值2%以上的甜味剂,如麦芽糖醇、木糖醇、D-山梨糖醇、异麦芽糖醇。由于糖醇在体内的代谢与胰岛素无关,适宜于糖尿病人食用。而蔗糖、果糖、葡萄糖在体内的代谢与胰岛素有关,不适宜于糖尿病人食用。

非营养型甜味剂:其热值在蔗糖热值2%以下的甜味剂,如糖精钠、甜叶菊糖甙、甜蜜素、甘草等甜味剂,适宜于肥胖症、高血压症、糖尿病人食用。

2.1 天然甜味剂

上述各种糖均属能提供热量的甜味料,过量摄取时,可导致肥胖症类营养过度的疾病,因而一些发达国家积极开发低热量甜味料。一些人工合成的甜味料如糖精钠、糖精、环己基氨基磺酸盐(甜蜜素)等曾获广泛使用,但因前二者对人体有强烈毒害作用,目前国际上有些国家已禁用,日本、我国可使用,但使用计量应符合规定卫生标准。近年来,则积极着眼于开发用量少、天然度高的甜味剂以及低热量的甜味剂。

2.1.1 糖醇类

山梨醇:山梨醇可由葡萄糖还原而制取,在梨、桃、苹果中广泛分布,含量约为1%~2%。其甜度与葡萄糖大体相当,但能给以浓厚感。在体内被缓慢地吸收利用,但血糖值不增加。山梨醇还是比较好的保湿剂和界面活性剂。

木糖醇:甜度相当于蔗糖的70%~80%,可提供能量但不经胰岛素作用,故用来作为糖尿病患者食用的甜味剂。

麦芽糖醇:麦芽糖醇系由麦芽糖还原而制得的一种双糖醇。甜度为蔗糖的85%~95%,几乎不被人体吸收。大量摄取时对某些人可产生腹泻。麦芽糖醇不结晶、不发酵、150 ℃以下不发生分解,是健康食品的一种较好的低热量甜味料。此外,麦芽糖醇具有良好的保湿性,可用来保湿及防止蔗糖结晶。

2.1.2 糖苷类

甜菊苷(stcviosidc):甜菊苷是近年来发展起来的一种新型甜味剂,它是从原产南美巴拉圭的一种称之为甜叶菊的植物的叶中提取的。商品甜菊苷是一种混合物。甜菊苷的甜度为蔗糖的200~300倍,热稳定性强,着色性极弱,不易分解,属于非发酵性甜味剂。但溶解速度慢,渗透性较差,在口中残味时间较长。甜菊苷有降低血糖的作用,适宜于糖尿病患者,还有解酒、恢复疲劳等药用价值。

二氢查耳酮新橙皮苷：二氢查耳酮的甜度约为糖精的7倍，新橙皮苷二氢查耳酮比较稳定，没有吸湿性，为低热量甜味剂。

柚皮苷二氢查耳酮：甜度略低于新橙皮苷二氢查耳酮，为糖精甜度的3~5倍。

2.1.3 其他

(1)甘草中的甜味成分是甘草酸，有微弱的特异气味，其二价盐用作食品甜味剂。

(2)甜茶素是一种二萜甙的低热量高甜味物质，从甜茶中提取的甜茶素，甜味纯正，接近白糖，它的甜度相当于蔗糖的300倍。甜茶是蔷薇科悬钩子属植物，主产于广西、贵州、四川等地区。由于其叶味甜，具有保健作用，民间常作茶饮用，故名"甜茶"。甜茶具有清热、润肺、祛痰止咳等功效。

2.2 人工甜味剂

2.2.1 糖精钠

甜度为蔗糖的500倍，不允许在婴儿食品中添加，软饮料中最大使用量为0.15 g/kg，浓度大于0.026%则有苦味。

2.2.2 甜蜜素

甜度为蔗糖的40~50倍，软饮料中最大使用量为0.65 g/kg，加热后略有苦味，如果水质较差，硫酸盐($CaSO_4$、$MgSO_4$)、硝酸盐($Ca(NO_3)_2$、$Mg(NO_3)_2$)等盐类的含量较高，则会产生石油味或橡胶味。

2.2.3 蛋白糖

又称阿斯巴甜(天门冬酰苯丙氨酸甲酯)，甜度为蔗糖的200倍，目前为人工合成甜味剂中风味与蔗糖最为接近，不耐高温，适宜于肥胖症、糖尿病人及预防龋齿的食品。阿斯巴甜是200倍于砂糖甜度的氨基酸系甜味剂，主要用于可乐类碳酸型饮料，使之成为低热量类食品。

目前应用阿斯巴甜的商品已经达600多个，其中无砂糖糖果、压片甜食和胶姆糖等最多可占到约40%，饮料(约占25%)、冷饮(约10%)以及乳制品、餐桌甜味料、药品、保健食品、冷藏餐后甜点心和咸菜等。

2.2.4 AK糖

又称安赛蜜(乙酰磺胺钾)，甜度为蔗糖的200倍，耐高温，为非营养型甜味剂。

2.2.5 三氯蔗糖

甜度为蔗糖的600倍，热稳定，软饮料中最大使用量为0.25 g/kg。

三氯蔗糖是以蔗糖为原料，将氯元素有选择性地置换蔗糖分子中的三个羟基后的产物，大约有600倍于砂糖的甜味度，味质与砂糖相近，特征是对热和pH值有很好的稳定性。目前已获得美国等30多个国家的审评批准使用。

3 酸味剂

以赋予饮料酸味为主要目的的食品添加剂,总称为酸味剂。

酸味给味觉以爽快的刺激,具有增进食欲的作用,酸还具有一定的防腐作用,并有助于溶解纤维及钙、磷等物质,可以促进消化吸收。

软饮料工业中常用的酸味剂,大体上分为无机酸和有机酸,前者酸味是由与阴离子酸根相结合的 H^+ 引起的,而后者酸味主要是由—COOH 的 H^+ 引起的。饮料中常用的无机酸有磷酸,而有机酸则有柠檬酸、酒石酸、苹果酸、延胡素酸、乳酸。用量最大和最常用的有机酸是柠檬酸;无机酸在饮料里用量不大,一般只用磷酸。磷酸在水果风味型饮料中使用较少,但一些非果味型的饮料如可乐型饮料中使用较多,由于磷酸的酸味强度大,其使用量较小。

3.1 柠檬酸

食品工业中大量使用的柠檬酸是采用糖质等原料,经黑曲霉发酵,产生大量的柠檬酸液,然后通过过滤与石灰乳(或 $CaCO_3$)中和形成柠檬酸钙,用硫酸分解,过滤后真空浓缩、结晶、精制干燥而成。

在果汁、汽水、汽酒等饮料中加入适量的柠檬酸,可提高果汁、汽水、汽酒的酸度,增进风味,给人以清凉爽口的感觉。糖酸比对食品风味的影响是显著的,在饮料中更为明显,未加酸味剂的果汁、碳酸和非碳酸化的饮料味道平淡,或甜度不适。加入适量的柠檬酸,不仅可使饮料的糖酸比得到调整,两种味道达到适当的平衡,而且常会使被掩盖的风味得到增强。柠檬酸在饮料中的使用量可按原料含酸量、浓缩倍数、成品标准酸度指标等因素来掌握。一般在汽水中的使用量为 0.1%~0.2%,汽酒中的使用量为 0.12%~0.3%。在直饮式的果汁里使用量为 0.15%~0.25%,在浓缩果汁(如三倍汁)里使用量为 0.5%~1%。

在饮料糖浆制造中,熬制糖浆时加入柠檬酸,不仅可以加速蔗糖的转化,还可防止糖液结晶。国外汽水生产配料也常采用转化糖,以增加汽水的风味。但在熬制糖浆加入柠檬酸后,不可熬制太久,以免产生过多的转化糖而影响产品的风味、质量。最佳的转化糖糖量与熬制糖浆量、加入的酸的种类、量的多少、熬制温度、时间等因素有关。

柠檬酸有保色、抑菌和防腐作用,柠檬酸具有螯合金属离子(特别是铁和铜)的能力,而金属离子常是类脂物氧化酸败和果蔬褐变的催化剂,因此,在饮料中添加适量的柠檬酸,与杂散的金属离子形成螯合物,可以抑制酸败、褐变、褪色等。在饮料里加入了柠檬酸后,降低了饮料的 pH 值,而一般有害微生物在酸性环境下不易生长繁殖。因此,在糖浆里加入柠檬酸后,可提高防腐作用而延长产品保藏期。同时,由于饮料里加入了柠檬酸,使防腐剂进一步地发挥其杀菌、抑菌能力,保证了饮料的质量。

3.2 酒石酸

酒石酸在自然界中以钙盐或钾盐形式存在。广泛存在于植物中,尤以葡萄中含量多。酒石酸为无色透明棱柱状结晶或粉末,有强酸味,并稍有涩味。熔点为 169 ℃~170 ℃,其水溶液为右旋性。溶于水,微溶于醚,而不溶于氯仿及苯。葡萄酒的酸涩味与含酒石酸有关。

酒石酸是从酒（多以葡萄酒酒桶沉淀的酒石）生产的副产品中取得的，它比柠檬酸的酸味要强一些，约为1.3倍。其用途与柠檬酸相似，易溶于水，适用于制作起泡性饮料和配制膨胀剂。

柠檬酸与酒石酸都是无色呈结晶形，表面很相似，易被错认，有一简单测定这种酸的方法，将名称不能确定的酸，放置少量在小刀尖头上，再放在火源上烧后离开火源，如果是酒石酸，燃烧物质会形成小球状并发出蓝色火焰，物体的体积缩小，剩下来的是炭渣。如果是柠檬酸，燃烧物体成液体状，并在小刀上分布开来和发出黄色火焰，在燃烧时会有火星飞溅，最后剩下来的是褐黑色渣。

3.3 苹果酸

dl-苹果酸为白色结晶或结晶性粉末，无臭、有特异酸味，在水中溶解略同于柠檬酸，在80℃时，比柠檬酸溶解度高，但在酒精中不溶解，保存时易受潮。

dl-苹果酸酸味几乎与柠檬酸相同，略带苦味，在饮料与其他食品中用量少，与柠檬酸等酸并用有特殊风味。主要应用于赋予清凉饮料、粉末饮料、果冻、水果罐头以及其他食品类酸味。

3.4 乳酸

乳酸又名d-羟基丙酸，因最初在酸奶中发现，故称乳酸。乳酸存在于发酵食品、腌渍物及乳制品中，有微弱的酸味。乳酸为透明无色或微黄色的糖浆状液体，几乎无臭，味微酸，有吸湿性，水溶液显酸性，密度为1.206（20℃）。可以与水、乙醇、丙酮或乙醚任意混合，在氯仿中不溶。

乳酸可用作清凉饮料、酸乳饮料、合成酒、酱菜等的酸味料。乳酸有防止杂菌繁殖的作用。乳酸用量一般按"正常生产需要"使用。乳酸饮料及果味露等食品亦有使用乳酸作酸味剂者，通常多与其他酸味剂如柠檬酸等并用，一般用量为0.04%～0.2%。

3.5 葡萄糖酸

葡萄糖酸是无色至淡黄色的液体，稍有臭气，酸味约为柠檬酸的一半，难于结晶，市售为含葡萄糖酸50%的溶液。具有和柠檬酸相似的酸味，易溶于水。常与其他酸味剂并用。分子式如下：

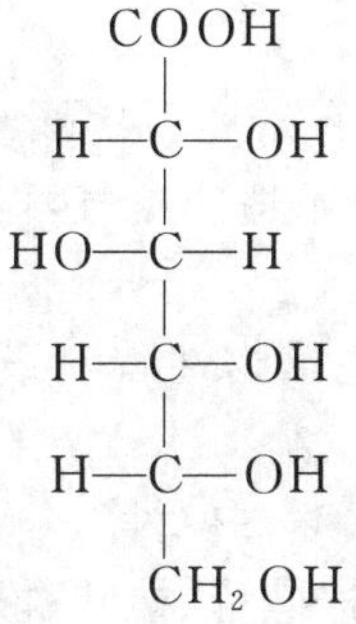

$$\begin{array}{c} COOH \\ | \\ H-C-OH \\ | \\ HO-C-H \\ | \\ H-C-OH \\ | \\ H-C-OH \\ | \\ CH_2OH \end{array}$$

分子为量 196.16

沸点为 131 ℃

3.6 磷酸

磷酸 H_3PO_4，为无色透明的液体。作为食品添加剂的磷酸含量在 85% 以上，密度为 1.69，无色、无臭。0.033 mol/L 的 H_3PO_4 水溶液 pH 值=1.5。酸味度为 2.3~2.5，具有强的收敛味与涩口的酸味。磷酸是无机酸，在饮料里用量较少，主要用于可乐型饮料中作为酸味剂。有关饮料专家认为，磷酸可以使可乐饮料的全部香味非常满意地再现。

由于磷酸的浓度和价格，是最便宜的酸化剂，在生产碳酸饮料时，25% 磷酸溶液差不多相等于 50% 柠檬酸溶液。磷酸的酸味较重、杀口性强，在水果型风味饮料中不如柠檬酸酸味柔和，但在一些非水果型的饮料中可以使用磷酸。

4 香料和香精

4.1 香料和香精的概念

凡是能产香的物质都可称作香料。在香料工业中，为了便于区别原料和产品，把一些来自自然界的动、植物或经人工单离合成而得的发香物质叫香料。例如麝香、龙涎香等为动物性香料，柠檬油、橘子油等为植物性香料，丁香酚、香樟素等为单离香料，乙酸戊酯、丁酸乙酯等为合成香料。使用这些天然、人造香料为原料，经过调香并加入适当的稀释剂配制而成的多成分的混合体叫做香精。例如：茉莉、玫瑰、香蕉、菠萝等香精。

4.1.1 香料来源和分类

香料的品种众多，按照它们的不同来源，可以分为天然香料和人造香料两大类，天然香料又可分为动物性香料和植物性香料，人造香料又可分为单离香料、合成香料和调合香料。

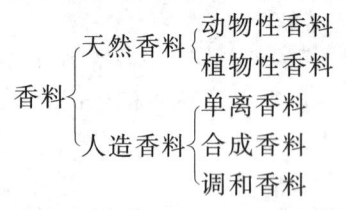

$$
\text{香料}\begin{cases} \text{天然香料}\begin{cases}\text{动物性香料}\\ \text{植物性香料}\end{cases} \\ \text{人造香料}\begin{cases}\text{单离香料}\\ \text{合成香料}\\ \text{调和香料}\end{cases} \end{cases}
$$

动物性香料品种不多，到目前为止被利用的仅有麝鹿、灵猫、海狸三种动物的香囊，以及抹香鲸胃内分泌的龙涎香。此类香料在浓烈时都有不适的臭气，但经稀释后则能发出优美的香气，而且留香力很强。在高级香精中常作定香剂。

植物性香料品种繁多，利用的有 200 余种，这些植物性香料采自植物的不同组织，如花、果、叶等。

从花部提取芳香油的有：玫瑰、茉莉、橙花、紫罗兰、白兰等。

从叶与茎提取的有：薄荷、香茅、留兰香、香叶、柠檬草、桂叶、橙叶等。

从树皮提取的有：桂皮、玉桂等。

从枝、干提取的有：樟脑、柏木、檀香、芳柿等。

从根、根茎提取的有：岩兰草、鸢尾根、菖蒲、姜、黄柿等。

从果实提取的有：柠檬、橘子、橙、柚子、香柠檬、白柠檬等。

从种子提取的有：茴香、黑香豆、肉豆蔻、杏仁、杜松子、芹菜子、胡椒、山苍子等。

从树脂提取的有：安息香、乳香、苏合香、秘鲁香脂等。

植物含有的天然精油，有的局限于某一部位，有的全株都有。精油的品质往往由于部位的不同而不同。

单离香料是以天然香料作为原料，以物理或化学方法分离而得的较单一的成分，如丁香酚、檀香醇、黄柿素等。

合成香料是以单离香料或煤焦油系等成分为原料，经复杂的化学变化而制得。如香豆素，香兰素，杨梅醛，苯乙醇等。

调合香料是以天然香料和人造香料为原料，经过调香配制而成的产品，又称混合香精。调合香料可以按其香气类型分类为柠檬、橘子、茉莉、玫瑰等，或按其用途分类如化妆品用、食用、香烟用等。

4.1.2 天然香料

4.1.2.1 天然精油的提取方法

天然香料提取精油的方法主要有四种，水蒸汽蒸馏法、萃取法、磨榨法和香气回收。

(1) 水蒸汽蒸馏法

利用水蒸汽将香料植物某些组织中的芳香成分蒸馏出来的方法，这种方法还可以分为三种形式：

①水中蒸馏法：是将香料植物的含香组织浸泡在沸水中蒸馏的方法，这种方法的设备简单便宜，容易在产地安装，适用于细的粉末和在蒸汽中易粘着成块的鲜花的蒸馏，不适于易皂化水解、水溶或高沸成分含量多的原料。

②水上蒸馏：是将香料植物的含香组织用含有饱和水分的湿热水蒸汽将其中的芳香成分蒸馏出来的方法。这种设备是在蒸锅下部装一块多孔的隔板，将原料放在板上，板下放水，水热之后则饱和的低压蒸汽经由原料上升，使低沸成分馏出。其特点是蒸汽永远是饱和的、湿的而不可能成为过热的，植物原料只与蒸汽接触不与沸水接触。适用于均匀切碎的草及树叶，磨成粗粒的种子和根之类的原料，需均匀装入锅内。

③水汽蒸馏：是将香料植物的含香组织用直接水蒸汽(饱和的或过热的)将其中的芳香成分蒸馏出来的方法。这种方法与水上蒸馏大致相同，但隔板下面不加水，而通之以饱和或过热的水蒸汽，适用于大规模生产。除细的粉末易被蒸汽粘着而结块外，其他原料都可适用。种子、根、木质原料利用此法最为适宜。

(2) 萃取法(浸提法)

利用溶剂(或脂肪)从植物或动物的某些含香组织中浸提出其芳香成分的方法。有几类非常娇嫩的花用蒸馏法根本蒸不出来，所含的油或者已被蒸汽所破坏，或者实际上虽蒸出了微量的香油，但已消失于大量的蒸馏水中而无法回收。如茉莉，水仙、栀子花等。这类芳香原料用蒸馏法无法加工，故须采用萃取法，萃取法又分为：

①油脂冷浸法：在常温下以油脂或石蜡油从植物含香组织吸取其芳香成分(所得的含香油脂称为"香脂")，然后用乙醇浸提含香油脂，再经蒸除乙醇后所得的产品，常称为"香脂净油"。这种方法适用于如月下香、茉莉等。这些花在采摘之后仍有继续发生香气的生理作用。

②油脂温浸法：用纯净的油脂或石蜡油在稍加温下浸出或吸收出植物含香组织中的芳香成分(含香的油脂也称为"香脂")，然后以乙醇浸提香脂，再蒸除乙醇后所得的产品，也称为

"香脂净油"。该方法适合于加工玫瑰、橙花、含羞花等,这些花在摘下后生理活动立即停止。温浸法与冷浸法的主要区别是温浸法所用油脂是温热的,而花的处理时间较短促。

③溶剂浸提法:用有机溶剂(石油醚、苯、液态二氧化碳、液态丁烷等)从动植物的某些含香组织中提取其芳香成分的方法,在浸提过程中往往将无香气的脂质、色素、树脂等也同时浸提出来,浸液在低温下蒸除大部分溶剂,最后再经浓缩除尽所有溶剂,通常称为浸膏。将浓的浸膏进一步以乙醇处理,可得净油。以液态丁烷或液态二氧化碳为溶剂浸提时,必须在加压条件下进行。乙醇不用于鲜花浸提,因为它能溶解花中的水分而将芳香成分冲淡,还会对某些花造成不愉快或与原花完全不相同的香气。但乙醇广泛用于如叶、树皮、根等干植物的浸提,成品称为"酊"。将酊浓缩(真空蒸馏)得到的产品称"树脂油"及"香膏"。

(3)磨榨法

磨榨法也是提取天然精油的方法之一,应用的面远不及蒸馏法广泛,主要用以制造柑橘类芳香油,如柠檬油、香柠檬油、甜橙油等等。此类果实的芳香油包藏在果皮部分的油胞中,其基本原理是使这些细胞破裂使油质流出,通常采用两种方式:

①冷磨法:是在常温下利用有齿磨、磨壁或针刺的机械设备,以磨破或刺破果实果皮油胞,同时喷水使油与水混合流出,经高速离心机将精油分离出来的方法。这种方法一般适用于坚实柑橘类全果的加工,其产品称为冷磨精油。

②冷榨法:是指运用机械压榨方法使果皮油胞破裂,再经喷水使油水混合流出,经高速离心机将精油分离出来的方法。这种方法适用于柑橘类果皮加工,所得产品称为冷榨油。

(4)香气回收

是从果汁浓缩工艺中的排出气体中再回收的芳香性成分,这些回收成分一般分为两层,油层部分称为精油,水层部分称为带味香料。在橙、柠檬、葡萄、苹果、梨、树莓等果汁生产中,已采用此法回收香气。

4.1.2.2 果汁质香料

抽出水果的挥发性成分,经加工处理后作为呈味物质使用。

4.1.2.3 酶香料

酶作用于食品,分解食品中的香气前驱体,产生香气而制成香料。有乳制品香料和咖啡香料等。

4.1.2.4 加热香料

把糖和氨基酸的混合物加热,制成呈味性香料。有肉类香料、巧克力香料、可可香料、咖啡香料等,多用于与焙烧香气有关的食品加工中。

4.1.3 合成香料

合成香料的作用是增强浓缩果汁香料及强化天然香料。目前所用的合成香料,大致有如下两种:

(1)仿照天然香料而合成,即用仪器分析天然香料成分,然后仿照其构造,合成同样构造的化合物。

(2)合成天然物料中不存在而香气类似者。好的香料可以使人感到身心愉快,消除疲劳,此外香料能掩盖某些可厌的气味,很多难于入口的药剂也常用香料作为矫味剂。

4.1.4 香料调合

香料品种繁多,除极少数品种外,一般都不单独使用。多数香料必须经过调香者把各种不同原料的香气调合成一种香气优越的香精产品使用。

所有的香精,不论属于哪种香的类型大都由下列几个基本部分所组成:

(1)顶香剂 这类香气是易挥发的天然香料或人造香料。使用目的是为了使得代表香气类型的成分更明显突出。

(2)主香剂 是构成各种香精香气类型的基本香料,由此香料可以决定香精所属品种。香精中的主香剂有一种的或多种的,如香蕉香精的主香剂为乙酸异戊酯;杏仁香精为苯甲醛或天焦苦杏仁油;玫瑰香精为香叶醇、香叶油、苯乙醇等。一些香气的主要成分可在分析资料中找到。

(3)辅助剂 香精只靠主香剂和顶香剂,香气未免过于单调。加入适当的辅助香料后或使香气变得清新、甜润,或使强烈变为幽雅,或使粗糙变为柔和。辅助剂所起作用有二:一为协调作用,其香气与主香属同一类型,它能衬托主香剂,使香气更明显突出;二为变调作用,其香气与主香剂不属同一类型,它能使香精的香气具有别致的风格,因此调合香料时对辅助剂的选择较为重要。

(4)定香剂 这类香料大都是高分子结构和高沸点物质,不易挥发,在香精中加入适当的定香原料,可使香精中各种香料成分的挥发度均匀,并防止整个香精的快速蒸发,从而使香精保持均匀而持久的芳香。此外,定香剂还起着调合香气的作用。它能使各种芳香原料的个别香气不被察觉。在选择定香剂时不但要考虑它的定香能力,而且更重要的是它能改变原来香气的类型。还应该注意其使用量,过多则使香气沉闷,过少则影响定香效果。所以定香剂的选择和用量是否恰当,决定整个香精的优劣。

至于哪些芳香原料成分属于顶香剂、主香剂、辅助剂或定香剂,并没有明确的界限。如甜橙油在橘子香精中作为主香剂使用,但在香蕉、菠萝等香精中则成为辅助剂,而在另一些化妆品香精中则作为顶香剂使用。香兰素为香草香精的主香剂,但它本身却又是良好的定香剂。在食品香精中为了应用上方便,还另加入一定数量的稀释剂,这类稀释剂大多是无臭、无味或稍有甜味的物质,如酒精、甘油、蒸馏水、丙二醇、精制植物油等。

4.2 香精

4.2.1 香精类型

香精是食品、饮料、肥皂、牙膏、化妆品和其他日常用品中不可缺少的重要原料。香精可以从不同的角度,采取不同的分类方法。一般有以下三种方式:

(1)按用途分类

如食品用、烟草用、化妆品用、皂用、牙膏用等;

(2)按香型分类

如果香型、花香型、乳品型、坚果型、药草型、幻想型等;

(3)按形态分类

如液体香精、粉末香精、乳化香精等。

4.2.2 食用香精的分类、组成和性能

(1)液体香精

①非水溶性香精

a.油:果树的花、叶、树皮、水果(皮及籽),经压榨或水蒸馏所得的液体香料,再经过滤、精制,称为精油。为提高天然精油的溶解性,也有配以蒸馏或液体抽出法等除去单萜烯类或倍半萜烯类等高沸点成分的无萜油。

b.香料:把香料基剂溶解于乙醇以外的溶剂中,制成有良好的香味保留性和强烈香味的香料。所用的非水溶性溶剂有植物油、甘油的酯类;水溶性溶剂有丙二醇、甘油和山梨醇等。饮料不使用非水溶性的香料。

②水溶性香精:用稀乙醇从没有提取过精油,或已提取了精油的植物体中抽出香精。也有把植物体加热处理后再用稀乙醇抽出的办法。用合成香料调配的调合香料,加在稀乙醇中可增强其溶解性,制成粗的香精,经过滤所得香料称为香精。水溶性香精添加量一般为饮料的0.1%,即得透明溶解的饮料,是制造饮料最重要的香料。

例如橙汁香精,是用橙油20份,95%乙醇56份,离子交换水44份,合计为120份调合制成橙油,再取其20份,放入含水乙醇100份中,经搅拌在一定温度下抽出数小时,静置后,分成油层及含水乙醇层,把含水乙醇层分离后,添加一定量的助滤剂过滤呈透明状,经过一定时间成熟后制成。

(2)乳化香精

这种香精为油性香料,是用乳化剂、稳定剂,进行乳化的香料。添加乳化香精后,饮料混浊成云雾状。一般用阿拉伯胶作乳化稳定剂,用天然树脂、蔗糖脂肪酸作密度调整剂。

例如,橙汁乳浊状香精(添加 β-胡萝卜素):在橙油中添加 β-胡萝卜素,加温溶解,添加天然树脂,均一地溶解混合,得内相油。另外在阿拉伯胶水溶液中,添加稳定剂(糖类)溶解,加热杀菌,得外相油。用高频搅拌机边搅拌外相油边添加内相油与之混合,用高压均质机均质。

(3)粉末香精

用乳化剂(阿拉伯胶等)将香料和赋形剂(糊精等)一起乳化,用喷雾器喷雾干燥,即得微粒状粉末香料。

4.2.3 加香时应注意的问题

食品要取得良好的加香效果,除了选择好的食用香精外,还要注意以下一些问题。

(1)用量 香精在食品中使用量对香味效果的好坏关系很大,用量过多或不足,都不能取得良好的效果。如何确定最适宜的用量,只能通过反复的加香试验来调节,最后确定最适合于当地消费者口味的用量。

(2)均匀性 香精在食品中必须分散均匀,才能使产品香味一致。如加香不均,必然造成产品部分香味过强或过弱的严重质量问题。

(3)其他原料质量 除香精外其他原料如果质量差,对香味效果亦有一定的影响。如饮料中的水处理不好,使用粗制糖等,由于它们本身具有较强的气味,使香精的香味受到干扰而降低了质量。

(4)甜酸度配合 甜酸度配合如果恰当,对香味效果可以起到很大的帮助作用。如在柠檬汽水中用少量酸配制,即使应用高质量的柠檬香精也不能取得良好的香味效果。甜酸度的

配合以接近天然果品为好,最适宜的甜酸度配合应以当地人的口味为基础来调配。

(5)温度 饮料用香精都采用水溶性香精,这类香精的溶剂和香精的沸点较低,易挥发,因此在加香于糖浆中时,必须控制糖浆温度,一般控制在常温下。

5 色素

在许多水果或其他食品中都具有天然的色泽,但这些鲜艳的色素在食品加工过程中,尤以果蔬类所含的花青素易褪色和变色。新鲜原料中的其他色素物质在热、光、酸、碱等条件下也会发生程度不同的变色作用。但色泽是食品感官指标的一个主要标志,而在加工或贮运过程中也会或多或少地失去其原有的色泽,为了使食品的外观色泽一致,就必须利用各种食用色素来改善、调整食品的外观,同时还可诱发食欲,增加人体消化液的分泌,有利于消化吸收,并提高产品的商品性。

食用色素按其来源和性质,可分为食用天然色素和食用合成色素两大类。食用合成色素也称为食用合成染料,属于人工合成色素。

近年来,对食用合成色素进行了更严密的化学分析,毒理学试验和其他的生物学试验,随着研究工作的不断深入,食用合成色素的安全性问题正逐渐被人们所认识。与此同时,食用天然色素由于其安全性一般较高,且有的还具一定的营养或药理作用,因此逐渐被人们所重视,对食用天然色素的研制和应用日益增多。

5.1 合成色素

在五个世纪以前,国外已对一些辛香料及调味剂进行着色,开始时采用来自植物、动物及矿物的天然色素。自1856年英国制成第一个合成色素苯胺紫以后,由于合成色素具有着色力强、色彩鲜艳、使用方便、成本低廉等优点得以推广。我国允许使用的几种食用合成色素有苋菜红、胭脂红、柠檬黄、靛蓝等。

选用合成色素,首先应考虑对人体是否有害(在规定的剂量范围内)。此外,通常要考虑的是在水、乙醇或其他混合介质中有较高的溶解度,坚牢度好,不易受食品加工的某些成分如酸、碱、盐、膨松剂及防腐剂等的影响,不被细菌侵蚀,对光和热稳定,以及具有令人满意的色彩。几种食用合成色素使用性质的比较见表2-5。

在饮料配料中,直接使用色素粉末不易于糖浆中分布均匀,所以一般都先用软水(处理水)将色素配制成溶液后才使用。配制的浓度多为1%～10%,过浓的溶液不易调节色调。注意色素的称量必须准确,如配制翠绿色,把靛蓝(或亮蓝)多加一点,色泽就会变成深绿色。此外,色素液应在使用时才配制,不能配制好后存放较长时间才用,因为配好的溶液久置后有的易析出沉淀。又由于温度对溶液的影响,色素的浓溶液在夏天配好后,贮存在冰箱里或是到了冬天,亦会有色素析出。胭脂红的水溶液在长期旋转后会变成黑色。配制色素液的水,用冷开水、蒸馏水都可以,配制溶液时应尽可能避免使用金属器具,剩余的溶液保存时应避免日光直射,最好在冷暗处密封保存。

表 2-5　几种合成色素的使用性质比较一览表

名称	溶解度 水(%)	乙醇	植物油	坚牢度 耐细菌性	耐热性	耐碱性	耐氧化性	耐还原性	耐酸性	耐光性	耐食盐性
苋菜红	17.2 (21℃)	极微	不溶	3.0	1.4	1.6	4.0	4.2	1.6	2.0	1.5
胭脂红	23 (20℃)	微溶	不溶	3.0	3.4	4.0	2.5	3.8	2.2	2.0	2.0
柠檬黄	11.8 (20℃)	微溶	不溶	2.0	1.0	1.2	3.4	2.6	1.0	1.3	1.6
靛蓝	1.1 (20℃)	不溶	不溶	4.0	3.0	3.6	5.0	3.7	2.6	2.5	3.4

饮料的色泽对人的吸引力很大,国外很多资料说明色泽可以刺激人的食欲。所以往往对一种饮料人们首先就是要求色泽悦目,然后是香气和风味。因此在调配饮料色泽时,要选择与该产品原有色彩相似的,或与饮料名称一致的色调。在设计一个饮料新产品或新品种时,也要注重产品色调的设计,一定要较逼真地反映出该产品固有的特色。饮料产品有时还要给人们一种真实的立体色彩感。如把乳化香精(橙浊)加入饮料后,给人的真实感就特别强,这也与它能产生混浊的效果有关。

在使用色素时,还要注意一点,就是各种食用合成色素溶解于不同溶剂中,可能产生不同的色调和强度,尤其是在使用两种或数种食用色素拼色时,情况更为显著。例如某一定比例的红、黄、蓝三色的混合物,在水溶液中色较黄,而在50%酒精中则色较红,各种酒类因酒精含量不同,溶解后的色调也各不相同,故需要按照其酒精含量及色调程度的需要进行拼色。由于拼色中各种色素对日光的稳定性不同,褪色快慢也各不相同,如靛蓝褪色较快,柠檬黄则不易褪色,但有时也有例外。所以购进色素后,应自己做一个稳定性实验以保证产品的质量。

5.2　天然色素

食用天然色素主要是指由动、植物组织中提取的色素,基本上是植物色素,包括微生物色素,也有一些动物色素。植物色素有胡萝卜素、叶绿素、姜黄、红花色素等等。微生物色素有核黄素及红曲色素等,动物色素有虫胶色素等。从化学结构上分,食用天然色素可分为类胡萝卜类色素、卟啉色素、酮类色素、醌类色素以及 β-花青素、叶黄素类色素等。饮料中常用的天然色素有虫胶色素、红花色素、可可色素、焦糖色素等。此外,食用天然色素中还包括一部分无机色素,但由于这类色素都是一些金属或类金属等盐类,一般毒性较大,很少应用。我国利用天然色素对食品着色已有悠久的历史,从植物中提取色素的技术也很早,北魏末年,农业科学家贾思勰所著的《齐民要术》中,就有关于从植物中提取色素的记载。1975 年我国食品添加剂卫生标准科研协作组会议,对我国常用的红曲米、虫胶色素、姜黄、叶绿素铜钠、β-胡萝卜素等几种食用天然色素提出了使用标准的具体建议,并进一步提倡大力研制各种安全性高的食用天然色素。以下介绍几种常用天然色素。

5.2.1 红曲米和红曲色素

红曲米即红曲,古称丹曲,是我国传统产品。李时珍的《本草纲目》中有所论述,并入药。红曲性温,味甘,无毒,入脾胃二经,可健脾燥胃,有活血的功能。红曲色素是红曲霉菌丝所分泌的色素,菌体在培养初期是无色的,后来逐渐变成鲜红色。最近研究证明:红曲色素中有六种不同的成分,其中红色色素,黄色色素和紫色色素各两种。红曲色素与其他食用天然色素相比具有以下特点。

(1)对pH值稳定 色调不像其他天然色素那样易随pH值的改变而发生显著变化。其水溶液在pH=11时呈橙色,pH=12时呈黄色,pH值极度上升则变色。但其乙醇溶液在pH=11时仍保持稳定的红色。

(2)耐热性强 红曲色素对热比较稳定,在100 ℃、60 min和100 ℃、10 min的加热条件下比较稳定。但在120 ℃、60 min的加热条件下,色素影响较大。此外,红曲色素在pH值中性范围内对热也比较稳定。

(3)耐光性强 醇溶性的红色色素对紫外线相当稳定,但在太阳光直射下则可看到红色度降低。

(4)几乎不受金属离子如0.01 mol/L的Ca^{2+}、Mg^{2+}、Fe^{2+}、Cu^{2+}等的影响。

(5)几乎不受氧化剂和还原剂如0.1%的过氧化氢、维生素C、亚硫酸钠等的影响。

(6)对蛋白质的染着性很好,一旦染着后经水洗也不褪色。

红曲色素经急性、亚急性毒性试验安全性很高,而且性质稳定,是值得大力推广的食用天然色素。用酒精提取红曲米的红色色素(以每升80°酒精浸提150 g~200 g红曲米),并以此液配制五加皮酒、红葡萄酒、樱桃酒等,其用量为0.002%~0.05%。

5.2.2 焦糖色素

焦糖,亦称浆色,是我国传统使用的色素之一,可用饴糖、淀粉水解物、糖蜜及其他糖类物质,在160 ℃~180 ℃的高温下,使之焦化,最后用碱中和而制得。目前国外最先进的生产焦糖色(非氨法工艺)的工艺就是用挤压机将预处理过的淀粉挤压成非氨法焦糖色。焦糖色国外广泛应用于啤酒及其他饮料,如可乐型饮料的着色,还利用它的焦糖香气在一些饮料里起调香作用。焦糖在饮料中还有助于起泡,因为它本身就是一种起泡剂。焦糖色的生产工艺分为非氨法和氨法生产工艺。以前大多数的国家都采用氨法生产焦糖,氨法焦糖色色率高,光泽好,成本低,至今在国际上仍有相当数量的生产。但近年来有些科学家发现用氨法生产的焦糖色中,含有一种叫4-甲基咪唑的物质,能使动物产生惊厥。消息一传出,引起各国科学家的重视,纷纷对4-甲基咪唑进行毒理试验,结果分歧较大。为了慎重起见,世界卫生组织暂定氨法焦糖色含4-甲基咪唑不得超过0.02%。

目前国内外都大力鼓励生产非氨法焦糖色,以防意外。由于生产焦糖色的工艺、设备等不同,生产出的焦糖色的质量也有所不同,主要是色率不同。因此在饮料中的加量也不一样,非氨法焦糖色的使用量未受限制,按生产需要量添加。

我国各地因地制宜使用其他食用天然色素的还有很多种,如姜黄和姜黄素,栀子黄色素,红花色素、甜菜红、葡萄皮抽出物、辣椒红素、可可色素、玫瑰茄色素、红萝卜色素、越橘色素等。目前,从整个食用色素的发展情况来看,食用天然色素有逐步取代食用合成色素的趋势。

6 防腐剂

6.1 苯甲酸和苯甲酸钠

苯甲酸及苯甲酸钠的一般性质列于表2-6。苯甲酸易溶于乙醇,难溶于水;苯甲酸钠易溶于水。因苯甲酸钠易溶,故使用较多。两者都可抑制发酵,亦都可抑菌,但苯甲酸钠效力稍弱一些。均因pH值不同而作用效果不同,当pH值在5以上直到碱性时,其效果显著降低。此外,软饮料的成分和微生物污染程度不同,其效果也不同。

一般对pH值为2.0~3.5的果汁,其起作用的必要量大约为苯甲酸0.1%。但作为软饮料的许可使用量均低于0.1%,所以单独使用不可能长时间起防腐作用。为此,往往和其他防腐剂并用,或与其他保存技术并用。苯甲酸钠的使用方法为先制成20%~30%的水溶液,一面搅拌一面徐徐加入果汁或其他饮料中。若突然加入,或加入苯甲酸,则难溶的苯甲酸会析出沉淀而失去防腐作用。对浓缩果汁要在浓缩后添加,因苯甲酸在100 ℃时开始升华。

表2-6 苯甲酸和苯甲酸钠的性质

名称	苯甲酸	苯甲酸钠
结构式	⬡—COOH	⬡—COONa
分子量	122.12	144.11
溶液的性质	25%饱和水溶液pH值为2.8	水溶液pH值为8
溶解度	100 mL水 0.34 g(25 ℃)	100 mL水 53.0 g(25 ℃)
性状	白色小叶状或针状结晶,无臭或略带苯甲醛样臭气	白色粒状或结晶性粉末,无臭

6.2 对羟基苯甲酸酯类

对羟基苯甲酸酯类的一般性质列于表2-7。它为无色的小结晶或白色的结晶性粉末,几乎无臭,口尝开始无味,其后残存舌感有麻痹的感觉。易溶于醇,几乎不溶于水。在碱性环境中,如氢氧化钠溶液中形成酚盐则可溶。但在这种状态下长时间放置,或碱性过强,酯键部位会水解生成对羟基苯甲酸和醇,效力明显降低。

表2-7 对羟基苯甲酸酯类的性质

名 称	对羟基苯甲酸乙酯	对羟基苯甲酸丙酯、异丙酯	对羟基苯甲酸丁酯、异丁酯
结构式	HO—⬡—COOC$_2$H$_5$	HO—⬡—COOC$_3$H$_7$	HO—⬡—COOC$_4$H$_9$
分子量	166.18	180.21	194.23
熔点	116 ℃~118 ℃	丙酯 95 ℃~98 ℃ 异丙酯 116 ℃~118 ℃	丁酯 69 ℃~72 ℃ 异丁酯 75 ℃~77 ℃
溶解度	25 ℃时 100 mL 水 0.17 g 室温时 100 mL 乙醇 70 g	25 ℃时 100 mL 水 丙酯 0.05 g 异丙酯 0.088 g	25 ℃时 100 mL 水 丁酯 0.02 g 异丁酯 0.035 g

随着构成酯的醇基碳链增长,其亲油性增大,对酵母的抑制作用增强,不受 pH 值的影响。以抑菌作用较大的丁酯使用最广,在日本规定其使用量以苯甲酸计不超过 0.01%。作为饮料防腐剂,其浓度需在 0.025%～0.01%才能较好地起作用,但残留的舌感麻痹给人以不舒适的感觉,因而其添加量应控制在 0.005%以下,并同时使用其他防腐剂或保存技术比较好。使用时先将其制成 30%左右的酒精溶液,充分搅拌的条件下徐徐加入,经乳浊之后,再渐渐溶解,也有使用前述之碱溶液的方法添加的。

6.3 山梨酸及其钾盐

山梨酸及其钾盐的性质如表 2-8 所示。山梨酸为无色的针状结晶或结晶性粉末,山梨酸钾为白-淡黄褐色的鳞片状结晶、结晶性粉末或颗粒,无臭或有极微小的气味。山梨酸难溶于水,因而要将其预先溶于醋酸、酒精、丙二醇中再使用。在乳酸菌饮料等饮料中,使用易溶于水、食盐水、砂糖液的山梨酸钾,它们虽为非强力的抑菌剂,但有较广的抗菌力,山梨酸钾对霉菌、酵母、好气性细菌都有抑制作用。作为酸型的防腐剂的共同特性,在 pH 值低的时候,以未离解的分子态存在的数量多,抑菌作用也强。如 pH 值为 3.0 时对霉菌、酵母的抑制作用需 0.006%～0.025%,但在 pH 值为 6.5 时,则需 0.1%～0.2%。山梨酸及其盐在使用时,若制品含菌量较多,则其自身可被微生物利用作为能源。故必须在比较卫生的加工条件下应用才能有效。在乳酸菌饮料中,异常发酵主要是由酵母所引起,故可利用山梨酸抑制其异常发酵。使用量以山梨酸汁,对供作乳酸菌饮料的原料为 0.3 g/kg,对供直接饮用的乳酸菌饮料为 0.05 g/kg,经杀菌操作的产品不使用。

表 2-8 山梨酸及其钾盐的性质

名称	山梨酸	山梨酸钾
结构式	CH3—CH=CH—CH=CH—COOH	CH3—CH=CH—CH=CH—COOK
分子量	112.13	150.22
熔点	133 ℃～135 ℃	270 ℃分解
溶解度	20 ℃,100 mL 水,0.16 g	20 ℃,100 mL 水,67.6 g

山梨酸在人体内可经脂肪酸氧化途径被吸收利用,为公认的比较安全的防腐剂,对饮料类的添加使用量举例如下:

饮　料	0.003%～0.03%	橘酱	0.05%～0.1%
番茄汁	0.05%	橘汁	0.025%
草莓酱	0.05%～0.075%		

6.4 新型防腐剂

6.4.1 乳酸链球菌素(Nisin)

乳酸链球菌素(Nisin)是某些乳酸链球菌产生的多肽物质,由 34 个氨基酸残基组成,是一种高效、安全、无毒副作用的天然食品防腐剂。

乳酸链球菌素是灰白色的固体粉末,使用时需溶于水或液体中,在不同的 pH 值下,溶解度也不同。在一般水中(pH=7),溶解度为 49.0 mg/mL;在 0.02 mol/L 的 HCl 中,溶解度为 118.0 mg/mL。

乳酸链球菌素的稳定性与溶液的 pH 值有关,以 85 ℃ 巴氏灭菌 15 min,其活性仅损失 15%,当其溶于 pH=3 的稀 HCl 中,121 ℃ 高压灭菌 15 min,仍能保持 100% 的活性。由此可见,乳酸链球菌素的耐酸和耐热性能均能保持优良。

乳酸链球菌素能有效抑制引起食品腐败的革兰氏阳性细菌,如乳杆菌、明串珠菌、小球菌、葡萄球菌、李斯特菌等,特别是对产芽孢的细菌如芽孢杆菌有很强的抑制作用。一般来说,产芽孢的细菌耐热性很强,如鲜乳采用 135 ℃ 超高压瞬时灭菌 2 s,非芽孢细菌的死亡率为 100%,而芽孢细菌死亡率只有 90%。如鲜乳中含有 2.0 IU~4.0 IU 乳酸链球菌素/mL 或 0.25 IU~8.0 IU 乳酸链球菌素/mL,即可抑制芽孢杆菌和梭状芽孢杆菌孢子的发芽和繁殖,确保鲜乳饮用安全。

研究发现,很多牛奶中含有可产生乳酸链球菌素的乳酸链球菌,这说明这种物质早就存在于人们日常食用的牛奶中。另外,通过病理学研究和毒理学试验,都证明乳酸链球菌素安全无毒。

6.4.2 纳他霉素

纳他霉素(Natamycin)也称游链霉素(Pimaricin),是一种重要的多烯大环内酯类抗菌素,由纳塔尔链霉菌(Streptomyces natalensis),恰塔努加链霉菌(Streptomyces chatanoogensis)和褐黄苞链霉菌(Streptomyces gilvosporeus)等链霉菌发酵生成的。

纳他霉素是一种多烯烃大环内酯类抗真菌剂,其分子是一种具有活性的环状四烯化合物,含 3 个以上的结晶水,其外观为白色(或奶油色),无味的结晶粉末,分子式为 $C_{33}H_{47}NO_{13}$,相对分子量为 665.73。微溶于水、甲醇,溶于稀酸、相对冰醋酸及二甲苯甲酰胺,难溶于大部分有机溶剂。在 pH 值高于 9 或低于 3 时,其溶解度会有所提高,在大多数食品的 pH 范围内非常稳定。纳他霉素具有一定的抗热处理能力,在干燥状态下相对稳定,能耐受短暂高温(100 ℃);但由于它具有环状化学结构,对紫外线较为敏感,故不宜与阳光接触。纳他霉素活性的稳定性受 pH 值、温度、光照强度和氧化剂及重金属的影响,所以产品应该避免与氧化物及硫氢化合物等接触。

6.4.3 鱼精蛋白

鱼精蛋白是一种多聚阳离子肽,主要存在于各类动物的成熟精巢组织中,与核酸紧密结合在一起,以核精蛋白的形式存在。这是一种小而简单的球形碱性蛋白质,其分子量小,通常在一万以下,一般由 30 个左右的氨基酸残基组成,其中 2/3 以上是精氨酸。

鱼精蛋白使用安全无毒。产品为白色至淡黄色粉末,溶于水,微溶于含水乙醇,不溶于乙醇。鱼精蛋白在中性和碱性条件下,对耐热芽孢菌、乳酸菌、金黄色葡萄球菌、霉菌和革兰氏阴性菌均有抑制作用,在 pH 为 7~9 时最强,热稳定性好,在 210 ℃ 下保存 90 min 仍具抑菌作用。鱼精蛋白抑菌的作用机制是抑制细胞电子传递系统中的一些特定成分,抑制一些与细胞膜有关的新陈代谢过程。鱼精蛋白与甘氨酸、醋酸、酿造醋等合用,再配合碱性盐类可增强其抑菌作用,但与蛋白、酸性多糖等相结合而呈不溶性,降低其抑菌效果。

7 抗氧化剂

7.1 水溶性抗氧化剂

7.1.1 抗坏血酸及其钠盐

l-抗坏血酸是人类必须的营养素之一,因它有抗坏血作用,因而命名为抗坏血酸。可溶于水,还原力强,天然物质中广泛存在,在夏柑、柠檬、辣椒等的新鲜果汁和水果、绿茶、萝卜等蔬菜水果中大量存在。维生素C具有还原性,当夺取了空气和食品中的氧以后,就变为氧化型的脱氢抗坏血酸,还原型向氧化型的变化是可逆的,在人体内也可形成可逆的氧化还原系统,参予物质代谢。这两者均呈同样的生理活性,但作为抗氧化剂,仅还原型有效。因它有防止氧化、保持鲜度和风味、防止褐变和褪色等作用,世界各国已广泛使用。

l-抗坏血酸是以淀粉、葡萄糖或山梨糖醇添加于原料中作山梨糖发酵,经发酵、合成而制成。

l-抗坏血酸及其钠盐,在结晶干燥的状态下相当稳定,但在吸湿状态下慢慢氧化而变色。此变化因温度、光照而受到促进,在水溶液中较易受氧化,其影响因素有空气、温度、阳光、重金属、液性和氧化酶等。

果汁、水果饮料中pH较低的,抗坏血酸较稳定,室温下保存一年还留有80%以上,但因果汁的种类和浓度的不同而有差异。例如柑橘类的果汁,除含维生素C外,还含有黄酮醇化合物等抑制氧化物质,因而果汁含量越高,维生素C的稳定性越好。

使用上应注意的事项:

①避免与空气接触,努力除去共存氧。水果饮料要在破碎水果时或破碎后立即使用。所用抗坏血酸先溶解于少量水中再立即添加,添加后立即隔绝空气。

②充填时要完全脱气,尽可能避免高温,要避免长时间加热,充填后尽可能避光,经迅速冷却,保存于低温的地方。

③注意选用水质及器具,避免混入金属离子。

④法律规制:食品卫生法上没有使用标准,可用于各种食品。使用食品上不需要标明使用目的,但JAS法上多要标示抗氧化剂的名字或固有名称。

7.1.2 异抗坏血酸及其钠盐

异抗坏血酸,也称为d-异抗坏血酸或d-阿拉伯抗坏血酸,为l-抗坏血酸的光学异性体。化学性质与l-抗坏血酸非常相似,其还原作用也与l-抗坏血酸大致相同,因而某些国家也把它作为水溶性抗氧化剂用于食品上。

异抗坏血酸以淀粉和葡萄糖为原料,经葡萄糖酸的发酵、合成反应而制成,已进行工业化生产。效果和使用上注意事项与l-抗坏血酸相同。在食品卫生法上有使用标准,可用于各种食品,但仅能作抗氧化剂使用。使用抗氧化剂的食品,必须标明所用抗氧化剂的固有名称。JAS法上也规定要有标示所用抗氧化剂固有名称的义务。

7.1.3 葡萄糖氧化酶

是使2个分子的葡萄糖和2个分子的葡萄糖酸起反应的酶。在此反应中用消耗1个分子的氧,来表示抗氧化作用。添加于果汁中可染色并能防止风味变化。罐装后又可抑制铁、锡的溶出,是能用于液相以外的气相、固相中的一种脱氧剂,但很少使用。

7.1.4 其他水溶性抗氧化剂

有l-半胱氨酸盐酸盐、天然抽出物的芦丁、没食子酸、槲皮黄素和儿茶素等。此外,色氨酸、脯氨酸、蛋氨酸等氨基酸,氨基酸与糖的褐色反应物或是肽和明胶的部分分解物等也有抗氧化作用.

7.2 油溶性抗氧化剂

7.2.1 生育酚

通常为红褐色无臭、澄清而粘稠的油。小麦胚芽、大豆、棉籽油、糠油、向日葵籽、卵、肝脏、绿色蔬菜等均含有生育酚。生育酚对热稳定,有抗氧化性,也称为维生素E。天然中存在有 α、β、γ、δ 同族体,带生理活性强度的顺序为 $\alpha > \beta > \gamma > \delta$,但抗氧化强度的顺序刚好相反,一般作为混合生育酚使用。生育酚不溶于水,用于饮料类时要并用乳化剂。本剂为天然抗氧化物质,食品卫生法上没有使用标准,但为JAS规格的制品,限用于特定饮料。

7.2.2 其他油溶性抗氧化剂

有化学合成的叔丁基对羟基茴香醚(BHA)、二叔丁基对甲酚(BHT)、dl-戊-生育酚,l-抗坏血酸硬脂酸酯、去甲二氢愈创木酸(NDGA)和没食子酸丙酯。添加量为:没食子酸丙酯 0.1 g/kg,丁基对羟基茴香醚(BHA)、二丁基羟基甲苯(BHT)、特丁基对苯二酚(TBHQ)都为 0.2 g/kg,最大使用量以油脂计。

天然物质还有谷维素、棉黄素、芝麻林素等,均不溶于水,饮料类少有使用。

8 增稠剂

增稠剂又名糊料,用来增加食品的粘稠度,并改善食品的物理状态。增稠剂大部分都是分子量很大并能形成凝胶的多糖类物质。

增稠剂用于软糖或果冻,可使产品形成固定形状,柔软适口;用于啤酒或冰淇淋,能增加粘度,有稳定泡沫的效果;用于火腿或午餐肉罐头,可形成透明胶冻,防止汤汁析出;用于果汁可保持果肉悬浮,增进风味,在冷饮等食品行业中也将这类物质作为稳定剂使用。总之,增稠剂有多方面的功能,在食品饮料中用途甚广。

增稠剂一般是以动植物为原料,提取加工制成的,本身可食用不存在毒性问题。联合国添加剂专家委员会只规定纯度要求并建议可按某种制造方法的需要自行确定用量。如动物胶类(明胶、酪蛋白等),植物胶类(琼脂、果胶、阿拉伯树胶等),微生物胶类(黄原胶、环状糊精等),淀粉及其制品(糊精、各种变性淀粉)。至于化学合成的增稠剂,如羧甲基纤维素等,该委员会根据毒性,订出每日允许摄入量。下面着重介绍几种在饮料方面常用的增稠剂。

8.1 琼脂

琼脂别名冻粉或琼胶,为一种多糖类物质。琼脂分条状和粉状两种产品,都是由红藻类植物石花菜及其他数种红藻类植物中提出并经干燥制成的。琼脂是以半乳糖为主要成分的一种高分子多糖类,这一点类似淀粉,但淀粉可被分解成单糖,可作为机体的能源。而琼脂食用后不被人体内的酶分解,所以几乎没有营养价值,琼脂易分散于热水,即使0.5%的低浓度也能形成坚实的凝胶,但0.1%以下的浓度不胶凝化而成粘稠状溶液。1%的琼脂溶液在42℃固化,其凝胶即使在94℃也不融化,有很强的弹性。琼脂的吸水性和持水性高,干燥琼脂在冷水中浸泡时,徐徐吸水膨润软化,可以吸收20多倍的水,琼脂凝胶含水量可高于99%,有较强的持水性。琼脂凝胶的耐热性较强,因此热加工很方便。琼脂的耐酸性比明胶与淀粉强,但不如果胶。

在食品饮料工业中采用琼脂可以增加果汁的粘、稠度,改善冰淇淋的组织状态,并能提高凝结能力,能提高冰淇淋的粘度和膨胀率,防止形成粗糙的冰结晶,使产品组织滑润。因为吸水力强,对产品融化的抵抗力也强。在冰淇淋混合原料中,一般使用量在0.3%左右。在使用时先用冷水冲洗干净,调制成10%的溶液后加入混合原料中。在果酱加工中可应用琼脂作为增稠剂以增加成品的粘度,琼脂还可以作为胶沉剂用于果酒的澄清等方面。

8.2 果胶

果胶分原果胶和果胶,由于果胶具有可溶性(原果胶不溶于水),所以在饮料生产中常使用果胶。果胶的主要成分是多缩半乳糖醛酸甲酯,它与糖、酸在适当条件下可形成凝胶。果胶存在于水果和蔬菜以及其他植物的细胞壁中。果胶为白色或淡黄褐色的粉末,稍有特异臭,溶于20倍水则成粘稠状液体。对石蕊试剂呈酸性,不溶于乙醇及其他有机溶剂。用乙醇或甘油、蔗糖浆润湿,与三倍或三倍以上的砂糖混合,则更易溶于水。对酸性溶液较对碱性溶液稳定。一般含甲氧基高于7%的果胶为高甲氧基果胶,而低于7%甲氧基含量的果胶为低甲氧基果胶。高甲氧基果胶必须在可溶性物质含量达50%以上,pH值至3.5时方可形成胶冻。而低甲氧基果胶溶液,只要有多价离子如钙、镁、铝等离子存在,即使可溶性物质低于1%,仍可因架桥反应形成果胶酸盐的胶冻。用低甲氧基果胶制造果酱和果冻不仅可以增加胶冻能力,还可以大大节约用糖。

果胶可用于制造果酱、果冻、果汁、果汁粉、巧克力、糖果等食品,也可用作冷饮食品冰淇淋、雪糕等的稳定剂。目前市场上出售的果汁饮料或果汁汽水在货架上放置不长的时间就会出现明显的分层现象,给购买者一个不好的外观感觉。在果汁或果汁汽水中加入适量的果胶溶液,就能延长果肉的悬浮作用,保持制品有较好的外观,同时改善饮料的口感。如果是制作浓缩汁也可以加入果胶,使其稍成胶冻,然后把该胶冻搅拌打碎,此浓缩汁冲稀饮用时,同样可达到上述效果。果胶在果汁饮料中起着悬浮剂和稳定剂的作用。另外,在速溶饮料粉中加入适量的果胶能改善饮料的质感和风味,由于果胶在其中起增稠和稳定作用,从而提高了产品的质量。果胶还可以用来制造酸乳饮料,所制造饮料在微生物方面和物理方面都是稳定的。制造果酱时,如原料中果胶含量少,也可以采用果胶作为增稠剂,其使用量随制品品种而异,一般在0.2%以下,生产低糖果酱时用量可以适当增加。

8.3 羧甲基纤维素钠

羧甲基纤维素钠简称CMC-Na,本品为白色纤维状或颗粒状粉末,无臭、无味,有吸湿性,1∶100的悬浮性水溶液的pH值为6.5~8.0。易分散于水中成胶体,而不溶于乙醇、乙醚等有机溶剂。其吸湿性随羧基的酯化度而异。pH值的影响因酸的种类和酯化度不同,一般在pH=3以下则成为游离酸,生成沉淀。羧甲基纤维素钠的水溶液对热不稳定,共粘度随温度的升高而降低。

羧甲基纤维素钠是现代食品工业中的一种重要的食品添加剂。目前以美国、日本应用最多。日本厚生省规定允许添加量为0.2%。在安全、无毒的基础上,羧甲基纤维素钠具有增粘、分散、稳定等作用。羧甲基纤维素钠对冰淇淋作为稳定剂使用,可使制品组织滑润、舌感良好,不易变形。在一些果汁品种中,为了增稠,也适当地加入了羧甲基纤维素钠,另外羧甲基纤维素钠在方便面制造业中也得到了应用。我国食品添加剂使用卫生标准GB-2760-86规定羧甲基纤维素钠最大使用量为0.5%。

8.4 其他增稠剂

由于在食品饮料中各种原料的性质、工艺、标准有所不同,因此对增稠剂的要求也不同。食品饮料方面的其他增稠剂较多,简略介绍以下几种。

8.4.1 淀粉

淀粉是我国传统使用的增稠剂,广泛存在于植物的种子和根茎之中。淀粉一般是由直链淀粉和支链淀粉混合组成的。淀粉在糖果制造中用作填充剂,可作为制造淀粉软糖的原料,也是淀粉糖浆的主要原料。淀粉还可以在某些罐头食品生产时作为增稠剂使用,在冷饮食品中作为雪糕和棒冰的增稠稳定剂。其用量一般为混合原料的2%~3%,在使用时必须在配料前加水混匀,并用80孔筛过滤除去杂质,然后投入配料罐中。淀粉作为增稠剂用于饮料工业的不多,但将淀粉经化学处理或酶处理而形成变性淀粉,再加一些配料,可大量用于饮料的贴标剂中,不仅贴标十分牢固,而且除标也十分方便,这对于饮料生产的自动化洗瓶、除标和贴标是十分必要的。

8.4.2 海藻酸钠(藻朊酸钠)

将海带等褐藻类海藻(生海带或风干海带)切碎,用水洗去砂土杂质,然后将洗净的海带用碳酸钠溶解,用水把得到的溶液稀释过滤后,加无机酸使海藻酸析出沉淀,通过分离、脱水、漂白、中和、压榨、干燥粉碎制得。本品为白色或淡黄色的粉末,几乎无臭、无味。溶于水成粘稠状胶状液体,1%水溶液pH值为6~8,粘性在pH在6~9时稳定,加热至80℃以上则粘性降低,本品有吸湿性。海藻酸钠用于冰淇淋等食品中作为稳定剂,它可以很好地保持冰淇淋的形态,特别是长期保存的冰淇淋,对防止容积收缩和组织的砂状化最为有效。用量为0.15%~0.4%。海藻酸钠在酸性时易生成凝胶,所以应注意其pH值,必要时进行调整。

8.4.3 阿拉伯胶

为豆科阿拉伯属植物所分泌的树液,收集后经干燥而制成。为淡黄色半透明块状或白色粉末。主要成分为由d-半乳糖、d-葡萄糖醛酸等组成的混合多糖,分子中的糖醛酸羧基常与Ca^{2+}、Mg^{2+}、K^+、Na^+等生成盐,水溶液呈弱酸性。浓度高,但粘度低,30%的溶液在20℃时的粘度约为200厘泊,pH值为4.5时粘度最高,全部呈牛顿粘性,有很好的乳化力,多用于制造乳化香料。

8.4.4 槐豆胶

为豆科植物槐豆等种子所含的粘液物质,用热水抽出,经干燥得粉状制品。全部分散于冷水中,但只有少部分溶解,如加热到70℃以上,则完全溶解。1%溶液在20℃时的粘度约为3 000厘泊,pH值为3.5~9时稳定。水溶液如为低浓度,不凝胶化,在高浓度时则形成凝胶。与其他胶并用,可发挥相乘效果。

8.4.5 鹿角菜胶

是从红藻类中制得的粘性物质,又称为爱尔兰苔藓浸出液。主要成分为 Coppet 鹿角菜胶和 Lamda 鹿角菜胶。前者在 K^+、Ca^{2+} 和 Mg^{2+} 等存在时呈强的凝胶化性,与蛋白质特别是乳酪蛋白反应,形成凝胶;后者与盐、蛋白反应,不形成凝胶。易溶于水,水溶液有很高的粘性。

近几年流行使用的还有以下增稠剂:
黄原胶:由微生物发酵而来,常用作增稠剂和稳定剂,口感爽滑。
卡那胶:植物类胶体,多糖类物质成分,常应用于冷食品。
藻酸丙二醇酯:海藻酸衍生物,增稠和稳定性好,应用于乳制品和冰淇淋。

9 乳化剂

是能够改善乳化体中各种构成相之间的表面张力,并提高其稳定性的食品添加剂。根据乳化剂的 HLB 值不同,其作用也不一样,HLB 值在 1.5~3 的乳化剂具有消泡作用,HLB 值在 3.5~6 的乳化剂为油溶性乳化剂,HLB 值在 7~9 的乳化剂具有润滑作用,HLB 值在 8~18 的乳化剂为水溶性乳化剂,HLB 值在 13~15 的具有清洗作用,而 HLB 值在 15~18 的具有助溶作用。

根据乳化剂中亲水性基团和亲油性基团的多少又分为 W/O 型和 O/W 型乳化剂。在实际使用中,应选择合适的乳化剂并与增稠剂配合使用。

9.1 酪蛋白酸钠(酪元酸钠)

适宜在中性蛋白饮料中使用,为水溶性乳化剂,具有乳化、稳定增稠作用,并能强化蛋白。

9.2 斯潘系列(山梨醇酐酯类)

斯潘-20(山梨醇酐单月桂酸酯,HLB 值为 8.6),斯潘-40(山梨醇酐单棕榈酸酯,HLB 值为 6.7),斯潘-60(山梨醇酐单硬脂酸酯,HLB 值为 4.7),斯潘-80(山梨醇酐单油酸酯,HLB 值为 4.3),能分散于热水中。

9.3 吐温系列(聚氧乙烯山梨醇酐酯类)

吐温-20(聚氧乙烯山梨醇酐单月桂酸酯,HLB 值为 16.9),吐温-40(聚氧乙烯山梨醇酐单棕榈酸酯,HLB 值为 15.6),吐温-20(聚氧乙烯山梨醇酐单棕榈酸酯,HLB 值为 15.6),溶于水,为 O/W 型乳化剂。

9.4 单硬脂酸甘油酯

HLB 值为 3.8,能分散于热水中,可用作乳化剂和消泡剂。

9.5 蔗糖脂肪酸酯

为蔗糖与食用脂肪酸构成的酯类,通常为单酯与多酯的混合物,由于脂肪酸种类和酯化度不同,性能差异较大,HLB 值为 11~16。

10 酶制剂

酶作为一种生物催化剂,具有催化反应温和、作用高度专一和催化效率高的特点。从生物中提取出的具有酶的特性的制品,称为酶制剂。

10.1 果胶酶

果胶酶(lactace)主要采用发酵法由曲霉菌生产。果胶酶产品为灰白色或微黄色粉末,存在于高等植物和微生物中,有 3 种类型:原果胶酶、果胶酯酶和聚半乳糖醛酸酶。在低温和干燥条件下失活较慢,保存一年至数年活力不减。原果胶酶分解原果胶(即长链状的甲基聚半乳糖醛酸),形成稍短的并具有可溶性的直链甲基聚半乳糖醛酸(即果胶),也能分解积累于细胞壁的原果胶。果胶酯酶能催化甲氧基果胶脱去甲氧基,生成聚半乳糖醛酸链和甲醇。聚半乳糖醛酸酶能分解果胶酸(聚半乳糖醛酸),形成半乳糖醛酸。

果胶酶的最适 pH 值因底物而异。以果皮为底物时,pH 值为 3.5;以多聚半乳糖醛酸为底物时,pH 值为 4.5。最适温度为 40 ℃~50 ℃。Fe^{3+}、Fe^{2+}、Cu^{2+}、Zn^{2+} 等能明显抑制其活性,多酚物质对它也有抑制作用。

果胶酶主要用于果汁澄清,提高果汁过滤速度,降低果汁黏度,防止果泥和浓缩果汁胶凝化,提高果汁得率,以及用于果蔬脱内皮、内膜和囊衣等。

10.2 单宁酶

单宁酶(tannace)一般由黑曲霉或灰绿青霉在含有 2% 鞣酸和 0.2% 酪蛋白水解物的蔡氏培养基中受控培养,取出菌丝,用丙酮沉析后干燥而成。产品为淡黑色粉末。最适 pH 值为 5.5~6.0,最适温度为 33 ℃。主要作用是使蹂质水解成鞣酸、葡萄糖和没食子酸。

单宁酶主要用于生产速溶茶时分解其中的鞣质,以提高成品的冷溶性,避免热溶后在冷却时产生混浊。使用时在 pH 值为 5.5～6.0 的茶叶抽提液中,按每升加 2.5 g 鞣酸酶制剂的比例加入,在 30 ℃下搅拌 70 min,再升温至 90 ℃灭酶,离心除去鞣酸酶即可。

11 二氧化碳

11.1 二氧化碳在软饮料中的主要作用

(1)清凉解暑

二氧化碳被压入碳酸饮料后就生成碳酸,当人们喝入碳酸饮料后,碳酸进入人体受热分解,重新释放出二氧化碳,当二氧化碳从人体内排出时,会带走热量,体内的热量随之排出,使人感到清凉,在夏天有消暑作用。

(2)抑制微生物生长,延长产品货架期

二氧化碳压入饮料后,一方面由于二氧化碳的浓度增高,造成缺氧环境,从而抑制了好氧微生物的生长;另一方面,二氧化碳使得碳酸饮料中的压力增加,对微生物也有抑制作用,一般认为 3.5～4 倍以上含气量可完全抑制微生物生长,并使其死亡。

(3)增强风味

二氧化碳与饮料中其他成分配合产生特殊的风味,当二氧化碳从饮料中逸出时,能带出香味,增强饮料的风味特征。

(4)增加爽口感

碳酸饮料中逸出的碳酸气,具有特殊的刹口感,能增加对口腔的刺激,给人以爽口的感觉,增进人的食欲。

11.2 二氧化碳的来源与净化

工业上常用的二氧化碳(碳酸气)来源为:

(1)石灰石制石灰的副产品　　$CaCO_3 \Longrightarrow CO_2 \uparrow + CaO$

(2)发酵产品的副产品　　$C_6H_{12}O_6 \Longrightarrow 2C_2H_5OH + 2CO_2 \uparrow$

(3)燃烧焦碳或石油的制品　　$C + O_2 \Longrightarrow CO_2$

(4)中和法小苏打与硫酸中和　　$2NaHCO_3 + H_2SO_4 \Longrightarrow Na_2SO_4 + 2H_2O + 2CO_2 \uparrow$

(5)天然二氧化碳　　是由炽热岩浆烘烤分解石灰岩生成的,部分也可能直接来自岩浆分解。

二氧化碳的净化应根据不同来源所含的不同杂质分别采用不同的方法。

(1)水洗　　使二氧化碳通过水,洗掉溶解杂质,一般较简单的设备常用此法。

(2)碱洗　　用纯碱(5%～10%)溶液洗涤,以中和携带过来的酸。

(3)还原法　　用硫酸亚铁(5%～10%)溶液洗涤。

(4)氧化法　用高锰酸钾(1%～3%)溶液洗涤,通常用于发酵副产品的二氧化碳以氧化一些发酵所产生的杂味和其他有机物。

(5)活性炭　使二氧化碳通过过滤柱,以吸附杂质。

11.3　二氧化碳的质量标准与使用中应注意的问题

11.3.1　二氧化碳的质量标准

饮料中使用的二氧化碳,按《中华人民共和国药典》及汽水企业标准,其二氧化碳含量应大于99%,无色无臭,水分不大于0.1%,氢氧化钾吸收物不大于1%,不得含有一氧化碳、二氧化硫、氢、氯化氢、氨、矿物油和甘油等杂质。表2-9和表2-10是日本工业标准(JIS)规定的碳酸气含量指标及美国可口可乐公司要求的二氧化碳原料标准。

表2-9　日本JIS规定的碳酸气质量标准

气体类别	碳酸气含量(容量%)	水分(重量%)	嗅觉
NO.1	>99.0	—	应无异嗅
NO.2	>99.5	<0.05	应无异嗅
NO.3	>99.5	<0.005	应无异嗅

表2-10　美国可口可乐公司要求的碳酸气质量指标

项目	指标
滋味和气味	在水中无异味
纯度	容积比高于99.9%
水分	重量比小于0.005%(1 mg/kg)
硫化氢	少于0.002 mg/kg
二氧化硫	少于0.002 mg/L

11.3.2　二氧化碳使用中应注意的问题

二氧化碳的安全使用如前所述,它本身是无毒的,但空气中碳酸气过量存在就会使环境变成缺氧或无氧状态,从而使人觉得烦闷,严重时会影响新陈代谢甚至引起窒息。空气中,二氧化碳对人体的危害情况见表2-11。钢瓶属于高压容器,二氧化碳的临界温度为31.1 ℃(二氧化碳的正常蒸发温度为−78.90 ℃),在临界温度以上,气体是不能被液化的,因此如液体二氧化碳钢瓶温度高于31.1 ℃,则无论压力多大,二氧化碳始终保持气态而不被液化,钢瓶压力将急剧升高,以致有可能出现爆炸危险,因此储运和使用液体钢瓶二氧化碳时,必须严格遵守国家劳动总局关于《气瓶安全监察规程》中的有关规定,必须使用150 kg/cm^{2}或200 kg/cm^{2}级钢瓶并经严格检查合格后才能应用。储运过程中严格防止曝晒,严禁敲击、碰撞、烘烤,不得靠近热源。

表 2-11　二氧化碳对人体危害的程度

CO_2 在空气中的浓度	3%～4%	>15%	>30%
危害状态	引起头痛甚至脑贫血	致命性假死	致死量

二氧化碳通过气瓶阀减压时会吸收大量的热，以致使气瓶阀结霜甚至可能把阀芯冻结住。当钢瓶阀被冻结时，切不可敲击或用火烘烤，只能用冷的自来水淋洗给热。对于比较先进的汽水生产成套设备，一般都备有碳酸气绝热冷却器，液态贮存器和加热减压站，使之变成6个大气压左右的气体，然后通过碳酸气计量器、自动加碳酸器才进入碳酸饱和器与水混合。

思考题

1. 举例说明营养型甜味剂和非营养型甜味剂。
2. 软饮料常用有机酸和无机酸及其特性是什么？
3. 常用增稠剂及其特点是什么？
4. 使用防腐剂应当注意哪些问题？
5. 乳化剂 HLB 值及其特性是什么？
6. 二氧化碳在碳酸饮料中主要有哪些作用？

指定参考书

1. 高世年,张宏,程慧娟等.实用食品添加剂.天津:天津科学技术出版社,2000
2. 中国食品添加剂生产应用工业协会编著.食品添加剂手册.北京:中国轻工出版社,1996
3. 刘程,周汝忠.食品添加剂实用大全.北京:北京工业大学出版社,1994

参考文献

1. 蒋和体,吴永娴.软饮料工艺学.北京:中国农业科学技术出版社,2006
2. 中国食品添加剂生产应用工业协会编著.食品添加剂手册.北京:中国轻工出版社,1996
3. 刘程,周汝忠.食品添加剂实用大全.北京:北京工业大学出版社,1994
4. 高世年,张宏,程慧娟等.实用食品添加剂.天津:天津科学技术出版社,2000
5. 胡小松,蒲彪.软饮料工艺学.北京:中国农业大学出版社,2002

第 3 章　包装容器和材料

商品包装在商品流通和销售过程中所起的重要作用是众所周知的,在商品生产不断发展的今天,人们更是不断寻求新型的包装材料,以满足需要。

软饮料的包装材料要求:

(1)对人体无毒无害,包装材料中不得含有危及人体健康的部分;
(2)具有一定的化学稳定性,不与饮料发生作用而影响其品质;
(3)加工性能良好,资源丰富,成本低,能满足工业化生产需要;
(4)有优良的综合防护性能,如阻气性、防潮性、遮光性能等;
(5)食品安全方面有很好的可靠性、耐压、强度高、重量轻,不易变形破损且便于携带和装卸。

目前,饮料包装除了传统的玻璃瓶及镀锡薄钢板包装外,铝材、铝合金、塑料薄膜及各种复合材料正相继出现。

1　玻璃瓶

1.1　玻璃瓶概述

在我国饮料生产中,广泛采用玻璃瓶。

由于玻璃瓶具有造型灵活、透明、美观、化学稳定性高,不透气,易密封,且原料丰富,价格低廉,可多次周转使用,生产自动化程度高等优点,使其在饮料包装中占有举足轻重的地位。但玻璃瓶也存在一些缺点,如机械强度低,易破损和自重大,要求在其生产工艺上进行工艺改进,向增加强度,轻量化方向发展。

各种饮料瓶都有相应的技术规定,但一般而言应满足以下基本要求:

(1)玻璃质量

玻璃应当熔化良好均匀,尽可能地避免结石、条纹、气泡等缺陷。无色玻璃透明清晰,而带色玻璃色泽要稳定,并能吸收一定波长的光线。

(2)玻璃的物理化学性能

①应具备一定的化学稳定性,不能与盛装物发生作用而影响其质量。

②应具备一定的热稳定性,以减少在杀菌以及升温、冷却或冷藏过程中的破损率。

③应具备一定的机械强度,以承受内部压力和在搬运与使用过程中所遇到的震动、冲击和压力等。

(3)成型质量

饮料瓶应按一定的容量、重量和形状成型,不应有扭歪变形、表面不光滑平整和裂纹等缺陷,玻璃分布应均匀,不允许有局部过薄过厚,特别是口部要圆滑平整,以保证密封质量。

1.2 饮料玻璃瓶的生产

1.2.1 原料及辅助材料

玻璃是一种无规则结构的非晶态固体。按其化学组成可分为硅酸盐玻璃、硼酸盐玻璃、磷酸盐玻璃等。饮料瓶通常采用硅酸盐玻璃中的 Na_2O-CaO-SiO_2 系统,即使 Na_2O、CaO、SiO_2 三种氧化物以适当的比例混合并加入一定的其他成分,经 1 500 ℃高温熔制而成(表 3-1,表 3-2)。

表 3-1 玻璃采用的主要原料

引入氧化物	采用原料
SiO_2	石英沙;砂岩;石英岩(SiO_2)
B_2O_3	硼砂($Na_2B_4O_7 \cdot 10H_2O$);硼酸(H_3BO_3)
Al_2O_3	长石($R_2O \cdot Al_2O_3 \cdot 6SiO_2$);氧化铝($Al_2O_3$);氢氧化铝
Na_2O	纯碱(Na_2CO_3);芒硝(Na_2SO_4);烧碱(NaOH);硝酸钠
K_2O	钾碱(K_2CO_3);硝酸钾
CaO	方解石与石灰石($CaCO_3$)
MgO	白云石($CaCO_3 \cdot MgCO_3$)
BaO	硫酸钡;碳酸钡

表 3-2 玻璃采用的辅助添加剂

添加剂种类	采用原料
澄清剂	白砒 As_2O_3、Sb_2O_3、$NaNO_3$、萤石 CaF
着色剂	MnO_2、Fe_2O_3、铬化物、硫化物
脱色剂	$NaNO_3$、白砒、Sb_2O_3、CoO
助溶剂	氟化物、硼化合物、硝酸盐、钡化合物
浮浊剂	氟化物
氧化还原剂	硝酸盐、硫酸盐、碳粉

1.2.2 饮料瓶生产工艺过程

一般饮料瓶生产过程可分为三个工序：

(1)玻璃配合料的制备 按所设计的玻璃化学组成用各种原料配制均匀的能高温熔制的材料。它要求称量准确，配合料具有一定的水分、气体率和均匀度，以保证熔制玻璃的质量。

(2)玻璃的熔制 配制好的配合料经过高温加热形成无气泡、无条纹并且符合成型要求的、均匀的玻璃液的过程称为熔制过程。

玻璃熔制是生产中最关键的一环。因此，必须有合理的熔制工艺制度，才能保证玻璃的高质量。

(3)玻璃的成型和退火 其成型可分为人工成型、半机械化和自动化成型。另外，成型方法又可分为吹、压、吹—吹、压—吹，其原理都是利用玻璃在一定温度范围内有可塑性且能随温度的下降而硬化。

成型后的饮料瓶应立即进行退火，因在成型过程中，由于剧烈温度变化引起的热应力，将降低饮料瓶的热稳定性和机械强度，并很可能在冷却、存放、加工过程中自行破裂。因此，饮料瓶应通过火炉来完成退火以保证最后产品的质量。

1.3 饮料玻璃瓶的规格

1.3.1 玻璃瓶各部位的名称

玻璃瓶由瓶口、瓶颈、瓶肩、瓶身和瓶底组成(图 3-1)。

(1)瓶口

又称口部，为图中瓶口与瓶颈接缝线以上的部分，瓶口顶部为密封口，又称口边。瓶口外侧往往做出螺纹或杯状的凸起，与瓶盖配合可以将瓶子密封起来。

(2)瓶颈

即颈部，为瓶颈基点(瓶子直径开始变大处)以上，瓶口以下部分。

(3)瓶肩

是指由瓶颈基点至与瓶身直线连接的弯曲部分。

(4)瓶身

指容纳盛装液体的圆柱部分。

(5)瓶底

与瓶身接缝线以下的底部，一般瓶底多为微突状。

1.3.2 玻璃瓶的形式

只要瓶身向瓶颈过渡的形式选择适当，就能保证由瓶内能平静地倒出液体。见图 3-2(b)，否则空气渗入瓶内形成所谓的"气垫"，见图 3-2(a)，液流就中断，并在倾倒时会发生所谓的喷流现象。

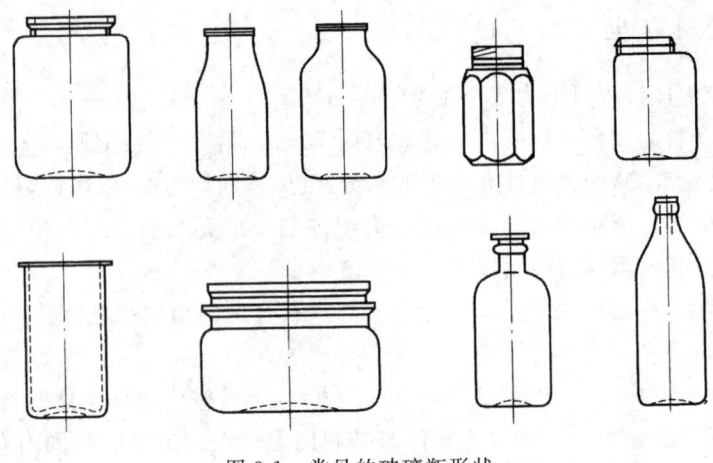

图 3-1 常见的玻璃瓶形状

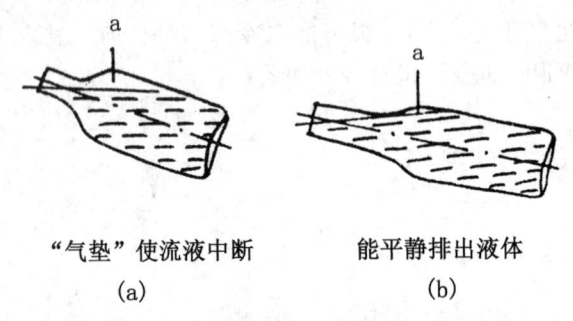

"气垫"使流液中断　　　　能平静排出液体
(a)　　　　　　　　　　　(b)

图 3-2 玻璃瓶的形式

1.4 饮料瓶常见缺陷及检验

饮料瓶在生产的各工序中,只要有某一环节的疏漏就将产生缺陷。饮料瓶的缺陷可分为两大类,玻璃本身的缺陷和瓶子生产缺陷,前者是由于原料加工、配方不适当以及在熔化过程中产生的;后者是在供料成型、退火等加工过程中产生的。

1.4.1 玻璃本身的缺陷

(1)结石　结石又称固体夹杂物,能破坏制品的外观和光学的均匀性,并且由于结石本身主体的玻璃结构不一样,往往产生局部应力,出现裂纹或引起破裂。结石可由颗粒不均或混合不均的未熔化配合料产生;也可由熔炉上的耐火材料侵蚀后掉入玻璃液产生;还可由玻璃液本身晶析等造成。

(2)条纹　条纹又称玻璃态夹杂物,主要由于玻璃主体内存在异类玻璃夹杂物而引起,表现出化学组成和物理性质的不均匀,它或分布在玻璃的内部,或在玻璃的表面上。大多呈条纹状,也有呈线状、纤维状,有时似疙瘩而凸出。

(3)气泡　气泡又称气体夹杂物,不仅影响外观,而且影响玻璃强度及透明性。主要是由配合料在熔化时澄清不完全、残留没有逸出的气泡而形成的。另外,耐火材料固有的气泡也会进入玻璃液,操作不当时也会引入外界空气泡。

玻璃体缺陷可用各种物理化学检测手段进行检测,工厂实际生产中凭经验用肉眼观察,也是一种有效的鉴别方法。

1.4.2 生产过程中产生的缺陷

即使是合格的玻璃液,在成型以后的各工序中也会产生缺陷。属生产缺陷的有裂纹、厚薄不均、变形、冷斑、皱纹等。

(1)裂纹　裂纹是玻璃瓶较普遍的缺点,有的裂纹很细不易发现。裂纹产生的部位常在瓶口、瓶颈和肩部。原因主要是玻璃本身不均匀的结构应力,也有由于瓶子在成型过程中与冷、湿物体接触而产生的情况。

(2)厚薄不均　表现在饮料瓶上玻璃分布不一致,厚薄不均。当玻璃料液温度不均匀或模型温度不均匀时,玻璃料液冷热处理的粘度不同,吹制时便发生厚薄不均。

(3)变形　饮料瓶从成型模中出来后,局部未充分定型,发生下塌或变形,如瓶罐拉扁、瓶罐口颈变歪等。

(4)不饱满　饮料瓶吹制的不饱满往往会产生缺口,瘪肩和花纹不清晰等缺点。产生原因一般是由于料液温度太低,使口径、瓶肩和花纹不易吹足或制瓶机压缩空气压力不够。

(5)皱纹　饮料瓶表面有时会有折痕或成片的很细的皱纹,其产生原因是由于料液过冷、料液过粗,这样料液在入模型时,首先在模壁上发生或多或少的接触和堆积进而产生皱纹。

对于饮料瓶形形色色的缺陷,目前国外已用自动检测线进行检测,但国内仍以人工为主,靠肉眼鉴别后剔除不合格产品。也有人采用计算机视觉的原理和方法对玻璃瓶口图像进行了边缘检测、边界链码生成、边界形状特征提取和裂纹判断研究,提出了判断玻璃瓶口无裂纹的边界特征判断法,正确率可达98%。各种饮料瓶都有一定的国家标准。根据国家标准对瓶的检验项目包括:

① 对瓶罐的重量和容量的检查;
② 对瓶口、瓶身尺寸公差、厚薄度、合缝线的检查;
③ 对瓶罐的热稳定性、化学稳定性、内压力的检查;
④ 对瓶罐的退火程度和裂纹、气泡、色泽等的检查。

1.5　饮料瓶的发展趋向

针对饮料瓶机械强度低、易破损和盛装单位物品的重量大等主要弱点,今后饮料瓶生产将主要考虑增加强度及实现轻量化等,以保持玻璃瓶作为传统饮料包装的地位,预计玻璃包装仍将占整个包装材料的30%以上。

现有的玻璃瓶增强措施有物理强化、化学强化、表面涂层及加塑料套等方法。前两种方法都可通过物理淬火或化学离子交换的手段,在玻璃表面产生均匀的压力层,使瓶强度得到提高;而表面涂层法,主要是利用无机或有机涂料喷涂在玻璃表面以消除微裂纹,减小擦伤,提高强度;塑料套的方法是将发泡聚苯乙烯膜包在瓶子上,起到增强保护的作用。

值得一提的是薄壁轻量瓶技术,该项技术是近代玻璃瓶罐生产的重大改革。轻量瓶不仅可以减少瓶子的用料,节约原料和材料,降低运输费用,而且可以提高成型机的速度,增加产量,降低成本。轻量瓶较普通瓶轻15%~40%,且可以像新型包装材料那样实行一次性使用。目前我国生产的传统的回收饮料瓶,瓶重为国外轻量瓶的一倍以上,而国外在20世纪70年代就已推广和实现了瓶罐轻量化。因此,饮料瓶生产的轻量化仍是这种传统包装材料发展的必然趋势。

另外,新型的瓶装设计会刺激需求量,Amcor PET 公司着手开发了一种"智能包装",这种包装具有特殊的性能,它能够通过包装上的指示部分,在使用时可以知道内部食品是否新鲜。热成型技术和氮气的应用提高了 PET 包装盒的耐热性,延长了它的使用寿命。阻隔技术同样对饮料市场产生了极大的影响。科研人员也着手研发了一种净化树脂与 PET 的混合原料,用于制备更小的碳酸饮料瓶。Plastipak 公司的 Actic 乳液包覆技术也用于延长材料寿命,以更利于保鲜。在饮料行业中,应用最多的是果汁和茶。

1.6 饮料瓶皇冠盖

皇冠盖是以镀锌游离钢或马口铁为素材制成的盖,生产效率高,因而价格便宜,是最大众化的一种盖。

皇冠盖是 1892 年由英国 William Painter 所设计的,其形状像贵族所戴的皇冠,所以被称为皇冠盖。当时的皇冠盖既无涂料,又无印刷,皇冠的褶数不确定,有 20 个和 22 个的,现在皇冠盖的标准褶数为 21 个。

1.6.1 瓶盖应具备的条件

饮料瓶用的皇冠盖或其他类型的盖,应使饮料瓶完全密封,内容物受到应有的保护。不使内容物接触外界环境,不漏水,不漏气,即具有气密性和密封性是饮料瓶盖首先应具备的条件。此外,从消费者的角度看,饮用时应易于开启、易于发现曾被开启过的痕迹也是某些瓶盖要求的条件之一。近年来,随着大型瓶利用率的增加,对碳酸饮料瓶盖还要求有开启后再密封的可能性。这些要求,皇冠盖并不能全部满足。因此,根据需要和目的,已开发出各种与瓶口相适应的易开盖、防盗盖、耐压防盗盖可供选择和使用。

1.6.2 皇冠盖的规格尺寸

日本皇冠盖工业标准见表 3-3。美国可口可乐公司,意大利 SACMI 公司等同为 21 褶。

表 3-3　日本皇冠盖工业标准　　　　　　　　　单位:mm

项目 种类	褶数	外径 D	内径 d	高度 h	用途
1	24	36.2±0.3	30.3±0.2	6.6±0.2	酒
2	22	34.7±0.3	28.9±0.2	6.5±0.2	酱油等
3	21	32.1±0.3	26.6±0.2	6.5±0.2	酒、沙司、果汁
4	21	32.1±0.3	26.6±0.2	6.5±0.2	高温杀菌果汁
5	21	32.1±0.3	26.6±0.2	6.5±0.2	啤酒、汽水

2 金属包装材料及金属罐

金属包装材料是传统包装材料之一,其应用虽然只有一百多年历史,但发展快,品种多。目前在各类包装材料中,金属材料约占30%。在日本、欧洲仅次于纸和塑料占第三位,在美国则比塑料多,占第二位。

2.1 金属包装材料的分类

金属包装材料按成分主要分为钢材和铝材两大类,按使用形式则主要是板材和铝箔材。板材主要用于制作各种硬质包装容器,铝箔材则是复合包装材料的主要组成部分,是当今重要的软包装材料。

2.1.1 钢材

钢材来源丰富,能耗和成本较低,至今仍是占首位的金属包装材料。包装用的主要是低碳薄钢板。低碳钢有良好的可塑性,制罐工艺性好,但冲拔性能不如铝。钢质包装材料最大缺点是耐蚀性差,易锈,必须采用表面镀层和涂料等处理后方能使用。按照表面镀层成分和用途的不同,钢质包装材料主要有下面几种:

(1)镀锡薄钢板　又称马口铁,是制罐的主要材料,大量用于罐头工业,亦可用来制作其他食品和非食品罐。

(2)镀锌薄钢板　又称白铁皮,是制罐材料之一,主要用来制作工业产品包装容器。

(3)镀铬薄钢板　又称无锡钢板,可部分代替马口铁,主要用来制作饮料罐。

2.1.2 铝材

铝制包装材料的使用历史较短,但由于它具有一些比钢优异的性能,故发展很快。主要特点是重量轻、无毒无味、可塑性优良、压延冲拔性能好,在大气和水汽中化学性质稳定,不生锈,表面洁净有光泽。铝的不足之处是它在酸碱盐介质中不耐腐蚀,故需表面涂料才能用作饮料容器。包装用铝材可以下面几种形式使用:

(1)铝板　为纯铝或铝合金薄板,代替部分马口铁,主要用来制作饮料罐。

(2)铝箔　由铝板进一步压延而成,厚度在0.2 mm以下,用作多层复合包装材料的阻隔层。

(3)镀铝薄膜　在塑料膜或纸板上镀上极薄的铝层,可部分代替铝箔复合材料。

2.2 常用材料

目前使用最多的金属包装材料是镀锡薄钢板、镀铬薄钢板及铝材等。

2.2.1 镀锡薄钢板

镀锡薄钢板简称镀锡板,俗称马口铁,是两面镀有纯锡的低碳薄钢板,是传统的制罐材料。马口铁有光亮的外观,良好的耐蚀性和制罐工艺性能,易于焊接,适于涂料和印铁。外层的镀锡呈银白色,在大气中不变色,形成良好的氧化锡膜层,化学性质稳定。

马口铁除大量用于罐头工业外,还制作成各种食品听盒,此外还是玻璃瓶罐的良好制盖材料。

2.2.2 镀铬薄钢板

镀铬薄钢板简称镀铬板,又称无锡钢板。是20世纪60年代初为了减少用锡而发展起来的一种马口铁替代材料,它是表面镀有铬和铬的氧化物的低碳薄钢板,镀铬板的耐蚀性较马口铁差。因此均需经内外壁涂料后使用,其焊接亦较困难,故用作三片罐时,罐身接缝一般采用熔接法和粘合法,由于上述原因,尚未代替马口铁。但涂料后的镀铬铁,其涂膜附着力特别优良,宜用于制作罐底、盖和冲拔罐。镀铬板主要用于腐蚀性较小的啤酒罐和饮料罐。为方便冰镇,一般均采用彩印商标,印刷效果良好。

镀铬钢板的结构由钢基板、金属铬层、水合氧化铬层和油膜构成。每张镀板的厚度为0.16 mm~0.38 mm,宽度为508 mm~940 mm,长度为480 mm~1 100 mm。食品工业制罐用材通常采用厚度为0.24 mm左右,宽度可在457 mm~1 041 mm范围内任意剪切,长度可在457 mm~1 122 mm范围内任意剪切的钢板。

2.2.3 铝材

铝材是钢材以外的另一大类包装用金属材料,它除了具有金属材料固有的优良阻隔性能,即气密性、防潮性、遮光性之外,还具有下列特点:

①重量轻 铝是轻金属,相对密度为2.7,仅为铁的1/3左右,易被加工成薄片冲拔拉伸饮料罐,每一千罐平均重量为13.2 kg。

②加工性能好 铝的延展性、拉拔性能优良,因此铝罐均制作成两片罐。

③在空气和水汽中不生锈 表面光洁美观,不必另镀保护层,经表面涂料后可耐酸、碱、盐等介质。

④无味无臭,不影响被包装物的风味。

包装铝材主要以铝板、铝箔和镀铝薄膜三种形式应用。铝板用于制作金属罐,铝箔多用作多层复合材料的阻隔层,而镀铝薄膜是复合材料的另一种形式。

(1)铝板 铝板的成分可分为纯铝或铝-镁、铝-锰合金,铝合金板材的强度较纯铝高。由于对酸、碱、盐不耐蚀,所以铝板均需涂料后使用。板材的生产过程:

铝→热轧→冷轧→退火→冷轧→热处理→矫平→钝化处理(生成氧化铝膜)→涂料→铝板。

用铝板作制罐材料,加工性能良好,因此均制作成一次冲拔成型的两片罐。

(2)铝箔复合薄膜 铝箔复合薄膜属软包装材料,是由铝箔与塑料薄膜或薄纸复合而成。常用的塑料薄膜有聚乙烯(PE)、聚丙烯(PP)、聚酯(PET)、聚偏二氯乙烯(PVDC)、尼龙等。铝箔的厚度多为7 μm~9 μm或12 μm~15 μm。复合后保留了铝箔的优点,又弥补了铝箔不耐酸碱介质、不能热粘合封口的缺点,成为适用范围广的新型包装材料。

铝箔复合材料典型的应用是制成软罐头,也用于制作半硬质和硬质容器——复合罐,它是金属、玻璃及塑料容器的优良代用品。复合罐的形状与普通金属罐一样,有圆柱形、长方形、六角形等。罐的结构由罐身、罐盖与罐底三部分组成,各由不同材料制成。罐身一般为三层结构,里层为涂有聚偏二氯乙烯的铝箔,中层为塑料复合薄膜,外层为单层或多层纸板。罐底、盖可用马口铁、铝合金、塑料或复合纸板制成,并可采用易开罐结构。复合罐密封绝缘性好,可用于无菌包装、真空包装和充氮包装。国外已广泛应用于食品及饮料包装。

(3)镀铝薄膜

在包装塑料薄膜或纸张的表面(单面或双面)镀上一层极薄的金属铝,即成新型复合金属包装材料——镀铝薄膜。由于镀铝薄膜脆弱,容易破损,故一般在其上再复合一层塑料膜如聚乙烯以起保护作用。

镀铝薄膜有许多与铝箔复合材料相同的优良性能,此外还具有以下特点:

①优良的耐折性和韧性;

②可以采用部分留空不镀金属的技术,消费者可通过留空处直接看到内装物品;

③镀铝层较铝箔薄,成本较低。

鉴于以上特点,近10年来,镀铝薄膜在国内外逐渐推广,主要用于食品、药品、化妆品、果汁及不含气的饮料等的商品包装。

2.3 金属罐

2.3.1 金属罐的罐型

金属罐的罐型是指它的结构和形状。制罐工艺过程因罐型的不同而不同。按金属罐的结构可分为三片罐和两片罐两大类;按形状分为圆罐、方罐、梯形罐、椭圆罐等,每一种又有一系列不同的尺寸;按开启方法有普通罐、钥匙拉线罐、易开罐等。

(1)三片罐和两片罐

所谓三片罐是由一个焊接的圆筒罐身和一片罐底和一片罐盖构成。三片罐是传统的罐型,工艺上较易实现,且已十分成熟,对材料的冲压性能要求低,而且制罐设备也便宜,在连续制罐生产线上速率可达600罐/分,因此三片罐仍是普遍应用的罐型。但焊锡法三片罐用料多,接缝多,产生渗漏污染的可能性较大,制罐工艺亦已陈旧。根据所使用的材料,三片罐主要有以下几种型式:①马口铁罐身加马口铁罐底、盖;②马口铁罐身加无锡钢板罐底、盖;③马口铁罐身、无锡钢板罐底和铝制易开盖。

两片罐是一种新型罐,由于整个容器是由两片材料组成,因而得名为两片罐,一片是罐底和无缝罐身合成的一个整体;另一片是罐盖。两片罐在20世纪70年代发展很快,有冲拔罐、深冲罐和冲拔拉伸罐三种制罐法。饮料罐主要是冲拔拉伸罐。

两片罐的出现是制罐工业的一个变革,既简化了制罐工艺,又节约了制罐材料,但对板材的成型性和拉拔技术均有较高的要求,尤其是制造小直径高罐身的饮料罐。铝的延展性大,可拉成深杯状,故国际上最为常见的是铝制两片罐。后来这种工艺扩大到马口铁罐和无锡钢板罐,而后者更适于冲拔成两片罐。根据所使用的材料,两片罐有以下几种形式:

①铝冲拔罐身和铝易开罐盖;

②无锡钢板冲拔罐身和铝易开罐盖;

③马口铁冲拔罐身和铝易开罐盖。

在不同国家,罐材的应用情况不尽相同,日本缺铝而钢材过剩,故日本政府鼓励采用马口铁两片罐,而铝罐则在欧洲应用较多。

两片罐罐身无缝,用料少,无泄露,减少了锈蚀的危险和焊锡、铅的污染,而且制罐工艺先进,印刷美观、图案完整。但是设备昂贵,投资大,技术要求高。

(2)易开罐

在三片罐和两片罐的基础上,为了方便使用而改革了罐的开启方式。易开罐采用了铝制易开罐盖,其上有一个易开启的封口,形式有拉环式和按钮式等,消费者不需另备开罐工具即可方便地开罐。易开罐多系饮料罐。

2.3.2 金属罐制罐工艺过程

目前金属罐制罐中最主要生产的还是三片圆罐、马口铁三片圆罐。

(1)电阻焊接三片罐工艺流程

切板→弯曲→成圆→电阻焊接→接缝补涂及固化→翻边→封底→空罐
                ↑
    涂油→冲盖→圆边→注胶→烘干、硫化→罐盖

(2)DI罐(Draw and Irned Can)

DI罐既是一种新罐型,又是一种新型的制罐技术,它是通过板材的冲压和拉伸工艺一次制成空罐,然后再配盖卷封封口,既大大简化了制罐工艺,又可节约制罐材料。制造 DI 罐的金属板材主要是铝合金板,也可以用马口铁和无锡钢板。

3 塑料及复合包装材料

近 50 年来,合成材料迅速发展并取代了大量的天然资源材料。包装领域中大量应用各种塑料薄膜、塑料容器及复合材料。

3.1 高聚物的基本知识

高聚物即高分子化合物或称合成树脂,常用的高分子化合物分子量虽然高达 $10^4 \sim 10^6$,构成的原子数多达 $10^3 \sim 10^5$,但一个大分子往往由许多相同的、简单的结构单元通过共价键重复连接而成。例如聚氯乙烯分子是由许多氯乙烯结构单元重复连接而成。

聚乙烯的分子式为 $+CH_2-CH_2+_n$,其中 $-CH_2-CH_2-$ 是其重复单元,其单体是 $CH_2=CH_2$。

由一种单体聚合而成的高聚物称为均聚物,如上述聚氯乙烯和聚乙烯。由两种以上单体共聚而成的称为共聚物,如氯乙烯-醋酸乙烯共聚物。

大部分共聚物中单体单元往往是无规律排布的,很难指出正确的重复单元,代表大致的结构。

聚酰胺(尼龙)及聚酯类结构有着另一特征,如聚酯:这类结构的聚合度将是重复单元数的2倍,即 DP=2n。

高分子化合物主要用作合成材料,根据材料的性质及用途,可将高聚物分为橡胶、纤维和塑料三大类。这三类很难严格划分,例如聚氯乙烯是典型的塑料,但也可抽成纤维;如氯纶配入适量增塑剂,可制成类似橡胶的制品;如尼龙、涤纶是很好的纤维材料,但也可制成薄膜或容器等供食品包装。

3.2 塑料包装材料的性能

塑料是以合成树脂为主要原料,添加稳定剂、着色剂、润滑剂以及增塑剂等组分而得到的材料。

塑料包装材料最大的特点是可以通过人工的方法很方便地调节材料性能,以满足各种不同的需要,即防潮、隔氧、保香、蔽光等功效,还可以制成复合薄膜及多层塑料瓶;质轻,不易破损,有利于运输及携带。

利用塑料包装材料透明、有光泽及平滑的特点,易用于印刷造型装潢、增加商品外观美,提高了商品陈列性能。表3-4列出了塑料包装材料应具备的性能。

表 3-4 塑料包装材料应具备的性能

要点	内容	应具备的性能
保护性能	保护内装物,防止变质,保证质量	机械强度好,防潮、耐水、耐腐蚀、耐热、耐寒、耐光、密封性好,适应气温变化,无臭无味无毒等
操作性能	易包装,易缝合,易充填,适应机械自动包装与操作	刚性、挺力强,光滑、易开口,热合性好,防止静电
商品性能	造型和色彩美观,能产生陈列效果,提高商品价值和购买欲	透明度好,表面光泽,适应印刷,不易污染
方便使用性能	便于开启和提取内容物,便于再封闭	开启性能好,不易破裂

3.3 复合包装材料的性能、种类

单层塑料薄膜往往不能完全满足保护商品、美化商品以及适应加工要求。于是,人们开发了用两层或三层以上的种类相同或不同的包装材料粘结在一起的技术,制成复合材料。这种复合材料克服了单一材料的缺点,却得到了单一材料不可能具备的优良性能。目前,复合材料在包装中已占主要地位。

复合材料的种类繁多,其基本结构是:外层材料应当是熔点较高,耐热性能好,不易划伤、磨光、印刷性能好,光学性能好的材料。常采用的材料有纸、铝箔、玻璃纸、聚碳酸酯、尼龙、聚酯、聚丙烯等。内层材料应当具有热封性、粘合性好、无味、无毒、耐油、耐水、耐化学药品等性能。如聚丙烯、聚乙烯、聚偏二氯乙烯等热塑性材料。

除了有毒性杂质的塑料外,几乎所有的塑料都可用于食品包装,但用量最大的仍是价格低廉的聚烯烃。表3-5列出了日本食品包装用塑料的种类及消费量。

表 3-5　日本食品包装用塑料的种类及消费量

品种	消费量(万吨)	在食品包装塑料中的比重(%)
LDPE(低密度聚乙烯)	22.5	24.5
HDPE(高密度聚乙烯)	8.1	8.8
PP(聚丙烯)	16.1	17.5
PS(聚苯乙烯)	12.6	13.7
PVC(聚氯乙烯)	11.4	12.4
PVDC(聚偏二氯乙烯)	3	3.3

国外常见的食品包装复合材料列举如下：

(1) 双层复合

玻璃纸/聚乙烯、纸/铝箔、纸/聚乙烯、聚酯/聚乙烯、聚氯乙烯/聚乙烯、尼龙/聚偏二氯乙烯、聚乙烯/聚偏二氯乙烯、聚丙烯/聚偏二氯乙烯。

(2) 三层复合

拉伸聚丙烯/聚乙烯、未拉伸聚丙烯、聚酯/聚偏二氯乙烯/聚乙烯、聚酯/玻璃纸/聚乙烯、聚乙烯/拉伸聚丙烯/聚乙烯、玻璃纸/铝箔/聚乙烯、蜡/纸/聚乙烯等。

(3) 四层复合

玻璃纸/聚乙烯/拉伸聚丙烯/聚乙烯、聚偏二氯乙烯/玻璃纸/聚偏二氯乙烯/聚乙烯、纸/铝箔/纸/聚乙烯、拉伸聚酯/聚乙烯/纸/聚乙烯等。

(4) 五层复合

聚偏二氯乙烯/玻璃纸/聚乙烯/铝箔/聚乙烯。

复合材料的主要成分是合成树脂，由于人们可以根据需要调节合成树脂材料的性能，因此它能满足各种不同的需要。

3.4　用于饮料包装的主要塑料、复合材料

3.4.1　聚乙烯(PE)

PE是世界上产量最大的合成树脂，也是消耗量最大的塑料包装材料，约占塑料包装材料的30%。

1933年美国的ICI公司采用高压法研制出聚乙烯。20世纪40年代及50年代，美国和意大利相继发明了中压法及低压法生产聚乙烯的方法，到70年代已有数十种技术生产聚乙烯。

聚乙烯产品大致可分为低密度聚乙烯(LDPE)、中密度聚乙烯(MDPE)和高密度聚乙烯(HDPE)。密度是衡量结晶度的尺度。如果密度高，结晶度高，聚乙烯的水蒸汽渗透率和油脂渗透率就随之降低，但LDPE透明度较好，柔软、伸长率大，抗冲击性与耐低温性较HDEP为优，在各类包装中用量仍很大，但作为食品包装材料其缺点较明显。

高密度聚乙烯(HDPE)的分子结构主要为线型，支链很少，所以又叫线型聚乙烯。它具有较高的结晶度(80%~90%)，允许较高的使用温度，其硬度、气密性、机械强度、耐化学药品性能都较好。所以大量采用吹塑成型制成瓶子等中空容器，美国在这方面用量大约为其产量的50%。由于它具有较高耐油脂性能被广泛用于盛装牛奶和牛奶制品，也有不少国家用于包

装天然果汁和果酱之类食品。不过 HDPE 的保香性差,装食品饮料不宜久藏。

为了改善聚乙烯的保香性能,利用它具有热封性能好的特点,将其作为复合薄膜的内层材料。如二层复合材料:PC/PE、AL(铝箔)/PE;三层复合材料:美国采用玻璃纸/粘合剂/PE 复合瓶专盛柠檬汁。欧洲将 HDPE 和 Lamipet(一种以 95%皂化的聚醋酸乙烯酯为基础的材料)进行三层复合,后一种材料位于层压物中间。HDPE 提供了坚硬性和耐冲击性,而 Lamipet 层具有对氧的隔绝性能和防止香精的逸散性能。一种含金量只有 7%Lamipet 的层压物的抗氧化性是 PVC 的 10 倍,由此复合物制成的瓶称为 Lamicon,是典型的果汁瓶。

3.4.2 聚氯乙烯(PVC)

聚氯乙烯由无色液态氯乙烯单体在压力容器中聚合,所得树脂为白色流动自如的粉末。氯乙烯中含氯量约占 56%,这些氯来自食盐,因此聚氯乙烯树脂不受石油和天然气价格飞涨的影响。聚氯乙烯树脂可以通过配制获得各种性能和满足不同特殊需要的材料。

PVC 塑料大致可分为硬制品、软制品和糊状制品三类。硬制品中增塑剂一般少于 5%,软制品中增塑剂多达 20%以上。PVC 在包装工业中被称为多用途聚合物,它具有良好的空气、湿气阻隔性和透明性,着色能力强,适应所有塑料成型加工。

硬质 PVC 因不含增塑剂,其成品也不含增塑剂的异味,而且机械强度优良,质轻,化学性质稳定,所以制成的 PVC 容器广泛用于饮料包装。据资料介绍:用拉吹法生产的 PVC 瓶子无缝线,瓶壁厚薄均匀,可用于盛装含 CO_2 的饮料,如可口可乐及汽水等,CO_2 含量可达 4 g/L~6 g/L,目前我国采用挤出吹塑法生产的 PVC 瓶只适用于盛装果汁和矿泉水。

PVC 材料的安全性一直是人们关注的问题,PVC 瓶曾因氯乙烯致癌问题出现过一段时间内产量下降的情况。但近年来经过人们的不懈努力,PVC 中的氯乙烯含量已下降到卫生学上的允许水平。用于食品包装的 PVC 树脂中的氯乙烯含量不能高于 0.000 1%,即 1 kgPVC 树脂中只允许含 1 mg 氯乙烯单体,用这种 PVC 树脂生产的瓶子包装饮料后,在食品中测不出氯乙烯单体。

3.4.3 聚丙烯(PP)

聚丙烯是由丙烯聚合而成。丙烯主要来源于石油裂解产物。聚丙烯的密度较小(0.9~0.91),为聚氯乙烯重量的 60%左右。所有聚丙烯薄膜是高结晶的结构,渗透性为聚乙烯的 1/4~1/2,透明度高,光泽加工性好。

PP 广泛用于制备纤维、成型制品,但主要是塑料薄膜。薄膜分双向拉伸聚丙烯薄膜(BOPP)和非拉伸聚丙烯薄膜。前者是向纵横方向拉伸,使分子定向,所以机械强度、耐寒性、光泽性、尺寸稳定性都有提高,可与玻璃纸相媲美。目前具有气密性、易热合性的聚丙烯的涂布薄膜及与其他薄膜、玻璃纸、纸、铝箔等的复合材料已大量生产。用 PP 复合材料制作的容器可用于饮料包装。各类 PP 都有一个带静电的缺点,为解决这个问题,一般在薄膜上涂布防静电剂或者将防静电剂混炼于薄膜中。在薄膜上涂布气密性好的聚偏二氯乙烯类树脂可提高 PP 的抗氧化性。

3.4.4 聚酯(PET 或 PETP)

聚酯通常是聚对苯二甲酸乙二醇酯的简称,实际上聚酯还是一大类主链含酯基的聚合物总称。最早的产品是苯二甲酸酐、甘油、干性油或其脂肪酸制成的醇酸树脂,它至今仍是涂料的主要品种。这种需要不饱和单体交联的聚酯常被称为不饱和聚酯,在塑料工业中常称为聚酯。

PET是一种结晶性好,无色透明,极为坚韧的材料,有玻璃的外观,无臭、无味、无毒,相对密度为1.340(非晶态)和1.385(高晶态),易燃,燃烧时有蓝色边缘的黄色火焰,气密性良好,$25\mu m$薄膜透氧率为 2.9 $cm^2/(m^2 \cdot h)atm$,二氧化碳透过率为1.3,氮为0.56。

PET的膨胀系数小,成型收缩率低,仅0.2%,是聚烯烃的十分之一,较PVC和尼龙小,故制品的尺寸稳定,机械强度堪称最佳,其抗张强度与铝相似,薄膜强度为聚乙烯的9倍,为聚碳酸脂和尼龙的3倍,冲击强度是一般薄膜的3~5倍,而其薄膜又有防潮和保香性能。

由于聚酯具有上述种种优点,在当前已成为主要包装材料,但是聚酯薄膜价格较贵,热封困难,易带静电,所以单独使用较少,大多是用PVPC等热封性较好的树脂涂布或共同制成复合薄膜。

聚酯复合薄膜品种很好,主要是PET/PE复合材料,用于食品、液体药品和咖啡等软包装。此外还有PET/纸/PE、PET/AL/PO(聚烯烃)、PET/ETA(乙烯乙酸乙烯酯)、PET/纸/AL/PO等。

采用二轴延伸吹塑法的PET瓶,能充分发挥PET的特性,即具有良好的透明度,表面光泽度高,呈玻璃状外观,是代替玻璃瓶最合适的塑料瓶。近年来PET瓶生产发展迅速,以美国为例:1971年用于生产包装可口可乐、百事可乐等饮料的聚酯为2 500吨,1978年上升为9万吨,80年代中期PET的消耗量为25万吨以上。目前国内的热灌装PET瓶生产厂家规模较大的有数家,而从生产和销售规模、技术和产品质量的实力来看,总部位于广东珠海的中富集团无疑在国内同行业中名列前茅。作为在国内率先开发生产热灌装PET瓶的企业,它目前的热罐装瓶胚年生产能力350 mL的达到8 000万支;500 mL的达到约7亿支;1 500 mL的达到约5 000万支。

3.4.5 聚偏二氯乙烯(PVDC)

1939年美国DOW化学公司发现了偏二氯乙烯与氯乙烯共聚物有良好的性能,次年投产,商品名为"Saran",常译为"莎纶"。日本于1945年开始生产,并以"库拉纶"的商标投入市场,用于包装日本特有的鱼肉香肠。在国内,PVDC起步较晚,加上国外技术封锁,应用技术较为落后。20世纪80年代中期,在中包总公司和兵器工业部的支持下,巨化集团公司组织科技人员,开始自行开发PVDC树脂、胶乳系列产品。2000年8月,浙江巨化股份有限公司投资1.3亿元,建成了国内首家万吨级PVDC生产装置,可以连续稳定地生产出符合用户要求的PVDC树脂和乳胶。性能指标达到或超过美国的MOTON、德国BASF、日本吴羽等公司相同型号的标准。产品成本与国外同类产品比较,有着明显的优势。

氯乙烯-偏二氯乙烯薄膜中含氯乙烯较少,约10%~20%,所以常简称为聚偏二氯乙烯薄膜。

PVDC的特点是柔软且具备对氧气、水汽较强的阻隔性,可防止异味透过,保鲜、保香性能好,适于长期保存食品,耐酸、碱、化学药品及耐油脂性能优良,具有良好的热收缩性,适合做密封包装,又是较好的热收缩包装材料。这种薄膜在50℃以上开始收缩,在100℃有20%~60%的收缩率,只要在热水中浸泡5s即可收紧包好。

PVDC的缺点是太柔软,操作性能不良;结晶性强,易开裂穿孔,耐老化性差;其单体也有毒性。因此,作食品包装时要严格检验质量。目前由于价格也较高,应用不广,主要用作涂布材料或制造复合材料。

PVDC 常与纸、铝箔及其他塑料薄膜制成复合材料或 PVDC 涂布材料,采用溶剂粘合法可得到良好的结合。这些复合材料具有优良的防潮、隔氧、密封性能,也易于热封,适宜于包装含水食品。

玻璃纸涂以 PVDC 后,在日本称为 K 型玻璃(KT)再与 PE 复合的薄膜为"FOP",常用于包装橘汁。此外涂布在尼龙上与 PE 复合,涂布在聚酯上与 PE 复合都是用于包装饮料的材料。美国 Milprint Inc.生产的涂 PVDC 玻璃纸聚乙烯薄膜复合材料,用于包装冷冻含汽饮料。

3.4.6 聚碳酸酯(PC)

聚碳酸酯是拥有聚碳酸酯结构的树脂总称。PC 实用性广泛,1959 年在德国正式生产后,先后在美国、前苏联、日本等国相继推出,我国沈阳、大连等地也有生产。因其价格较高,对于广泛使用还有待于生产上的改进,降低成本。

PC 是无色透明、光泽美观的塑料,外观很像有机玻璃,3.2 mm 厚的片材透光率可达 89%,折射率为 1.586 9,适于作光学材料。由于 PC 无毒,无异味,阻止紫外线透过性能及防潮保香性能好,透气透湿率低,耐温范围广,在 −180 ℃ 下不脆裂,在 130 ℃ 环境下可长期使用,所以是一种理想的食品包装材料。

利用 PC 耐冲击性能、容易成型的特点,制造成瓶、罐及各种形状的容器,用于包装饮料、酒类、牛奶等液体物质。

为了克服 PC 最大缺点即易产生应力开裂,一般除了选用高中级班产,严格控制各种加工条件外,采用内应力小的树脂改进,如与少量的聚烯烃、尼龙、聚酯等熔融共混,可显著改进抗应力开裂性、抗水性。

3.4.7 高阻隔性包装

铝塑复合包装材料的阻隔性能优越,但不透明,现广泛使用一些具有高阻隔性的新型材料,其阻隔性好,性能等同于或优于铝塑复合材料,如:聚偏二氯乙烯(PVDC)薄膜,乙烯-乙烯醇共聚物(EVOH),聚乙烯醇(PVA)薄膜等。

EVOH 类材料:EVOH 一直是应用最多的高阻隔性材料,该树脂的最显著特点是气体阻透性高。用在包装结构中,通过防止氧气的渗入来提高香味和质量的保留程度。在多层充气包装技术中,EVOH 树脂有效地保留了用来保护产品的二氧化碳气或氮气。这种材料的薄膜类型除了非拉伸型外,还有双向拉伸型、铝蒸镀型、黏合剂涂覆型等。双向拉伸型中还有耐热型的用于无菌包装制品。EVOH 树脂与聚烯烃、尼龙等其他树脂共挤制得的薄膜主要用于畜产品包装。多层共挤生产高阻隔包装材料:由 7~12 层环保原料(EVOH、PA、PET、PP、PE)一次共挤而成。

近年来,在日本、欧洲阻隔性薄膜的消费量每年以 10% 左右的速度增长;而美国阻隔性树脂的消费年均增长 13.6%,尽管在我国阻隔性薄膜只是近几年才引起薄膜生产企业的重视,但早已在食品、医药等行业得到广泛的应用,消费市场大,有很大的发展空间,发展速度也快,国内许多相关企业都在根据人们的生活习惯和各类阻隔性包装的实际要求,认真研究相关的包装市场,找准切入点,以期有所收获。

3.4.8 杀菌袋

杀菌袋是一种能在高温下灭菌的复合薄膜食品包装袋,最初是美国为了配合宇航员的需要而研制的。20世纪60年代,日本东洋制罐公司取得专利许可权,实现大批量生产。目前仅日本每年消耗杀菌袋就达6亿只。美国、西欧等国也以每年递增10%～20%的速度发展。

与罐头相比,杀菌袋也能够密封和杀菌,且封口牢固,开启容易,装潢美观,重量轻(约为金属罐的1/8),抗冲击性好,运输携带方便。

杀菌袋根据灭菌温度和保存期限,分为普通杀菌袋和超高温杀菌袋。

普通杀菌袋一般在120 ℃以下加热灭菌,大多是由二层至三层复合材料制成,食品的货架寿命为半年以上。超高温杀菌袋一般在135 ℃灭菌,制袋材料多在三层以上,中间夹有铝箔,货架寿命为二年。而有些也采用4～5层复合材料。

为了保证杀菌袋的强度,外层材料多采用聚酯薄膜,厚度为 $10~\mu m \sim 16~\mu m$,中层材料的主要作用是隔绝气体与水分以及避光,因而要求用 $11~\mu m \sim 12~\mu m$ 的铝箔。内层材料是作为蒸煮袋中直接接触食品的进行热封口,所以对内层材料的要求除了必须符合包装卫生标准外,还要求化学性质稳定,一般采用无毒的聚丙烯,厚度为 $70~\mu m \sim 80~\mu m$,也可采用HDPE等聚烯烃薄膜。

软罐头主要用于包装食品,在日本、西欧等国也用于包装材料、果汁之类。

思考题

1. 目前饮料瓶的发展趋势是什么?
2. 金属包装材料有哪几种? 各有什么优点?
3. 用于饮料包装的主要塑料、复合材料有哪几种? 各有什么优缺点?

指定参考书

1. 邵长富,赵晋府.软饮料工艺学.北京:中国轻工业出版社,1987
2. 蒋和体,吴永娴.软饮料工艺学.北京:中国农业科学技术出版社,2006

参考文献

1. 邵长富,赵晋府.软饮料工艺学.北京:中国轻工业出版社,1987
2. 蒋和体,吴永娴.软饮料工艺学.北京:中国农业科学技术出版社,2006
3. 王晴岚.食品和饮料包装发展趋势.国外塑料,2004,22(11):59
4. 卢焕成.热罐装PET瓶的生产及现状.2001年北京国际饮料科学与技术报告会论文集,2001,217～219

第4章 碳酸饮料

1 碳酸饮料的分类及产品技术要求

碳酸饮料就是指含有二氧化碳的软饮料,普遍称为汽水。碳酸饮料的生产历史不长,开始于19世纪初。碳酸饮料的前身是带有二氧化碳气体的天然矿泉水,第一次人工合成碳酸水是1597年,到1767年伯斯尼的实验对人工合成的碳酸水有了进一步的了解,即它有一种悦意的酸味,具有和天然矿泉水一样的效果。1820年,德国的史特鲁夫人工合成矿泉水,而且是一种极便宜而受欢迎的饮料,取名瑟尔塔水。

汽水生产之所以能很快地发展,主要有四方面的因素:(1)1850年人工香精形成商品化生产,使人们能品尝到各种香型的汽水,大大增加了汽水品种,吸引了各种不同爱好的消费者;(2)液体CO_2的制成,减少了生产商生产CO_2的麻烦,有利于进一步的工业化生产;(3)1892年发明了帽型软木塞,使汽水能成为运输式商品,并能贮存一定时间,可保持CO_2的一定含量;(4)美国成功地制造出机械化的汽水生产线,更促进了汽水工业的发展。汽水工业化生产也仅有100多年的历史。全球最大碳酸饮料生产企业可口可乐公司从1886年创立以来,一直以其可口的碳酸饮料系列产品风靡全世界,历经120年长盛不衰。2006年可口可乐公司市值1 014.9亿美元,2005年零售收入231.04亿美元,净利润50亿美元,2006年度世界500强公司排行267位,公司80%的收入来自美国以外的市场,在中国设有36个分装厂。

我国汽水形成商品出售,最早是清朝同治年间开始从国外进口汽水销售,1853年后外国有些商号,开始在我国建立小型的汽水生产线。1892年后上海、沈阳、天津、广州先后建立小型的汽水厂。解放后由于各种历史原因发展缓慢,但1980年以后汽水工业得到了迅速的发展。2005年碳酸饮料产量全国达771万吨,占总产量的22.8%。2006年,碳酸饮料产量全国达876.52万吨，与2005年同比增长11.42%。碳酸饮料已成为我国软饮料工业的主要组成部分。

1.1 碳酸饮料的分类

根据GB107889-1996(软饮料的分类)、GB/T10792-1995(碳酸饮料)的规定,碳酸饮料分为以下五类。

1.1.1 果汁型

原果汁含量不低于2.5%的碳酸饮料,一般可溶性固形物为8%~10%,含二氧化碳2~2.5倍,含酸0.2%~0.3%。可细分为澄清和混浊型果汁汽水。

1.1.2 果味型

原果汁含量低于2.5%,以食用香精为主要赋香剂,产品一般含糖量8%~10%,含酸0.2%~0.3%,含二氧化碳3~4倍。

1.1.3 可乐型

是世界上碳酸饮料生产的主要品种,含二氧化碳3~4倍,含焦糖色素、可乐香精、水果香精或类似可乐香形、水果香形的辛香和果香混合香气的碳酸饮料。代表产品为"可口可乐"、"百事可乐"等,是一种嗜好型的软饮料。

1.1.4 低热量型

以甜味剂全部或部分代替糖类的各种碳酸饮料和苏打水,产品热量低于75 kJ/100 mL。

1.1.5 其他型

以上四类以外的碳酸饮料产品,如运动汽水、能量汽水等。

1.2 产品技术要求

1.2.1 感官指标

色泽:产品色泽应与品名相符。果汁汽水、果味汽水应具有新鲜水果近似的色泽或习惯承认之颜色。可乐型应有蔗糖色泽或类似焦糖色泽,其他型应具有与品名相符的色泽。同一产品色泽鲜亮一致,无变色现象。

香气与滋味:具有本品种应有之香气,香气柔和协调、甜酸适口,有清凉感,不得有异味。

外观形态:果汁汽水、果味汽水中清汁类应澄清透明、不混浊、无沉淀;可乐汽水应澄清透明,无沉淀;果汁汽水、果味汽水中混汁类应具有一点混浊度,均匀一致,允许有少量的果肉沉淀。

空隙高度:液面与瓶口的距离不超过 2 cm～4 cm,封口后应能看到液面。
杂质:无肉眼可见外来杂质。

1.2.2 理化指标

见表 4-1。

表 4-1 碳酸饮料理化指标

项目\指标\级别	果汁型和果味型 高糖	果汁型和果味型 中糖	果汁型和果味型 低糖	可乐型	其他型
可溶性固形物 20 ℃(折光计法)	≥10	6.5～9.9	4.0～6.4	≥7.0	
总酸 以单结晶水柠檬酸计%	≥0.12	≥0.1	≥0.06	≥0.08	<0.30
二氧化碳气(倍)15.5 ℃	≥2.5	=3.0	≥2.5		
防腐剂	按 GB2760-1996 规定				
其他食品添加剂	按 GB2760-1996 规定				
砷以 As 计 mg/kg	<0.5				
铅以 Pb 计 mg/kg	<1.0				

1.2.3 微生物指标

细菌总数:每毫升小于 100 个。
大肠杆菌总数:每 L 小于 3 个。
致病菌不得检出。

2 碳酸饮料的生产工艺流程

碳酸饮料在生产上有两种工艺:一次灌装法和二次灌装法。

2.1 一次灌装法

一次灌装法:将一定量的糖浆混合液脱气冷却与水、CO_2 按一定比例在混合机内混合冷却后直接装瓶,其工艺流程图如下:

一次灌装工艺流程图

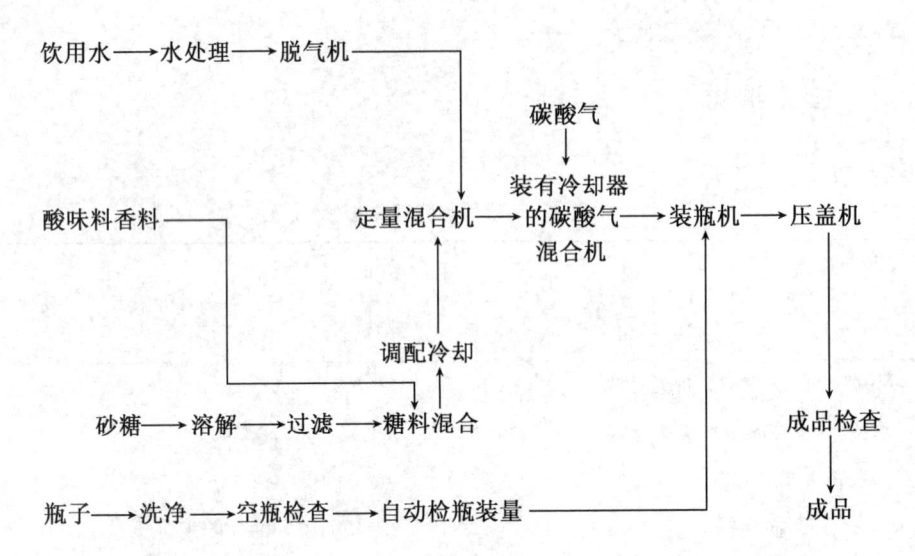

饮用水 → 水处理 → 脱气机 ↓
                            ↓
碳酸气 ↓
装有冷却器的碳酸气混合机
酸味料香料 → 定量混合机 → 装有冷却器的碳酸气混合机 → 装瓶机 → 压盖机
                ↑   ↓
             调配冷却   成品检查
                ↑   ↓
砂糖 → 溶解 → 过滤 → 糖料混合   成品
瓶子 → 洗净 → 空瓶检查 → 自动检瓶装量 ↑

2.2 二次灌装法

二次灌装法：将底料（糖浆、酸味剂、色素、果汁和香精等糖浆混合液）定量注入瓶中，再充入碳酸水，其工艺流程图如下：

二次灌装工艺流程图

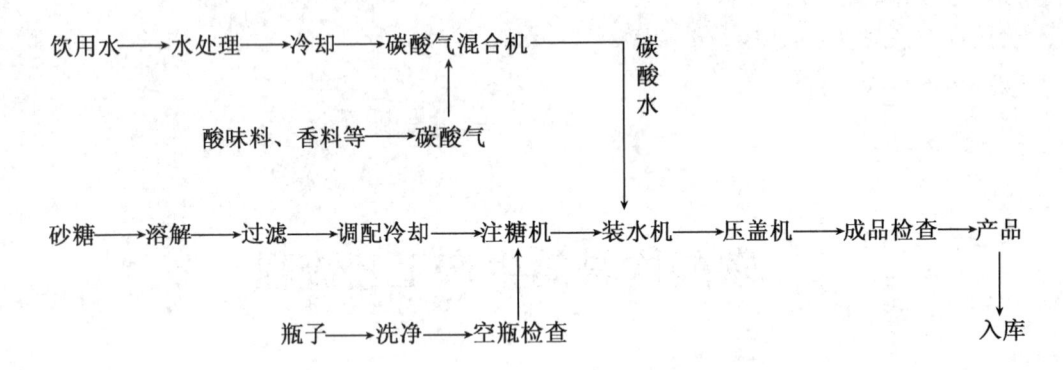

饮用水 → 水处理 → 冷却 → 碳酸气混合机 → 碳酸水
                            ↑   ↓
酸味料、香料等 → 碳酸气   ↓
砂糖 → 溶解 → 过滤 → 调配冷却 → 注糖机 → 装水机 → 压盖机 → 成品检查 → 产品
瓶子 → 洗净 → 空瓶检查 ↑   ↓
                                                                     入库

3　糖浆的制备

碳酸饮料的甜味剂在成品饮料中产生可口甜味，并可提供一定稠度而有助于传递香味，提供能量和营养价值。糖浆是碳酸饮料中的主要原料之一，因而其质量的好坏对碳酸饮料产品的质量影响很大，是碳酸饮料生产工艺中重要的一环。

3.1 原糖浆的制备

把糖溶解于水中,一般称为原糖浆或单糖浆。必须采用优质砂糖,溶解于一定量的水中,制成预计浓度的糖液再经过滤、澄清后供用。其所用水亦必须用纯净水,其水质可与装瓶用水相同。

3.1.1 溶糖方法

溶糖方法有冷溶法与热溶法。配制后短期内使用的糖浆可采用冷溶法;零售饮料,纯度要求较高,或要求延长贮藏期的饮料,最好采用热溶法。热溶法的优点是:(1)能杀灭附于糖内的细菌;(2)可分散凝固出糖中的杂物;(3)溶解迅速,在较短时间内可生产大量糖浆。而冷溶法的唯一优点是节约燃料。

冷溶糖所用容器一般采用内装搅拌器的不锈钢桶,所用工具都不应该有凸棱、尖角和隙缝;在桶底部有排放的管道,便于彻底洗涤。其生产过程很简单,仅需把糖和水用量计算正确、细心配制,在室温下进行搅拌,待完全溶化,过滤去杂物,即成为具有一定浓度的糖液。这种糖液的浓度一般配成 45°Bx～65°Bx,如要存放一天者,则必须配成 65°Bx。采用这种溶糖方法来生产糖浆,须有非常严格的卫生控制措施。

热溶糖所用溶糖容器,一般采用不锈钢双层锅,并备有搅拌器,底部有放料管道。其生产过程是将糖和水用量正确配制,用蒸汽加温至沸点同时不断搅拌;在加热时,表面有凝固杂物浮出,须用筛子除去,将糖浆煮沸 10 min～15 min,便于杀菌,其浓度一般为 65°Bx。在配制时还应测定糖浆浓度,因为在加热过程中,有一部分水被蒸发掉。

在溶解糖液时,糖液的溶解度与糖液温度的关系是:温度越高,溶解度越大。100 ℃时可溶解约 83% 的糖,待冷却到 0 ℃ 时只能溶解约 64% 的糖,有 19% 的糖不能溶解而析出。一般制备糖液以 65% 为宜是以此为根据的。

热溶糖一般都是以蒸汽为加热介质,如果采用直接火加热,则锅底受热温度过高,锅底的糖浆因过热而成焦糖。不论用直接火或蒸汽加热,都应不断进行搅拌。

3.1.2 糖浆浓度的测定

(1)糖浆浓度的测定方法:测定糖浆的浓度,可使用比重计、波美计、白利度表示。三者之间的关系为:波美 20 度与白利 15 度的相对密度 1.161 相当;白利度是指含糖量的重量百分率,如白利度 55°Bx 是指 100 g 糖液中含有 55 g 糖,并非指容积 100 mL 糖液中含糖量 55 g。一般标准糖浆浓度定在 30～32 波美度,按白利度计算为 55%～60% 之间。白利糖度用手持测糖仪可测定。

(2)糖浆调和时浓度的计算:砂糖比重为 1.61。1 L 砂糖重量是 1.61 kg。在 20 ℃ 时,1 kg 砂糖溶解在 1 L 水中的体积为 1.626 L,也就是制成 50% 糖浆浓度的糖液为 1.626 L,其重量为 2 kg,所以 1 L 糖液的重量仅为 1.23 kg 即比重为 1.23。在标准糖浆的制作中可遇到如下三种情况:

①配制55%标准糖浆需多少砂糖和水？

计算如下：

1 kg糖的加水量： $55:45=1\,000:x, x=0.818(L)$

制成的糖液量： $0.625+0.818=1.443(L)$

则制成100 L、55%糖液： 砂糖 $=\dfrac{100}{1.443}=69.3$ kg

水： $\dfrac{1.443}{0.818}=\dfrac{100}{水}$，则水$=56.7(L)$

表4-2为配制100 L不同浓度的糖浆所需的糖与水重量。

表4-2　配制100 L不同浓度的糖浆所需的糖与水重量

白利度糖浆浓度	糖用量(kg)	水重量(kg/L)
50°	61.6	61.6
52°	64.6	59.7
54°	67.7	57.7
56°	70.9	55.7
58°	74.1	53.7
60°	77.4	51.6
62°	80.7	49.4
64°	84.0	47.3
65°	85.74	46.2
67°	89.2	43.9

表4-3　水温升高时体积的变化

水温(℃)	相对体积	水温(℃)	相对体积
20	1.0000	70	1.0217
40	1.0068	80	1.0280
50	1.0111	90	1.0348
60	1.0161	100	1.0422

②高浓度糖液稀释成需要的糖液时的计算：

由57%的糖液制成100 L、55%的标准糖浆，应加57%的糖液多少升？应加水多少升？

已知57%的糖浆比重为1.271；55%的糖浆比重为1.26

则：57%糖液$=\dfrac{1.26\times 0.55\times 100}{1.271\times 0.57}=95.59(L)$

水$=100-95.59=4.41(L)$

③低浓度糖浆提高糖度计算：

把100 L、40%的糖液制成55%的标准糖浆，应加砂糖量为多少千克？

已知40%的糖浆比重为1.176；1 kg砂糖占体积0.626 L

则设应加入砂糖量为 X,立下式:
$$1.176 \times 100 \times 0.40 + X = 1.26 \times 0.55(100 + 0.626x)$$
$$X = 39.1 \text{ kg}$$
$$39.1 \cdot 0.626 = 24.48(L)$$

结果是:在 100 L、40%的糖液中加 39.1 kg 砂糖,可配成 124.48 L、55%的标准糖浆。

3.2 混合糖浆的制备

在糖浆内加入其他辅助料如甜味剂、酸味剂、香精、色素等称之为混合糖浆。

辅料在糖浆内的加入顺序:①先制作成 55%的标准溶液;②加入部分甜味剂如甜叶菊、AK 糖;③将防腐剂苯甲酸钠,溶解后加入(可用 50 ℃~70 ℃的热水)。苯甲酸钠一定要在食用酸加入前加入,如果苯甲酸钠在加酸以后再加入,容易生成难溶于水的苯甲酸而形成沉淀;④加入食用酸,先调成 50%浓度的酸液然后加入糖浆中。若用柠檬酸,它的溶解是吸热过程,比重为 1.542,1 kg 柠檬酸溶解在 1 L 水中为 1.568 L;⑤加果汁;⑥加入香精,加入香精时糖浆最好为 15 ℃的液温;⑦加入色素,稀释至 5%,称量一定要准确,使用时可用量筒计量。当全部辅料加入后,55%的糖浆浓度会下降,再加入软水配成 50%的混合糖浆,以便于掌握加水量。表 4-4 为不同品种饮料的糖、酸及香精用量,仅供参考。

表 4-4 不同品种饮料的糖、酸及香精用量

名称	含糖量(%)	柠檬酸(mL/L)	香精参考用量(mL/L)
苹果	9~12	1	0.75~1.5
香蕉	11~12	0.15~0.25	0.75~1.5
杏	11~12	0.3~0.85	0.75~1.5
黑加仑子	10~14	1	0.75~1.5
樱桃	10~12	0.65~0.85	0.75~1.5
葡萄	11~14	1	0.75~1.5
石榴	10~14	0.85	0.75~1.5
可乐	11~12	磷酸 0.9~1	0.75~1.5
白柠檬	9~12	1.25~3.1	0.75~1.5
柠檬	9~12	1.25~3.1	0.75~1.5
橘子	10~14	1.25	0.75~1.5
鲜橙	11~14	1.25~1.75	0.75~1.5
芒果	11~14	0.425~1.55	0.75~1.5
冰淇淋	10~14	0.425	0.75~1.5
菠萝	10~14	1.25~1.55	0.75~1.5
梨	10~13	0.65~1.55	0.75~1.5
桑椹	10~14	0.85~1.55	0.75~1.5
草莓	10~14	0.425~1.75	0.75~1.5

4 碳酸化

4.1 碳酸化原理

水吸收二氧化碳的作用称为碳酸饱和或碳酸化作用。碳酸化作用在碳酸化器（汽水混合机）中进行，实质就是在一定压力和温度下，二氧化碳在水中溶解的过程。

4.2 影响二氧化碳含量的因素

4.2.1 二氧化碳在水中的溶解度

在一定的压力和温度下，二氧化碳在水中的最大溶解量叫做溶解度。这时气体从液体中逸出的速度和气体进入液体的速度达到平衡，叫做饱和。未达到最大溶解量的溶液叫做不饱和溶液。

碳酸饮料中常用的溶解量单位为"本生容积"，简称为"容积"。

容积的定义是：在一个大气压（约等于 $1.013×10^5$ Pa）下，温度为 32 ℉（0 ℃）时，溶于一单位容积内的二氧化碳容积数。在表 4-5 中的含气量是按容积的倍数为单位，欧洲常用的溶解量单位为 g/L，两者的换算关系是 1 容积约等于 2 g/L。这是因为在标准情况下，1 mol 气体的体积为 22.4 L，二氧化碳的分子量是 44 g。所以，二氧化碳的密度＝44 g/22.4 L＝1.96 g/L（精确的计算应为 44.01 g/22.26 L＝1.98 g/L，22.26 为 CO_2 的摩尔体积）。

表 4-5 各品种碳酸饮料参考含气量

品名	含气量（容积倍数）	品名	含气量（容积倍数）	品名	含气量（容积倍数）
冰淇淋汽水	1.5	柠檬汁汽水	2.5～3.5	沙士汽水	3.5～4
橙汁汽水	1.5～2.5	白柠檬汽水	2.5～3.5	姜精汽水	3.5～4
菠萝汽水	1.5～2.5	樱桃汽水	2.5～3.5	柠檬汽水	3.5～4
葡萄汽水	1.5～2.5	姜汁汽水	2.5～3.5	苏打水	4～5
苹果汁汽水	1.5～2.5	可乐汽水	3.5～4	矿泉水	4～5
草莓汽水	1.5～2.5	干姜汽水	3.5～4		

（1）二氧化碳溶解度与绝对压力的关系

二氧化碳的溶解度在一个绝对大气压力下，温度为 15.56 ℃（60 ℉），1 容积的水可以溶解 1 容积的二氧化碳。通常用的压力表多以 kg/cm^2 为单位。一般以 1 kgf/cm^2 的压力作为一个工程大气压简称大气压，又因为在一个大气压下，压力表示度为 kg/cm^2，所以绝对压力应为［表压＋1］。

在温度不变的情况下，压力增加，溶解度也随之增加。在 5 kg/cm^2 以下的压力时，溶解度与压力的曲线近似一条直线，它服从于亨利定律，即"当温度不变时，溶解气体的溶剂与绝对压力成正比"。

例如,在 15.56 ℃时,测得汽水压力为 1 kg/cm²,则溶解量:
$$S=Pi=P+1$$
式中 S——溶解量;Pi——绝对压力;P——表压力

所以 S=1+1=2(容积)也表示含二氧化碳:21.98=3.69 g/L

若测得汽水压力为 2 kg/cm²,则 S=2+1=3(容积)。

(2)二氧化碳溶解度与温度的关系

在压力不变的情况下,温度降低,溶解度也随之增加,温度影响的常数叫亨利常数,以 H 表示。即 S=HPi。换言之,同一饱和溶液,当温度变化时,其亨利常数也随之变化。亨利常数升高,绝对压力就降低,Pi=S/H。二氧化碳亨利常数见表 4-6。

表 4-6　二氧化碳亨利常数表

温度(℃)	亨利常数 H (V/V.大气压)	温度(℃)	亨利常数 H (V/V.大气压)
0	1.713	35	0.592
5	1.424	40	0.530
10	1.194	50	0.436
15	1.019	60	0.359
20	0.878	80	0.234
25	0.759	100	0.145
30	0.665		

在汽水混合时即碳酸化时,水温愈高,达到所含气量使用的压力就愈高,但压力较高时,实际溶解度就偏离亨利定律,其值小于理论值。因为亨利常数是压力的函数,可引入尝试对 α、β 予以修正,即,H=α－βPi。α、β 的数值见表 4-7。

表 4-7　修正亨利常数的 α、β 数值

温度(℃)	α(V/V.大气压)	β(V/V.大气压)
10	1.184	0.025
25	0.755	0.0042
50	0.425	0.00156

例如在 25 ℃时测得汽水压力为 5 kg/cm²,则其溶解量:
$$S=(\alpha-\beta Pi)Pi=(0.755-0.0042\times 6)\times 6=4.38(容积)$$
试比较,S=HPi=0.759×6=4.55(容积)

工厂中实际应用可以查阅含气量表 4-8。

表 4-8　二氧化碳含气量倍数表

℃ \ kg公斤	0	0.14	0.26	0.42	0.56	0.69	0.83	0.97	1.11	1.25
1	1.6	1.9	2.1	2.3	2.5	2.7	2.9	3.2	3.4	3.6
2	1.6	1.8	2.0	2.2	2.4	2.6	2.8	3.0	3.3	3.5
3	1.5	1.7	2.0	2.2	2.4	2.6	2.8	3.0	3.2	3.4

℃ \ kg	0	0.14	0.26	0.42	0.56	0.69	0.83	0.97	1.11	1.25
4	1.5	1.7	1.9	2.1	2.3	2.5	2.7	2.9	3.1	3.3
5	1.4	1.6	1.8	2.0	2.2	2.4	2.6	2.8	2.9	3.1
6	1.4	1.6	1.7	1.9	2.1	2.3	2.5	2.7	2.8	3.0
7	1.3	1.5	1.7	1.8	2.0	2.2	2.4	2.5	2.7	2.9
8	1.3	1.5	1.6	1.8	2.0	2.2	2.4	2.5	2.7	2.8
9	1.2	1.4	1.6	1.9	1.9	2.2	2.4	2.4	2.6	2.7
10	1.2	1.4	1.5	1.7	1.8	2.0	2.2	2.3	2.5	2.6
11	1.2	1.3	1.5	1.6	1.8	1.9	2.1	2.2	2.4	2.5
12	1.1	1.3	1.4	1.6	1.7	1.9	2.0	2.2	2.3	2.4
13	1.1	1.2	1.4	1.6	1.7	1.8	2.0	2.1	2.3	2.4
14	1.1	1.2	1.3	1.5	1.6	1.7	1.9	2.0	2.2	2.3
15	1.0	1.2	1.3	1.4	1.6	1.7	1.8	2.0	2.1	2.2
16	1.0	1.1	1.2	1.4	1.5	1.6	1.8	1.9	2.0	2.2
17	1.0	1.1	1.2	1.3	1.5	1.6	1.7	1.8	2.0	2.1
18	0.9	1.1	1.2	1.3	1.4	1.6	1.7	1.8	1.9	2.1
19	0.9	1.0	1.2	1.3	1.4	1.5	1.6	1.8	1.9	2.0
20	0.9	1.0	1.1	1.2	1.3	1.5	1.6	1.7	1.8	1.9
21	0.8	1.0	1.1	1.2	1.3	1.4	1.5	1.6	1.7	1.9
22	0.8	0.9	1.0	1.2	1.3	1.4	1.5	1.6	1.7	1.8
23	0.8	0.9	1.0	1.1	1.2	1.4	1.5	1.6	1.7	1.8
24	0.8	0.9	1.0	1.1	1.2	1.3	1.4	1.5	1.6	1.7
25	0.8	0.9	1.0	1.1	1.2	1.3	1.4	1.5	1.6	1.7
26	0.7	0.8	0.9	1.0	1.1	1.2	1.3	1.4	1.5	1.6
27	0.7	0.8	0.9	1.0	1.1	1.2	1.3	1.4	1.5	1.1
28	0.7	0.8	0.9	1.0	1.1	1.2	1.3	1.4	1.5	1.6
0	1.7	1.9	2.2	2.4	2.6	2.9	3.1	3.3	3.5	3.8

℃ \ kg	1.39	1.57	1.60	1.80	1.94	2.08	2.22	2.34	2.50	2.64
1	3.6	4.1	4.3	4.5	4.7	4.9	5.2	5.4	5.6	5.8
2	3.5	3.9	4.1	4.3	4.5	4.7	5.0	5.2	5.4	5.6
3	3.4	3.8	4.0	4.2	4.4	4.6	4.9	5.1	5.3	5.5
4	3.3	3.7	3.9	4.0	4.3	4.5	4.7	4.9	5.1	5.3
5	3.1	3.5	3.7	3.9	4.1	4.2	4.4	4.6	4.8	5.0
6	3.0	3.4	3.5	3.8	3.9	4.1	4.3	4.5	4.7	4.8
7	2.9	3.3	3.4	3.6	3.9	4.1	4.1	4.3	4.5	4.7

℃ \ kg	1.39	1.57	1.60	1.80	1.94	2.08	2.22	2.34	2.50	2.64
8	2.8	3.2	3.4	3.5	3.7	3.9	4.0	4.2	4.4	4.6
9	2.7	3.1	3.2	3.4	3.6	3.7	3.9	4.1	4.2	4.4
10	2.6	2.9	3.1	3.3	3.4	3.5	3.7	3.9	4.0	4.3
11	2.5	2.8	2.9	3.2	3.3	3.5	3.6	3.8	3.9	4.1
12	2.4	2.7	2.9	3.0	3.2	3.3	3.5	3.6	3.8	3.9
13	2.4	2.7	2.8	3.0	3.1	3.3	3.4	3.6	3.7	3.9
14	2.3	2.6	2.7	2.9	3.0	3.2	3.3	3.5	3.6	3.7
15	2.2	2.5	2.7	2.8	2.9	3.1	3.2	3.3	3.5	3.6
16	2.2	2.4	2.6	2.7	2.8	2.9	3.0	3.1	3.2	3.3
17	2.1	2.4	2.5	2.6	2.7	2.9	3.0	3.1	3.2	3.4
18	2.1	2.3	2.4	2.6	2.7	2.8	2.9	3.1	3.2	3.3
19	2.0	2.2	2.4	2.5	2.6	2.7	2.8	3.0	3.1	3.2
20	1.9	2.2	2.3	2.4	2.5	2.6	2.7	2.9	3.0	3.1
21	1.9	2.1	2.2	2.3	2.4	2.5	2.7	2.8	2.9	3.0
22	1.8	2.0	2.1	2.2	2.4	2.5	2.6	2.7	2.8	2.9
23	1.8	2.0	2.1	2.2	2.3	2.4	2.5	2.6	2.7	2.9
24	1.7	1.9	2.0	2.2	2.3	2.4	2.5	2.6	2.7	2.8
25	1.7	1.9	2.0	2.1	2.2	2.3	2.4	2.5	2.6	2.7
26	1.6	1.8	1.9	2.0	2.1	2.2	2.3	2.4	2.5	2.6
27	1.6	1.8	1.9	2.0	2.1	2.2	2.3	2.3	2.4	2.5
28	1.6	1.7	1.8	1.9	2.0	2.1	2.2	2.3	2.4	2.5
0	3.8	4.2	4.4	4.7	4.9	5.2	5.4	5.6	5.8	6.1

℃ \ kg	2.78	2.96	3.06	3.19	3.33	3.47	3.68	3.75	3.89	4.02
1	6.0	6.2	6.5	6.8	7.0	7.2	7.4	7.6	7.8	8.0
2	5.8	6.0	6.2	6.4	6.6	6.9	7.1	7.3	7.5	7.7
3	5.7	5.9	6.1	6.3	6.5	6.7	6.9	7.1	7.4	7.6
4	5.4	5.7	5.9	6.1	6.2	6.4	6.6	6.8	7.0	7.2
5	5.2	5.4	5.6	5.8	6.0	6.2	6.4	6.6	6.8	7.0
6	5.0	5.2	5.4	5.6	5.8	6.0	6.1	6.3	6.5	6.7
7	4.8	5.1	5.2	5.4	5.6	5.7	5.9	6.1	6.2	6.4
8	4.7	4.9	5.1	5.3	5.4	5.6	5.8	6.0	6.1	6.3
9	4.6	4.7	4.9	5.1	5.2	5.4	5.6	5.7	5.9	6.1
10	4.4	4.5	4.7	4.9	5.0	5.2	5.4	5.5	5.7	5.9
11	4.2	4.4	4.5	4.7	4.9	5.0	5.2	5.3	5.5	5.6

℃ \ kg	2.78	2.96	3.06	3.19	3.33	3.47	3.68	3.75	3.89	4.02
12	4.1	4.2	4.4	4.6	4.7	4.8	5.0	5.2	5.3	5.4
13	4.0	4.1	4.3	4.4	4.6	4.7	4.9	5.1	5.2	5.3
14	3.9	4.0	4.1	4.2	4.4	4.6	4.7	4.9	5.0	5.2
15	3.7	3.9	4.0	4.2	4.3	4.4	4.6	4.7	4.8	5.0
16	3.5	3.6	3.7	3.9	4.0	4.1	4.3	4.4	4.5	4.7
17	3.5	3.6	3.7	3.9	4.0	4.1	4.3	4.4	4.5	4.6
18	3.5	3.6	3.7	3.8	3.9	4.1	4.2	4.3	4.4	4.6
19	3.3	3.5	3.6	3.7	3.8	3.9	4.1	4.2	4.3	4.4
20	3.2	3.3	3.5	3.6	3.7	3.8	3.9	4.0	4.2	4.3
21	3.1	3.2	3.5	3.5	3.6	3.7	3.8	3.9	4.0	4.1
22	3.0	3.1	3.2	3.4	3.5	3.6	3.7	3.8	3.9	4.0
23	3.0	3.1	3.2	3.3	3.4	3.5	3.6	3.7	3.8	3.9
24	2.9	3.0	3.1	3.2	3.3	3.4	3.5	3.6	3.7	3.8
25	2.8	2.9	3.0	3.1	3.2	3.3	3.4	3.5	3.6	3.7
26	2.7	2.8	2.9	3.0	3.1	3.2	3.3	3.4	3.5	3.6
27	2.6	2.7	2.8	2.9	3.0	3.1	3.2	3.3	3.4	3.5
28	2.6	2.7	2.8	2.9	3.0	3.1	3.2	3.3	3.4	3.5
0	6.3	6.5	2.7	7.0	7.2	7.4	7.7	7.9	8.2	8.47

℃ \ kg	4.15	4.36	4.44	4.56	4.72	4.85	5.00	5.14	5.27
1	8.2	8.4	8.7	8.9	9.1	9.3	9.6	9.8	10.2
2	7.9	8.1	8.3	8.6	8.8	9.0	9.2	9.4	9.6
3	7.8	8.0	8.2	8.4	8.6	8.8	9.0	9.2	9.4
4	7.4	7.6	7.8	8.0	8.2	8.4	8.5	8.8	9.0
5	7.1	7.3	7.5	7.7	7.9	8.1	8.3	8.5	8.7
6	6.9	7.0	7.2	7.4	7.6	7.8	8.0	8.2	8.3
7	6.6	6.8	6.9	7.1	7.3	7.5	7.7	7.8	8.0
8	6.4	6.6	6.8	7.0	7.2	7.4	7.5	7.7	7.9
9	6.2	6.4	6.6	6.8	6.9	7.1	7.2	7.4	7.6
10	6.0	6.2	6.3	6.5	6.6	6.8	7.0	7.1	7.3
11	5.8	5.9	6.1	6.3	6.4	6.6	6.7	6.9	7.0

℃ \ kg	4.15	4.36	4.44	4.56	4.72	4.85	5.00	5.14	5.27
12	5.6	5.7	5.8	6.0	6.2	6.3	6.5	6.6	6.8
13	5.5	5.6	5.8	5.9	6.1	6.2	6.3	6.5	6.6
14	5.3	5.4	5.6	5.7	5.9	6.0	6.1	6.3	6.4
15	5.1	5.3	5.4	5.5	5.7	5.8	5.9	6.1	6.2
16	4.8	4.9	5.1	5.2	5.3	5.5	5.6	5.9	6.0
17	4.8	4.9	5.0	5.2	5.2	5.4	5.5	5.7	5.8
18	4.7	4.8	4.9	5.1	5.2	5.3	5.4	5.5	5.7
19	4.5	4.6	4.8	4.9	5.0	5.2	5.3	5.4	5.5
20	4.4	4.5	4.6	4.7	4.8	5.0	5.1	5.2	5.4
21	4.2	4.3	4.5	4.6	4.7	4.8	4.9	5.1	5.2
22	4.1	4.2	4.2	4.4	4.6	4.7	4.8	4.9	5.0
23	4.0	4.1	4.2	4.4	4.5	4.5	4.7	4.8	4.9
24	3.9	4.0	4.1	4.2	4.3	4.4	4.5	4.7	4.8
25	3.8	3.9	4.0	4.1	4.2	4.3	4.4	4.5	4.6
26	3.7	3.8	3.9	4.0	4.1	4.2	4.3	4.4	4.5
27	3.6	3.7	3.8	3.9	4.0	4.1	4.2	4.3	4.4
28	3.6	3.7	3.8	3.9	4.0	4.1	4.2	4.3	4.3
0	8.6	8.8	9.0	9.3	9.5	9.7	10.0	10.2	10.4

（3）二氧化碳的溶解度和与水接触的面积和时间有关

在同压同温下，CO_2 与水接触时间越长，溶解度越大。但在生产中，设备是定型的，所以要加大溶解主要是靠压力、温度和时间来解决。

4.2.2 空气对二氧化碳溶解度的影响

二氧化碳在液体中的溶解度与液体存在的性质和二氧化碳（气体）的纯度有关。纯水较含糖或含盐的水更容易溶解二氧化碳。二氧化碳中的杂质则阻碍二氧化碳的溶解。最常见的影响碳酸化的因素是空气。空气不仅影响碳酸化的效果，而且对产品来说，能促进霉菌和腐败菌的生长，并能氧化香料使风味遭到破坏。

大气主要是由 20%（体积）的氧和 80% 的氮组成（含有少量的水蒸气，二氧化碳及其他微量气体），在一个标准大气压（约等于 1.013×10^5 Pa）下，温度 20 ℃ 时各成份的溶解度如下：

1 容积水溶解二氧化碳 0.88 容积；

1 容积水溶解氧 0.028 容积；

1 容积水溶解氮 0.015 容积。

根据道尔顿气体分压及溶解度定律，各气体被溶解的量，不仅取决于各气体在液体中的溶解度，而且取决于该气体在混合物中的分压。如果混合气体为 99% 的二氧化碳和 1% 的空气（即 0.2% 氧和 0.08% 氮），则其溶解度各为：

$$二氧化碳 = 0.08 \times \frac{99}{100} = 0.871\ 2\ 容积$$

$$氧 = 0.028 \times \frac{0.2}{100} = 0.000\ 056\ 容积$$

$$氮 = 0.015 \times \frac{0.8}{100} = 0.000\ 12\ 容积$$

空气的溶解量为氧加氮 = 0.000 176 容积

100%二氧化碳在1容积水中的溶解量为0.88容积,而99%二氧化碳的溶解量为0.871 2容积,两者之差为0.008 8容积,即由于0.000 176容积空气的溶解,将影响0.008 8容积二氧化碳的溶解,所以:

$$1\ 容积空气的溶解 = \frac{0.008\ 8}{0.000\ 176}\ 容积二氧化碳的溶解 = 50\ 容积二氧化碳的溶解$$

即如果溶液中已含有1容积空气的溶解将挤出为空气本身容积50倍的二氧化碳,事实上,混有空气的二氧化碳在水中溶解时,氧和氮的比例不是1∶4,而是1∶2,即实际上氧的溶解量比理论上更多。

除去溶解空气以外,还有包含在液体中未溶解的气泡。这些气泡在灌装减压阶段将很快逸出,激烈地搅动产品,使二氧化碳也随之很快逸出。这不仅影响了加盖后产品的含气量,也增加了灌装起沫的困难。

空气的来源主要为:①二氧化碳气不纯;②气路有漏隙;③水中溶解的氧、气泡;④抽水管线有漏隙;⑤糖浆中的溶解氧、气泡;⑥糖浆管线以及配比器管线中空气的窝存;⑦混合机内及管线中的空气。

水中的空气可以用脱气机处理。常用的脱气机是把水喷雾到一个真空室里,或使水进入填料真空室内以除去空气。制备糖浆时应避免过量、过激的搅拌,以防止混入空气,并且可以通过静置除去糖浆中的气泡。混合机顶部有排气阀,应不时开放,避免空气积存,过夜时混合塔应保持一定压力,防止空气进入。混合机应定期排空,即以水或清洗剂充满混合机,由顶部排气阀排除所有空气,至见水为止。再以二氧化碳充满混合机,由底部排水阀排除所有水,至见气为止,以保证积存的空气全部排走。预碳酸化也可以起到使水脱气的作用,当水流入预碳酸化罐时以喷射管喷入二氧化碳气使水预碳酸化,此时水中的空气即被二氧化碳驱出,定期向大气中排放。

4.3 二氧化碳的需求量

4.3.1 二氧化碳的理论需要量的计算

根据气体常数1mol气体在一个标准大气压(约等于1.013×10^5 Pa)、0 ℃时为22.41L,因此,1molCO$_2$在T ℃时的体积V_{mol}为:

$$V_{mol} = \frac{273 + T}{273} \times 22.41 (L)$$

在15.56 ℃时的体积为:

$$V_{mol} = \frac{273 + 15.56}{273} \times 22.41 \approx 23.69 (L)$$

则,0.1 MPa、15.56 ℃时,CO$_2$的理论需要量$G_{理}$(g)可用下式计算:

$$G_{理} = \frac{V_{汽} \times N}{V_{mol}} \times 44.01$$

式中：$G_{理}$ 为 CO_2 的理论需要量；$V_{汽}$ 为汽水容量（L）（忽略了汽水中其他成分对 CO_2 溶解度的影响以及瓶颈空隙部分的影响）；N 为气体吸收率即汽水含 CO_2 的体积倍数；44.01 为 CO_2 的摩尔质量（g）；V_{mol} 为 T ℃下 1 molCO_2 的容积[一个标准大气压（约等于 1.013×10^5 Pa）、15.56 ℃时，为 23.69 L]。

4.3.2 二氧化碳的利用率

碳酸饮料生产中 CO_2 的实际消耗量比理论需要量要大得多，这是因为生产过程中 CO_2 的损耗很大。实际生产中 CO_2 在瓶装过程中的损耗一般为 40%～60%，因此 CO_2 的实际用量为瓶内含气量的 2.2～2.5 倍，采用二次灌装法时，用量为 2.5～3 倍。为了减少损耗，提高 CO_2 的利用率，降低成本，可以从以下几方面来考虑：选用性能优良的灌装设备，尽量缩短灌装与封口之间的距离（特别是二次灌装法），但不能影响操作和检修；经常对设备进行检修，提高设备完好率，减少灌装封口时的破损率；尽可能提高单位时间内的灌装、封口速度，减少灌装后在空气中的暴露时间，减少 CO_2 的逸散；使用密封性能良好的瓶盖，减少漏气现象。

5 碳酸化的方式和设备

碳酸化是在一定的气体压力和温度下，在一定的时间内进行的。要求尽量扩大气液相接触的面积，降低液温和提高 CO_2 压力，因为单靠提高 CO_2 的压力受到设备的限制，单靠降低水温效率低且能耗大，通常采用冷却降温和加压相结合的方法。

5.1 水或混合液的冷却

常用的冷却方法有：水的冷却；糖浆的冷却；水和糖浆混合液的冷却；水冷却后与糖浆混合后再冷却。冷却装置按冷却器的热交换形式的不同可分为直接冷却和间接冷却。

5.1.1 直接冷却

直接冷却就是直接把制冷剂通入冷却器以冷却水或混合液的冷却方式。冷却器多为排管或盘管式，直接浸没在装满水或混合液的冷冻箱（池）中，制冷剂在管中循环。

5.1.2 间接冷却

间接冷却所用制冷剂不直接通入冷却器，而是先通入冷却介质（如盐水），再将已经冷却的冷却介质通入冷却器对水或混合液进行冷却。饮料冷却器多为管式或板式热交换器。

5.2 碳酸化的方式

根据碳酸化方式可分为低温冷却吸收式和压力混合式两种。

5.2.1 低温冷却吸收式

低温冷却吸收式在二次灌装工艺中是把进入汽水混合机的水预先冷却至4 ℃～8 ℃，在0.45 MPa压力下进行碳酸化操作。在一次灌装工艺中则是把已经脱气的糖浆和水的混合液冷却至15 ℃～18 ℃，在0.75 MPa压力下与CO_2混合。低温冷却吸收式的缺点是制冷量消耗大，冷却时间长或容易由于水冷却程度不够而造成含气量不足，且生产成本较高。其优点是冷却后液体的温度低，可抑制微生物生长繁殖，设备造价低。

5.2.2 压力混合式

压力混合式是采用较高的操作压力来进行碳酸化，其优点是碳酸化效果好，节省能源，降低了成本，提高了产量；缺点是设备造价较高。

5.3 汽水混合机

碳酸化过程一般是在碳酸化器汽水混合机内进行。汽水混合机的类型很多，碳酸化器实际上是一个普通的受压容器。可以在其上部安装喷头、塔板，将液体分散成薄膜或雾状，使液体和CO_2充分接触，并进行混合。常用混合机有以下几种。

5.3.1 碳酸化罐

这是一个普通的受压容器，外层有绝热材料，用时充以碳酸气。有排空气口，可以当作碳酸水或成品的储存罐，也可以在上部装上喷头，或塔板，或装入薄膜冷却器，使水分散为水滴，或薄膜，组成混合机。

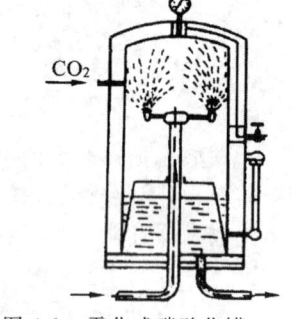

(1)罐顶有一个可转动的喷头，水或成品经过雾化，与碳酸气接触，进行碳酸化，可以附加可变饱和度的控制。底部作为储存罐。喷头也可作为就地清洗用。可变饱和度的控制方法是把罐的上部分成几层(碳酸化塔)。上两层各有一个喷头，调节两个喷头的流量来控制饱和度。简单的方式是不转动的喷头(离心式雾化器)。一般用作水的碳酸化，也不附加可变饱和度的控制。

图 4-1 雾化式碳酸化罐

(2)罐的上部有多组水平圆盘，每组两个圆盘，其中一个由边缘流下，另一个只能由中心流下，如此反复使水的薄膜与碳酸气接触进行碳酸化。下部为碳酸水或成品的储存部位，是一个定饱和度混合机，也可装一个旁通使之变为可变饱和度混合机。

5.3.2 填料塔

水喷洒在塔中的填料上(玻璃球或瓷环)以扩大接触面积和延长碳酸化时间，可以作为可变或不可变饱和度的混合机。一般只用作水的碳酸化，由于清洗较困难，不能进行成品的碳酸化。这种塔过去也可当作水的脱气机使用。

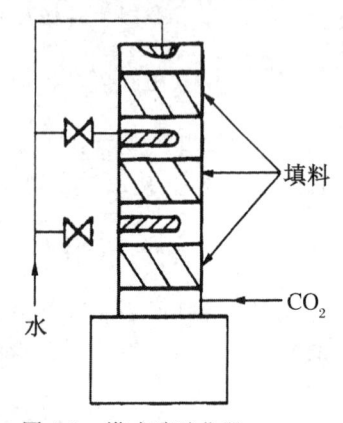

图 4-2 塔式碳酸化器

旧式的小型机器常用一个很小的泡罩塔(一般分三层)，定量的水和二氧化碳被抽入一个管道中。通过泡罩塔扩大了接触面，进行碳酸化，然后流入储存罐中，罐中有搅拌器以充分饱和。

5.3.3 喷射式混合机

又称文丘里管式混合机,混合器构造是一个圆筒,中部有锥形窄通路,水流时产生压力,与气混合时水已经爆裂成细水滴,混合后的汽水进入贮罐,此种混合器可以与其他方式的混合机组合,或自己组合,以增强效率,尤其适用于水温不太低的情况下。

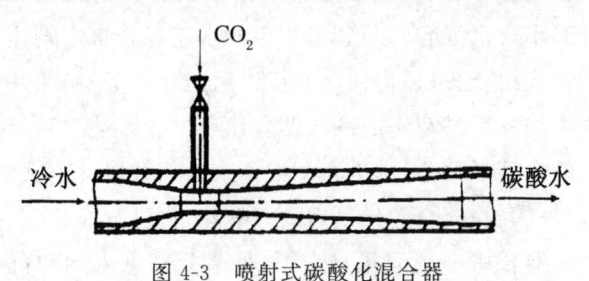

图 4-3 喷射式碳酸化混合器

6 调和系统与调和器

6.1 调和方式

糖浆和碳酸水调和方式基本上有两种,即现调式和预调式。

6.1.1 现调式

现调式是指水先经冷却和碳酸化然后再与加味糖浆分别灌入容器(瓶)中调和成汽水的方式,也称作"二次灌装法"。

这是一种较老的方式,但现在中小型企业仍有采用,尤其是汽水中含有果肉的成分时采用较有利,因为果肉通过混合机的喷嘴时易堵塞喷嘴,不好清洗。小型生产线多采用这个方式,因为加料机比调和机结构简单,管道也各有自己的系统,容易分别清洗。另外在灌装机有漏水情况时,只漏掉水而不损失糖浆。它的缺点是糖浆通常与混合机出来的水温度不一样,在灌碳酸水时容易激起多量的泡沫,所以应该在糖浆路线上加一个冷却器使糖浆温度下降,接近碳酸水的温度。由于糖浆是定量灌装的,而碳酸水的灌装装置由于瓶子的容量的不一致,或灌装后液面高低的不一致,而使成品的质量有差异。

6.1.2 预调式

预调式是指水与加味糖浆按一定比例先调好,再经冷却混合,灌入容器(瓶或罐)中的方式,也叫"一次灌装法"。

最早采用的方法就是将糖浆和水按一定比例加到二级配料罐中,搅拌均匀,然后经过冷却、碳酸化,再灌装。这种方法需要大容积的二级配料罐,配和后如不能立即冷却、碳酸化,则由于糖度低易受细菌污染。连续化的方法是用调和机按比例的流量连续将糖浆和水调好,进入冷却器和混合机达到规定的含气量后灌装。

6.1.3 组合式

为了采用预调,并解决带果肉汽水的灌装问题,可以使用各种组合方式。

(1)可以按一般预调式组合各机,当灌装带果肉汽水时,则在调和机上装一个旁通,使糖浆按比例泵入另一管线(不与水混合),与碳酸化后的水于混合机末端连接,再进行灌装。

(2)可以按一般预调式组合各机,但在调和机以后加一个旁通,采用注射式混合器进行碳酸化(冷却可在脱气罐中加一个易清洗的冷却器),然后进行灌装。

(3)只使用调和机的比例泵部分,不进行调配。水的部分以注射式混合器作预碳酸化,然后与糖浆共同进入易清洗的碳酸化罐,作最后的碳酸化,再进行灌装。

(4)碳酸气和水先在混合机中碳酸化,然后与糖浆分别进入调和机中,按比例调好(或再进入缓冲罐)进行灌装。

6.2 糖浆加料机与调和器

6.2.1 糖浆加料机

常用的糖浆加料机有以下几种。

(1)量杯式加料机

最简单的加料机是量杯式加料机。手工操作的量杯好像一把匙,匙柄是一个空心管,把匙横放,管中心处作为支点,匙沉入料槽中没于糖浆波面下,即可灌满匙杯。当用空瓶插进管口时,由于空瓶重量把管口压降,匙杯抬出液面,匙中糖浆便顺料管流入瓶中,一般采用4把匙,两对倒替罐装。这种加料机一般是用定量机不作调节,换糖浆量时要换量机。

(2)空气封闭式加料机

传统的空气封闭杯式加料机,封闭杯的下端是进料口,由于阀门的控制,糖浆可以来自料槽,也可以通往灌瓶。料槽液面高度应高于封闭杯液面,而封闭杯上的空气管顶端又高于液面,出于空气管可以上下调节,空气管底端即杯中液面上升至最高水平。这种设备可以由手工操作,一般为4杯成两对。也可以是机械操作的,可以用多头。

(3)液体静压式加料机

液体静压式加料机的构造是一个活塞筒,有两个接口,一个连接到料槽,一个在下端通往灌瓶。活塞筒内有一个活塞块,上面有一个可以从外部调节的螺杆,螺杆的长短可以固定住活塞块上升的高度。当入口开启时,糖浆由料槽流入活塞筒,出于静压力推动活塞块上升至一定的高度(由螺杆止住)。这个量就是要灌入瓶中的量。当有空瓶顶开筒的出口阀时,入口即行封闭,筒内定量的糖浆即可流入瓶中。这种设备有单头的和多头的。

6.2.2 调和机构

(1)配比泵法

连锁两个活塞泵,一个进水,一个进糖浆。活塞筒直径有大有小,可以调节进程,达到两个液体的流量按比例调和。过去采用的同样原理的齿轮泵现在已不多见。

(2)孔板控制法

控制料槽和水槽两个液面等高,即静压力约相等。两槽下面的管口直径相等,但管内以不同直径的孔板控制流量。孔板可以替换变径,现已改为节流阀,可以随时调节两种液体,混合后以一混合泵打入混合机。

(3)注射器法

在恒定流量的水中注入一定流量的糖浆,再在大容器内搅拌混合。新型的流量控制是用电子计算机根据混合后饮料的糖度测试而得的数据来调整水流量和糖浆流量(调节两者管道中的可变直径孔板阀来完成)以达到正确的比例。

7 碳酸饮料的灌装

7.1 灌装的方法

罐装是汽水生产的重要工序之一,其目的是把混合糖浆和溶有二氧化碳的水充分混合后,加盖密封形成产品。其灌装方法有二次灌装和一次灌装两种方法。

(1)二次灌装

洗净瓶
↓
混合糖浆→定量装糖机→注入碳酸水→密封

(2)一次灌装

混合糖浆加入定量水混合→脱气→冷却→充 CO_2 →罐装→密封

7.2 灌装系统

所谓灌装系统是指灌糖浆、灌碳酸水和封盖的组合。小型的设备不论是手工式的或机械化的,都是由三个独立的机构完成(也叫二次灌装法)。现在常见的十二头机就是由灌糖浆机、灌水机、封盖机三台单独传动的设备组成,三个工序可以用手工传递,也可以用传送带连接。大型设备多数采用一次灌装法,即加糖浆工序利用配比器,通常与混合机配合,置于混合工序之前,而用灌装机灌混合好的成品。通常使用一个动力机构驱动灌装机和轧盖机,并组装在一个底座上。

灌装系统是装瓶线的心脏,它是保证产品质量的关键工序。通过灌装系统要完成碳酸饮料的主要的质量要求,包括如下几个方面:

(1)糖浆和水的正确比例:在一次灌装法中配比器要保证正确地运行,而在二次灌装法中则要求保证灌糖浆量的准确和控制灌装高度。当然瓶子的容量也会影响二者的比例。

(2)达到预期的二氧化碳含气量:成品的含气量不仅由混合机所决定,罐装系统也是一个主要的决定因素。

（3）保持合理的灌装高度和一致的水平：饮料的灌装高度，除在二次灌装法中会影响糖浆和水的比例外，还要考虑到其他因素，例如太满则在温度升高时会由于饮料膨胀导致压力增加，容易漏气和破裂，太低则不适应市场习惯。

（4）瓶顶空处应保持最低的空气量：空气量过多，会使饮料的香味易于发生氧化作用。

（5）保证产品的稳定：不稳定的产品，开盖后会发生喷涌，泡沫溢出。造成不稳定的因素有如含气量过高，含气量过饱和，饮料中存在有空气，有固体杂质等。这些因素在灌装当中还会造成喷涌，使灌装更困难。

（6）不论是皇冠盖还是螺旋盖，都应封闭严密，以保证内容物的质量。好的灌装系统和正确的操作不仅能保证产品的质量标准，而且能减少喷涌、滴漏；少破瓶、废盖，减少停车时间。

灌装时的温度过高（包括瓶子、糖浆、水）或温度相差太大，都会使产品不稳定，灌装困难。灌水阀不好会切破瓶口，尤其当瓶口设计或退火不好时容易切下玻璃碴。轧盖机构太松将会封盖不严，太紧则会抓破瓶口。传送设备要平滑，碎玻璃要及时清理移出，以免引起故障造成停车。

7.3 容器和设备的清洗系统

由于包装物为重复使用的玻璃瓶，清洗显得格外重要。包装容器是保证饮料卫生质量很重要的因素之一，洗瓶包括的工序有浸瓶、刷瓶、冲瓶、滴干。

（1）浸瓶：重复使用瓶都应该经过浸泡，因为很多回收瓶中粘附了一些不易用水冲刷掉的污垢。有的瓶贴标很紧，都需通过浸泡后，才能便于洗刷。浸泡液多用2%～3.5%的氢氧化钠（烧碱），在55 ℃～65 ℃下浸泡10 min～20 min。烧碱浓度高于4%，浸泡液温度高于77 ℃，对玻璃有腐蚀作用。也可用碳酸钠（纯碱），浓度为3%～4%，温度为50 ℃，浸泡时间为15 min～20 min。

（2）刷瓶：可用人工或半自动刷瓶机，刷瓶后用清水冲洗。此时可增加消毒工序，即将瓶放入0.1%～0.15%的高锰酸钾或600 mg/L的漂白粉水中浸泡5 min～8 min，进行杀菌、消毒。

（3）冲瓶：用水压为0.5 kg/cm^2～1.5 kg/cm^{2}的冲瓶水（应保证符合汽水水质标准）冲瓶5 s～10 s，放在滴架上倒置滴水。洗后瓶子应达到洁净、瓶内无异物、瓶口完整、瓶内外无油垢、无裂纹。

在洗瓶中应注意浸液（烧碱）和消毒液的浓度，应注意随时补加，必要时更换，以保证洗瓶质量。对于很脏的瓶子，应在高温（90 ℃）条件下经高浓度（20%）的烧碱处理后再清洗使用。

人工或半自动洗瓶机劳动强度大、质量不一、费用较高。近年来自动洗瓶机已被大量采用，其优点是洗瓶效果好，质量标准一致，节约人工，降低费用及减少破损率等。对空瓶为了保证饮料质量，应在洗瓶后检查瓶内活菌数。每试验100个瓶子，要有80个以上达到如下标准：活菌数，汽水瓶在10个以下/每瓶为洗瓶良好。美国软饮料法规要求空瓶（罐）的细菌总数每瓶在50个以下。

8 其他设备

8.1 检验机

在装瓶线上,洗后的空瓶和轧盖后的成品都应当检验。除抽样作内容物的检验外,逐瓶作肉眼检查也是必要的,尤其是空瓶检查更为关键。空瓶检查严格,就可避免不合格的瓶子进入灌装工序,这不仅保证了成品质量,也保证了灌装的顺利进行。空瓶检验的主要项目是:

(1)裂隙,主要是瓶口部位。

(2)洗后液体残留,尤其是当洗瓶机最后清洗机构有堵塞时,瓶中会残留碱液。可以用酚酞指示剂对洗后空瓶进行抽验。

(3)尘土、杂质,尤其是昆虫。昆虫飞入饮后空瓶中被残留的糖粘住,不易洗去。

(4)其他可能的污染。

多数工厂在回收空瓶进厂时,如果脏瓶占比例较大,应进行人工预检,把脏瓶破瓶选出,不使其进入洗瓶机。有的工厂在淡季将回收瓶先洗涤一次以后再存储,以免残留液体在存储时干燥,造成洗涤困难。有的工厂采用光电检验机,将所有回收瓶在传送带上通过检验机,把非本厂专用瓶(形状不同或大小不同)剔除。

肉眼检查空瓶时,在传送带上安装灯光和白色背幕,便于辨识(主要看瓶壁)。在上端有时安装45°角的反射镜,可以从镜中反映出瓶口和瓶底。但人工检查速度不能太快(100~200瓶/分),而且由于眼的疲劳,检验者应每30 min轮换一次。

利用光电检查空瓶可以获得高速度(800瓶/分)。流行的办法是检查瓶底,光源在下方,空瓶进入检瓶机时,脱离金属传送带,进入透光底盘上,聚焦后由瓶口射出,上方为接收器,利用电压的变化(过去用波长的变化)将不透光的杂质瓶检出,由真空吸出机构与好瓶分开。其灵敏度可调节,检瓶机也可自行调节适应同时进入机器的不同色泽的瓶子。但瓶底厚薄不均,刻有凸字花纹等会有干扰,增大误差率。较新的检瓶机是利用照相记忆法,把被检的瓶子与存储在电脑中的不合格瓶对比,可以分辨不透光杂质和逆光的玻璃碎片,可克服瓶底厚薄不均以及刻有花纹等的误认现象。

成品检验多用肉眼,加灯光背幕。有的工厂用放大镜置于成品前,一般为3~4倍。手工检查时多翻转瓶子,利用杂质(包括玻璃碎片)由上向下运动以易于辨认。采用机械翻转的有各种不同的导轨,把平视位置变为仰视位置或俯视位置。液面水平的检查也可用机械(如声波或伽马射线)检查。

8.2 线上检测仪和控制机构

在高速生产线上,许多抽样检验的项目已经不能满足需要,发现不合格的情况再进行调整已经来不及。所以许多检验项目必须在生产线上施行,以便随时更正误差。

成品的浓度,只抽样检验个别的成品,不但不能代表整批成品,而且也没有指导生产操作的实际意义。如果糖浆的制备得到很好的控制,则其关键取决于糖浆与水或糖浆与碳酸水的配比。因此在二次灌装方法的低速线上,要经常检查灌糖浆机的准确度,即抽样检查灌糖浆量。在一次灌装方法的低速线上,要经常检查配比泵的准确度,也就是要抽样检查在碳酸化以前的糖浆加水的浓度。对有色的汽水,也可在检查成品中杂质时,凭肉眼观察出糖浆不足或过量的汽水。在高速线上就必须配备线上检测仪,并连接到自动调整的机构上去。线上糖度计也有折光计和比重计两种,折光计不如比重计精确,但比重计不适用于碳酸化后的糖度测量。糖度有变化时可以报警、停车或自动调整配比器的比例。含固形物很少的汽水,可以用线上色度计来执行控制。

含气量也可以用线上仪器测定,可以反映出输往灌装机汽水的含气量,也可以连接到混合机上去,调整压力及控制含气量。

8.3 贴标机和盖上打印机

可采用专用瓶、专用盖或贴标来实现。专用瓶是指瓶上有凸字或印字表现品名、商标、制造厂或仅表现1~2个标名,而将其余的标名在盖上表现。薄壁瓶往往带有塑料套以增强耐撞击力,塑料套可以印刷图案,这也等于专用瓶。专用瓶仅适用于大量生产的品种。专用盖是指在皇冠盖上印刷了品名、商标、制造厂等标名,更换品种时只换盖。贴标的方法可适用于通用瓶或通用盖,但很多厂家不愿采用贴标纸的方法,因为汽水多在低温下饮用,在冷藏过程中往往由于水湿造成纸标脱落,失去标名的作用。

贴标机有多种形式。贴标的效率不仅取决于机械的好坏,关键还在于纸标的质量和粘着剂的质量。纸标要求横向拉力强,厚度、软硬适中,粘后易于伏贴。粘着剂现多用混合配方,要求具有粘力强、流动性好但贴后易干燥等性能。纸标常贮存于湿度较大的地方,以防止过干不适于机械操作。

日期或批号不能预先印刷,需要打印机构。在纸标上打印较容易,还可以预先打好再贴标,甚至可以在纸标上印好号码,使用前用打洞方法标明。普通打印机是将号码印在盖上,有接触印字和不接触印字的方法,不接触印字需要特殊的油墨(如喷射式)。为了不影响盖上的图案,还可以使用紫外油墨,在普通光线下这种油墨没有色,只有在紫外线灯下才可以看出所印的号码。

8.4 包装机和传送带

汽水的大包装可以用木箱、塑料箱和纸板箱。塑料箱当中有隔档,四壁有半高和全高两种。相应的装箱机和出箱机也不相同,对全高箱出箱和装箱均用抓头,用金属或塑料夹或气囊抓头,抓住排列好的每个瓶子头装入或取出。对半高箱,出箱机可用更简单的斜轨,卡住瓶子上升脱离箱子。

装纸箱机也有多种,现多用装入瓶子后再成箱型的设备。装纸箱的产品有时还可以有联包机,可以将4个或6个瓶子先联合包在一起(便于超级市场销售),然后再将几个联包产品装入大箱。联包机型式多样,有的用收缩薄膜材料。凡是装纸箱的产品,为了避免产品瓶外有水分,弄湿纸箱,常用一个加温机去掉瓶外水分。加温机是一个加热的隧道,装在装箱机的前工序。纸箱装满之后用胶条或热溶胶封口,也仍然有用打包机的形式打包的。

高速生产线往往配备堆垛机和卸垛机,把塑料箱或纸箱产品码放在托盘上,成垛运走。整垛产品根据情况包以收缩薄膜或塑料围带,以加固垛堆。塑料箱垛可以用简单的联箱钩锁住,避免滑跌。卸垛机根据回收瓶或是新瓶,适应其不同的包装形式而有不同形式的卸垛机。瓶或箱的传送带有各种形式,瓶子传送带通常用链板,有金属的或塑料的,其润滑剂用皂水或其他洗涤剂溶液。箱子传送带可以用皮带或金属链板,简单的常用滚轮带。

高速的空瓶传送带,常附有去盖机,能将进洗瓶机前偶然带有盖的回收瓶去盖,还有的附有去吸管机构。

9 碳酸饮料常见的质量问题及处理方法

9.1 杂质

杂质是产品中肉眼可见的有一定形状的非化学产物。杂质一般不影响口味,但影响产品的外观。杂质有小颗粒的砂子、尘土、碎玻璃、小铁屑等。像蚊子、蝇、蛆虫、老鼠屎、刷毛等一般不叫杂质而被称为异物。在评比中,如果有杂质要被扣分。但如果有蚊子、蝇、蛆虫等则属不合格品,应被取消评比资格。杂质一般分为三类:①不明显杂质;②较明显杂质;③明显杂质。不明显杂质往往是原料带入的,主要是一些体积较小不易看出的小尘粒、小沙粒、小黑点等。较明显杂质就是体积较大的尘粒、沙粒、小玻璃,容易看出来。明显杂质是指刷毛、大铁屑、锈铁屑片等。

9.1.1 原料带来的杂质

在原料加工过程中不易除去的杂质(原料也包括水)。

原料所带杂质主要是用量大的原料所带来的杂质,一般来说水和砂糖最易带入杂质,而柠檬酸、色素、香料等辅料里的杂质较少。水带来杂质主要是因为过滤处理不好,应采用砂芯过滤器和活性炭过滤器二级过滤清除杂质。砂糖带来的小颗粒黑点杂质很不易除去,可先将糖浆(粗糖浆)进行过滤,然后在配完料后再过滤一次混合糖浆就能清除杂质,砂糖的品级越高,杂质就越少。另外,贮水池、过滤器、糖浆贮罐等器具应经常清洗干净,同时注意密封性,以免外来空气中的砂尘粒随风吹入。

9.1.2 瓶子或瓶盖带来的杂质

瓶子的清洗十分重要,瓶子在浸泡前(或进入洗瓶机前)应预检一次,先检出那些特别脏或藏有大型异物(如商标屑、木竹片、苍蝇、蛆虫等)的瓶子,在洗瓶后也要认真的检验。国外为了抓好这一关键控制点,多用肉眼检查与光学仪器相结合的方法检测。日本要求肉眼检查设备为:根据检查数量要有相当多的检查设备;照明以及光源检测玻璃瓶表面的照度,必须保持在 1 000 Lux(照明单位)以上;必须有稳定通过检查场所的玻璃瓶通过速度的调整器。

9.1.3 机件碎屑或管道沉积物

为了避免机件碎屑的混入,应当注意混合机、灌装机、压盖机等易损件的磨损,尤其是橡胶件和皮件及个别的麻件、线件等的磨损。有时压盖机不正常或者瓶子较高,在压盖时易将瓶口局部压碎(压盖后可掩盖破碎部分),所以在瓶子里会有小玻璃渣。在每天上、下班时都应对管道进行消毒,并定期用酸、碱液除去管道壁上附着的沉淀污物。经常对管道进行白水抽查检验,看有无杂质。

9.2 混浊与沉淀

产品的混浊、沉淀产生的原因很多,但一般是由于微生物污染、化学反应、物理变化和其他原因所引起的。因此,在分析原因时要按具体情况具体分析,以便对症下药,解决问题。

混浊:指产品呈乳白色,看起来不透明。

沉淀:在瓶底发生白色或其他色的片屑状、颗粒状、絮状等沉淀。

9.2.1 微生物引起的混浊、沉淀

由于碳酸饮料在生产过程中没有杀菌过程,因此对原料的质量要注意砂糖、水等主要原料易被污染,所以要对原料进行处理。

碳酸气的存在对微生物有抑制作用,通过碳酸气对酵母繁殖的影响试验:在 pH 值为 4.5,糖度为 8.5% 和 12%,碳酸气为 5 容积、4 容积、3 容积的三个试样中,分别接种酵母试验培养。碳酸气 5 个容积、糖 8.5%,第三天酵母死灭;糖 12% 的第 10 天死灭;碳酸气 3 个容积的试样,糖 8.5% 的第 17 天;糖 12% 的第 20 天死灭。可见碳酸气含量高的,糖 8.5% 的比 12% 的酵母死灭快。不相同的碳酸气含量,含量较高(其他条件相同),酵母死灭也越快。据美国国家无酒精饮料协会对变质饮料的检验分析表明,90% 以上的碳酸饮料的腐败变质事例都是由过量的酵母菌所引起的。如果配料间的卫生条件不好,酵母在糖浆、有机酸中繁殖非常迅速。(表 4-9 和表 4-10)在碳酸气含量低的情况下,微生物对糖的分解作用使糖变质(表 4-11)。对柠檬酸作用(柠檬酸少量时)尤为明显,使其形成丝状沉淀。虽然二氧化碳、酸味剂、高浓度的糖都对微生物有一定的抑制作用,但如果二氧化碳含量低,糖、酸的浓度也低的情况下,产品会发生污染变质。除常见酵母外,偶尔可遇到嗜酸菌,多为乳酸杆菌、白念球珠菌引起的变质。由于这些微生物的作用,造成产品的混浊沉淀和变味。

表 4-9 糖液中酵母繁殖情况
(1 mL 中的酵母数、培养温度为 28 ℃)

培养时间(h)	1%糖液	5%糖液	49.5%糖液	59.1%糖液
最初的污染	127,000	120,000	190,000	205,000
8	143,000	195,000	261,000	782,000
30	192,000	580,000	941,000	1,680,000
43	290,000	940,000	3,600,000	2,150,000
60	385,000	2,110,000	7,410,000	2,895,000
85	870,000	11,700,000	8,600,000	3,752,000
119	1,600,000	26,500,000	9,100,000	4,492,000
145	2,300,000	43,800,000	9,900,000	6,631,000
162	2,650,000	57,300,000	12,600,000	7,389,000

表 4-10　在砂糖－柠檬酸溶液中酵母的繁殖情况

28 ℃砂糖培养柠檬酸(h)	1% 10 g/3.8 L	1% 10 g/3.8L	5% 10 g/3.8L	5% 50 g/3.8L	10% 10 g/3.8L	10% 50 g/3.8L
最初的污染	139,000	119,000	135,000	150,000	119,000	140,000
8	129,000	121,000	—	—	—	—
30	39,000	133,000	169,000	47,000	159,000	—
45	4,000	140,000	195,000	—	—	—
60	200	162,000	220,000	—	—	—
85	0	197,000	233,000	11,000	—	—
119	—	257,000	251,000	—	420,000	—
145	—	770,000	292,000	400	—	200
162	—	1,200,000	305,000	50	—	—
180	—	2,700,000	310,000	—	2,120,000	—
220	—	2,509,000	295,000	—	—	—
260	—	2,000,000	290,000	—	1,900,000	—

注：1 mL 中的酵母菌数

表 4-11　碳酸气-柠檬酸-砂糖溶液中酵母的繁殖

28 ℃ 砂糖(h)	柠檬酸培养 二氧化碳	— 1% 3.5 容积	— 5% 3.5 容积	10 g/3.8 L — 3.5 容积	10 g/3.8 L 10% 3.5 容积
最初的污染		135,000	131,000	142,000	121,000
8		138,000	162,000	125,000	—
30		142,000	510,000	79,000	—
45		161,000	—	7,000	139,000
60		187,000	—	500	—
85		263,000	9,600,000	10	—
119		730,000	23,000,000	—	195,000
145		1,240,000	47,000,000	0	—
162		1,710,000	58,000,000	—	—
180		2,100,000	75,000,000	—	340,000
220		1,900,000	93,000,000	—	—
260		1,800,000	94,000,000	—	—

注：1 mL 中的酵母菌数（摘自常永生译日本"清凉饮料手册"）

一般碳酸饮料，尤其是汽水这一类含碳酸气的饮料，很少或不会出现因霉菌引起的变质。但有些酵母菌形成团块，看起来却有些类似霉菌，检验时需经培养观察形态特征后再作结论。

9.2.2 化学反应引起的混浊、沉淀

(1)主要是砂糖引起混浊、沉淀。用市售的砂糖作碳酸饮料时,装瓶放置数日后,有时产生细微的絮状沉淀,称为"起雾"。不仅影响饮料商品价值,且不符合有关的食品法规。

白砂糖中所含的极其微量的淀粉和蛋白质是导致沉淀起雾的主要影响物质。这种因为糖中所含杂质引起的沉淀和因为微生物产生的沉淀不同,糖杂质引起的沉淀搅动后会分散消失,静置后又渐渐出现;而微生物污染引起的沉淀则不会消失。絮状物可由以下两种方法测得:

①"Coca-Cola"十日法:1970ICVMSA(国际统一分析法)决定暂时使用此法。其方法要点是在每 100 g 含糖 54 g 的溶液中,加入磷酸进行酸化,使其 pH 值达 1.5,并将溶液在室温下静置 10 天,测定其生成的絮状物。在观察絮凝时,移动样品杯(一般采用烧杯)必须十分小心,不能摇动溶液,因为生成的絮状物是非常容易散失的。将烧杯置于一束强烈笔直的光束前,观察者对着烧杯进行检测。注意观察被光束照亮的部分溶液,对溶液的底部、上部和中部都要进行观察。絮凝物可能上升或悬浮于溶液中,也可能沉淀于底部。对同一样品,这三个情况都可能出现。经过十天的观察后,获得了表示糖纯度的定性数据,表 4-12 列出的数值,表示絮凝粒子的大小,但不表示粒子的数量。

表 4-12 絮凝的不同情况表

0＝负值(阴性的)	完全没有可见的粒状物
0＝混浊的	呈云雾状,但没有可见的粒状物
1＝微量的	出现很小的粒子其形状看不清,但在强烈的光束前,可以观察清楚
2＝轻型的	出现几个粒状物聚集成羊毛状的颗粒,在强烈的光束前,可以观察出(约 0.8 mm)
3＝中型的	羽毛状的颗粒,在强烈的光束前,可观察出(一般 1.5 mm)
4＝重型的	由胶状的团块形成大的羽毛状的颗粒,不需要光束即可清楚地观察出(约 3 mm)

②碳酸氢钠法:为使日常管理分析便于进行,可改为碳酸氢钠代替碳酸水的简单方法(碳酸氢钠法),现已广泛普及使用。

碳酸氢钠 5.5 g,放入 500 mL 耐压瓶中,加供试砂糖 54 g;缓慢加入蒸馏水至内容量为 494 mL;缓慢加入 85% 的磷酸 6 mL,盖上瓶塞,使内容物充分混合;在室温下静置 10 天,每天在聚光灯下观察絮凝物的生成。

判定标准:

0:肉眼看不见。

1:聚光灯下有极微悬浮物,有沉淀。

2:聚光灯下可见微细的絮状物(Ⅰ大小为 1 mm 以下;Ⅱ为丝状)。

3:亮光下稍微注意即可见絮状物(Ⅰ大小为 1 mm～3 mm 以下;Ⅱ大小为 1 mm 以下,多量)。

4:亮光下容易看到絮状物(Ⅰ大小为 3 mm 以上;Ⅱ大小为 3 mm 以下,多量)。

5:亮光下可见凝集的絮状物。

采用碳酸氢钠法,如检查含有絮状物,则 3～4 天内即可证实,比过去的 10 天省时间。

(2)饮料工厂使用硬水时,水中所含的钙和镁与柠檬酸作用,生成柠檬酸的盐类在水中溶解度低,会生成沉淀。

(3)使用不合格或变质的香精香料,或香精香料虽然正常,但用量过多,也能引起白色混

浊或悬浮物。但此现象多是在制造后即发生,容易判断。

(4)色素质量不好或用量不当也会引起沉淀,使用焦糖与含鞣酸的饮料中,也容易发生沉淀。焦糖色素由于制法不同,分阴离子色素和阳离子色素,由于焦糖中的胶体物质,当达到它的等电点时,就会产生混浊和沉淀。一般用于啤酒、酱油、醋等的焦糖色素是阳离子色素,而用于碳酸饮料如可乐型汽水、巧克力汽水、咖啡汽水等的是阴离子色素,这种色素也有它的pH(即等电点)值的范围,在未到等电点时一般都是澄清的,但当饮料恰处于焦糖色素的等电点的pH值时,就要产生浑浊和沉淀,所以在使用焦糖色素时应加以注意,弄清它的pH值范围。

(5)配料方法不当,如在糖浆里先加入酸味剂,再加入苯甲酸钠,也会生成结晶的苯甲酸成规则的小亮片沉淀。

(6)瓶盖和垫上附着的杂质,沉入瓶底也可能造成沉淀。瓶颈泡沫形成的油圈,消下后造成沉淀。回收瓶瓶底的残留汽水干枯成膜,刷洗瓶不彻底,制成产品后,逐步沉于底部形成膜片状沉淀,较易为人们所忽视。

9.2.3 克服浑浊、沉淀的措施

为了保证产品的质量标准,杜绝浑浊、沉淀现象,在生产中应采用以下措施:

(1)加强原料的管理,尤其是砂糖、水质的检测工作,砂糖应做絮凝试验,不合格原料不能用于生产。

(2)保证产品含足够的二氧化碳气体。

(3)减少生产各环节的污染。从水处理、配料、瓶子刷洗、灌装、压盖等工序都严格要求卫生。

(4)对所用容器、设备有关部分、管道、阀门要定期进行消毒灭菌。对一些采用钙盐作为冷媒剂的,要经常检测冷却水出口的水质,看是否含有钙盐,可用硝酸银溶液滴定检查。

(5)一般不用贮藏时间长的混合糖浆生产汽水,如需使用必须采用消毒密封措施,在下次使用前先作理化和微生物检测,合格后方可继续使用。

(6)加强过滤介质的消毒灭菌工作。

(7)防止空气混入。有空气进入,一是降低了二氧化碳的含量,二是利于微生物生长。应对设备、管道、混合机等部位的密封程度检查,及时维修。

(8)配料工序要合理,注意加入防腐剂和酸味剂的次序。

(9)生产饮料用水一定要符合标准要求。

(10)选用优质的香精、食用色素,注意使用量和使用方法。一般要先做小实验,合格后才投入生产线。

(11)回收瓶一定要清洗干净,要注意清洗后瓶子里是否有残留的碱液,应经常检测。

9.3 变色与变味

9.3.1 变色

碳酸饮料在贮存中会出现变色、退色等现象,特别是受到阳光的长时间照射。其原因是饮料中的CO_2是人工压入的,在饮料中不稳定,当饮料受到日照时,其中的色素在水、CO_2、少量空气和日光中紫外线的复杂作用下发生氧化作用。另外,色素在受热或氧化酶作用下发生分解,

或饮料贮存时间太长,也会使色素分解,失去着色能力,在酸性条件下形成色素酸沉淀,饮料原有的色泽也会逐渐消失。因此,碳酸饮料应尽量避光保存,避免过度曝光;贮存时间不能太长;贮存温度不能太高;每批存放的数量不能过多。

9.3.2 变味

产品生产后,放一段时间生成很难闻的气味,不能入口;或变得既无香味,又无气。

产品的变味一般是由微生物引起的。在果汁类碳酸饮料中,肠膜明串珠菌和乳酸杆菌也可使其产生不良气味。在温度较适宜微生物繁殖的条件下生产,由于贮糖罐、管道及设备清洗不净,使产品生产后产生酸败味。

二氧化碳不纯,掺杂的其他气体如硫化氢、二氧化硫等超量,也会给产品带来异味。另外用发酵法生产的二氧化碳处理粗糙,也会给产品带来酒精味或其他怪味。

夏天产品生产出来后,在阳光下暴晒,会使香精香料产生化学变化,出现异味。有些饮料里的香精香料里所含的萜烯物质较多,放一段时间后,由于阳光、温度、瓶内空气残留量等原因,致使这些香精香料成分氧化而引起风味的改变。

回收饮料瓶中,有个别盛装过其他具有强烈异味的物质,在清洗中未清洗干净,或污染了一些干净瓶子,也会造成产品变味。在一些地区,由于水质的污染严重,在自来水中加的漂白粉杀菌剂较多,有些厂的除异味的活性炭罐体积不够或使用过久等原因,致使余氯量超标,进入成品后,氯气味重,给产品的风味带来较大的影响。

9.4 气不足或爆瓶

9.4.1 气不足

气不足实际上就是二氧化碳含量太少或根本无气,四川人说是吃"糖水",北方人叫没"劲"。这样的产品开盖无声,没有气泡冒出。有些厂由于卫生条件较差,产品不仅无气,还带有一股馊味(变质味)。因为二氧化碳溶解于水后呈酸性,而且二氧化碳对微生物有一定的抑制作用,所以二氧化碳含气量低或无气易引起产品变质。造成二氧化碳不足的原因有:

(1)二氧化碳纯度低,或纯度不够标准。
(2)水温或糖温(混合糖浆温度)过高。
(3)混合机混合效果不好。
(4)有空气混入。
(5)混合机或管道漏气。
(6)灌装机不好用,空气排除不好。
(7)压盖不及时,敞瓶时间过长,使二氧化碳在高温下散失。
(8)压盖不严。
(9)瓶口、瓶盖不合格。

要保证产品的气足,符合标准,必须要经常定期抽测成品的含气量(一般 1 h~2 h 测一次)。如不合格就要依顺序查原因,不能先盲目确定那一部分问题,应逐段检查。查出原因如是二氧化碳不纯,就要对二氧化碳进行提纯处理;如果是设备问题应及时维修或换配件,直到成品达到要求才可恢复正常生产。

9.4.2 爆瓶

爆瓶是由于CO_2含量太高,压力太大,在贮藏温度高时气体体积膨胀超过瓶子的耐压程度,或是由于瓶子质量太差而造成的。因此应控制成品中合适的CO_2含量,并保证瓶子的质量。

思考题
1. 碳酸饮料生产的主要设备系统有哪些?
2. 简述一次灌装法和二次灌装法的工艺流程,并对比其优缺点。
3. 碳酸化的基本原理和影响因素是什么?
4. 简述糖浆制备方法和底浆调配的注意事项。
5. 碳酸饮料生产中常见质量问题及产生原因是什么?

指定参考书
1. 邵长富,赵晋府.软饮料工艺学.北京:中国轻工业出版社,1987
2. 胡小松,蒲彪.软饮料工艺学.北京:中国农业大学出版社,2002
3. 蒋和体,吴永娴.软饮料工艺学.北京:中国农业科学技术出版社,2006

参考文献
1. 蒋和体,吴永娴.软饮料工艺学.北京:中国农业科学技术出版社,2006
2. 胡小松,蒲彪.软饮料工艺学.北京:中国农业大学出版社,2002
3. 邵长富,赵晋府.软饮料工艺学.北京:中国轻工业出版社,1987
4. 杨桂馥,罗瑜.现代饮料生产技术.天津:天津科学技术出版社,1998
5. 夏晓明等.饮料.北京:化学工业出版社,2001

第 5 章 果蔬汁饮料

　　早在 6 000 年以前,古巴比伦就有喝水果饮料的记载,但真正意义上的果蔬汁加工始于 19 世纪末小包装非发酵性纯果汁的商品化生产,其中以瑞士的巴氏杀菌苹果汁最具代表,直到 1920 年以后才开始有工业化生产。果蔬汁的生产加工以果汁为主,蔬菜汁的产量不大,但是随着消费者意识的转变,蔬菜汁的产销量呈逐年上升趋势,其中最具代表性的产品是美国的 V8 蔬菜汁,近年来日本蔬菜汁的生产和销售也得到了迅速的发展,而我国是在 20 世纪 80 年代初期才开始复合蔬菜汁的研制和生产的,具有代表性的产品有"维乐"复合蔬菜汁。据世界银行统计,1970~1986 年间,世界果汁年增长率为 2.9%,至 20 世纪 90 年代达到 3.7%,1990 年世界果汁总产量为 7 200 万吨,1995 年达到 8 000 万吨,预计 2007 年将突破 10 000 万吨。目前,世界人均果汁消费量为 7 kg 左右,其中美国、德国及加拿大人均消费量为 45 kg 左右,日本和新加坡也达到了 16 kg~19 kg,而我国人均消费量只有 1 kg 左右。因此,中国果蔬汁饮料市场具有很大的发展潜力。

　　我国果蔬汁加工业是从解放后发展起来的,大致经历了 3 个发展阶段:第一阶段为果蔬汁工业的空白阶段,果蔬汁(饮料)的生产量很少,几乎接近于零;第二阶段为中国果蔬汁工业的缓慢发展阶段,年产量增长较慢,到 80 年代后期我国果蔬汁年产量才达到 10 万吨左右;第三阶段是 1990 年以后,为中国果蔬汁工业的快速发展期,产量逐年上升,到 1999 年中国果蔬汁饮料总产量达到 150 万吨,2004 年更创下历史新高,达到 500.04 万吨。目前果蔬汁(饮料)的产量在我国软饮料工业中仅次于瓶装水、碳酸饮料和茶饮料,居第 4 位。我国的果蔬资源丰富,水果和蔬菜的总产量均为世界第一,据统计 2004 年我国的水果总产量接近 8 000 万吨,蔬菜总产量突破 5.5 亿吨,为我国的果蔬汁加工业的发展提供了丰富的原料。2005 年果汁与果蔬汁饮料产量全国达 634 万吨,占总产量的 18.7%。2006 年,果汁与果蔬汁饮料产量全国达 859.82 万吨,占总产量的 20.38%。与 2005 年同比增长 29.02%。

1 果蔬汁饮料的定义与分类

1.1 果蔬汁饮料的定义

果蔬汁是用新鲜或冷藏的水果(少数采用干果)或蔬菜为原料,经过挑选、清洗后,采用压榨、浸提、离心等方法制得的汁液,也称之为"液体果蔬"。以果蔬汁为基料,通过添加糖、酸、香精、色素等调制而成的产品,称为果蔬汁饮料。

1.2 果蔬汁饮料的营养价值

从新鲜水果、蔬菜榨得的果蔬汁,含有果蔬中各种可溶性营养成分,如矿物质、维生素、糖、酸等以及果蔬的芳香物质,因此营养丰富、风味良好,是一种十分接近天然果蔬的制品。

果蔬汁饮料的营养价值主要体现在以下几个方面:

果蔬汁含有丰富的维生素,这对于维持人体健康具有重要的生理意义。有学者建议每日饮用 200 mL～300 mL 的果蔬原汁,这样就可以满足人体所必需的全部或绝大部分维生素。这在缺乏水果和蔬菜的冬季以及干旱的沙漠地区就显得尤为重要。还有研究表明:100%的鲜橙汁中含有较高的维生素 C 和胡萝卜素,因此每天喝一杯 250 mL 高品质 100%的鲜橙汁,基本上能够满足成年人一天维生素 C 的营养需要。胡萝卜素除了能在人体内部分地转化为维生素 A 以外,还具有较强的抗氧化作用,有助于消除人体内的自由基及脂质过氧化物对健康的危害。另外,纯果汁中还含有维生素 B_1、维生素 B_2、维生素 B_6、叶酸、泛酸等多种维生素。

果蔬汁含有丰富的矿物质,其中一些矿物元素在维持人体组织正常生理功能方面发挥着重要的作用。在纯果蔬汁中,钾、镁等矿物质含量较多,而钠的含量很少,这对于预防高血压十分有利。另外,钾、镁、钙等元素在人体代谢过程中可产生碱性物质,而人们平时吃得较多的肉、鱼、蛋、粮食中含有较多的氮、磷、硫元素,它们在人体代谢过程中可产生酸性物质,因此营养学上把果蔬汁和水果、蔬菜等称为碱性食物,故多吃蔬菜和水果,包括喝果汁有利于中和人体内过多的酸性物质,保持人体内的酸碱平衡。另外,新鲜果蔬汁还是人体内良好的"清洁剂",它们能够清除体内堆积的毒素和废物。当新鲜的果汁和鲜菜汁进入人体消化系统后,会使血液呈碱性,把积存在细胞中的毒素溶解,由排泄系统排出体外。

果蔬汁中还含有一定比例的有机酸,这对维持人体正常生理活动也起着重要的作用。水果中的有机酸在人体新陈代谢过程中会被迅速氧化,所以它们不会对人体造成酸性损害,而且还有一定的疗效。例如鲜橙汁中的柠檬酸不仅可以刺激人体消化腺的分泌,增进食欲,而且能提高人体对钙的吸收能力,可辅助治疗小儿佝偻病。另一方面,有机酸能够使果汁保持一定的酸度,减少了果汁中维生素 C 的分解破坏。

此外,果蔬汁中还含有一系列酚类物质,其中最常见的就是黄酮类化合物,被称为"生物类黄酮"(bioflavonoid)。生物类黄酮参与细胞产生的基本过程,能够解除大血管和心脏的痉挛,提高肾上腺的维生素 C 含量,抑制某些炎症,利尿,防止辐射病及因脑力劳动和体力劳动过度而产生的疲劳病等。另外，生物类黄酮能够减少血管壁的渗透率和脆弱性，因此具有防止毛细血管失血的独特作用。有报告指出，生物类黄酮还是一类天然抗氧化剂，能维持血管的正常功能，并保护维生素 C、维生素 A、维生素 E 等不被氧化破坏。

1.3 果蔬汁饮料的分类

根据国标 GB10789-1996，对果蔬汁及其饮料产品进行如下具体的规定。

1.3.1 果汁（浆）及果汁饮料（品）类

（1）果汁（fruit juices）

①采用机械方法将水果加工制成未经发酵但能发酵的汁液，具有原水果果肉的色泽、风味和可溶性固形物含量的制品；

②采用渗滤或浸取工艺提取水果中的汁液，用物理方法除去加入的水，具有原水果果肉的色泽、风味和可溶性固形物含量的制品；

③在浓缩果汁中加入果汁浓缩时失去的天然水分等量的水，制成具有原水果果肉的色泽、风味和可溶性固形物含量的制品。

含有两种或两种以上果汁的制品称为混合果汁。

（2）浓缩果汁（concentrated juices）

采用物理分离方法从果汁中除去一定比例的天然水分后所得的，具有该种果汁应有特征的制品。

（3）果浆（fruit pulps）

①采用打浆工艺将水果或水果的可食部分加工制成未发酵但能发酵的浆液，具有原水果果肉的色泽、风味和可溶性固形物含量的制品；

②在浓缩果浆中加入果浆在浓缩时失去的天然水分等量的水，制成的具有原水果果肉的色泽、风味和可溶性固形物含量的制品。

（4）浓缩果浆（concentrated pulps）

用物理分离方法从果浆中除去一定比例的天然水分后所得的，具有该种果浆应有特征的制品。

（5）果汁饮料（fruit drinks）

在果汁（或浓缩果汁）中加入水、糖液、酸味剂等调制而成的清汁或混汁制品。成品中果汁含量不低于 100 g/L，如橙汁饮料、菠萝汁饮料、苹果汁饮料等。含有两种或两种以上果汁的果汁饮料称为混合果汁饮料。

（6）水果饮料（fruit drinks）

在果汁（或浓缩果汁）中加入水、糖液、酸味剂等调制而成的清汁或混汁制品。成品中果汁含量不低于 50 g/L，如橘子饮料、菠萝饮料、苹果饮料等。含有两种或两种以上果汁的水果饮料称为混合水果饮料。

（7）水果饮料浓浆（fruit drink concentrates）

在果汁（或浓缩果汁）中加入水、糖液、酸味剂等调制而成的含糖量较高、稀释后方可饮用的制品。成品果汁含量不低于 50 g/L 乘以本产品标签上标明的稀释倍数，如西番莲饮料浓浆等。

(8)果粒果汁饮料(fruit juices with granules)

在果汁(或浓缩果汁)中加入水、柑橘类的囊胞(或其他水果经切细的果肉等)、糖液、酸味剂等调制而成的制品。成品果汁含量不低于 100 g/L;果粒含量不低于 50 g/L。

(9)果肉饮料(nectars)

在果浆(或浓缩果浆)中加入水、糖液、酸味剂等调制而成的制品,成品中果浆含量不低于 300 g/L。由高酸、汁少肉多或风味强烈的水果调制而成的制品,成品中果浆含量不低于 200 g/L。含有两种或两种以上果浆的果肉饮料称为混合果肉饮料。

1.3.2 蔬菜汁及蔬菜汁饮料(品)类

用新鲜或冷藏蔬菜(包括可食的根、茎、叶、花、果实,食用菌,食用藻类及蕨类)等为原料,经加工制成的制品。

(1)蔬菜汁(vegetable juices)

在用机械方法制得的蔬菜汁液中加入食盐或白砂糖等调制而成的制品,如番茄汁。

(2)蔬菜汁饮料(vegetable juice drinks)

在蔬菜汁中加入水、糖液、酸味剂等调制而成的可直接饮用的制品。含有两种或两种以上蔬菜汁的蔬菜汁饮料称为混合蔬菜汁饮料。

(3)复合果蔬汁(fruit/vegetable juice drinks)

在蔬菜汁和果汁中加入白砂糖等调制而成的制品。

(4)发酵蔬菜汁饮料(fermented/vegetable juice drinks)

蔬菜或蔬菜汁经乳酸发酵后制成的汁液中加入水、食盐、糖液等调制而成的制品。

1.3.3 果蔬汁品种

目前,市场上果蔬汁与果蔬汁饮料品种很多:浓缩果汁主要有浓缩橙汁、浓缩苹果汁、浓缩葡萄汁、浓缩菠萝汁、浓缩黑加仑汁等;果汁和果汁饮料有橙汁、苹果汁、梨汁、菠萝汁、葡萄汁、酸枣汁、猕猴桃汁等;果肉饮料有桃汁、草莓汁、西瓜汁、山楂汁、芒果汁、胡萝卜汁等;果粒果汁饮料有粒粒橙(含有柑橘中的囊瓣)等;而水果饮料浓浆和水果饮料却很少。蔬菜汁品种相对较少,主要有胡萝卜汁、番茄汁、南瓜汁以及一些果蔬复合汁等。从市场需求量来看,果蔬汁仍以橙汁、苹果汁、桃汁、草莓汁、酸枣汁、菠萝汁、芒果汁和胡萝卜汁为主,其中橙汁列世界果汁消费量的第 1 位,苹果汁为第 2 位。

2 果蔬汁饮料的生产工艺

2.1 原料选择

2.1.1 果蔬汁原料的品种

用于生产果蔬汁及果蔬汁饮料的原料的品种很多,一般来说,凡具有良好风味的多汁果蔬都可以用来制造果蔬汁及果蔬汁饮料,具体可以分为水果原料和蔬菜原料。

2.1.1.1 水果原料

用于生产果汁及果汁饮料的水果原料具体可以分为：仁果类，如苹果、梨、山楂等；核果类，如桃、李、杏、樱桃、酸枣等；浆果类，如葡萄、草莓、猕猴桃、沙棘、醋栗、石榴等；柑橘类，如甜橙、柑橘、柚、柠檬等；坚果类，如板栗、核桃、银杏等；亚热带和热带水果，如香蕉、菠萝、芒果、椰子、番石榴、杨梅、西番莲、刺梨等。

2.1.1.2 蔬菜原料

用于生产蔬菜汁及蔬菜汁饮料的蔬菜原料具体可以分为：绿叶菜类，如芹菜、莴笋等；白菜类，如白菜、甘蓝等；根菜类，如胡萝卜、萝卜等；茄果类，如番茄、辣椒等；瓜类，如西瓜、甜瓜、南瓜等；豆类，如大豆、落花生等；水生蔬菜类，如百合、芦荟等；另外，还有葱蒜类和薯芋类。

2.1.2 果蔬汁原料的质量要求

果蔬原料质量的好坏直接影响成品汁的质量，根据果蔬汁饮料的生产工艺特点，一般要求果蔬原料具有良好的感官品质和营养价值，具体要求如下：

(1)品种适宜，具有该品种的特有性质。验收项目包括是否栽培于适宜的地区，品种所具有的芳香、色泽和风味是否达到要求；

(2)采收时机选择好，成熟度适宜。要求加工品种具有香味浓郁、色泽好、出汁率高、糖酸比合适、营养丰富等特点。一般来讲，采收过早的原料往往味淡、色浅、出汁率低、品质差，例如柑橘、桃子等未成熟的水果酸味、色味较大，会严重影响成品果汁的风味。采收过晚则原料组织松软(或纤维化)，不耐储藏，容易腐败变质，香味虽浓但风味下降，出汁率也降低；

(3)原料要求新鲜、清洁，加工过程中要剔除腐烂果、霉变果、病虫果、未成熟果以及枝、叶等，以充分保证最终产品的质量。

2.2 原料洗涤

果蔬原料清洗的目的是为了清除果蔬表面的尘土、泥沙、农药残留以及携带的枝叶等，也是降低原料的原始带菌量，减少微生物污染的重要措施。在洗涤过程中要保持洗涤用水的清洁，或用流动水洗涤，防止来自水的交叉污染，特别是最后冲洗用水应符合饮料用水标准的规定要求。

果蔬原料清洗的效果取决于洗液的性质、洗液的温度、清洗时间、水的硬度、机械力作用的方式以及清洗设备的类型等多种因素。一般通过物理和化学的方法来对果蔬原料进行清洗，常用的物理方法有浸泡、刷洗、喷洗、摩擦搅动、超声波清洗等；化学方法有洗涤剂、消毒剂和表面活性剂清洗等，这些方法可以单独使用也可以组合使用。

在实际生产过程中应根据原料的品种、形状和要求，选择不同的清洗方法。对于有农药污染的果蔬可以先经过化学清洗再进行浸泡和喷洗。对于容易受到机械损伤的浆果类原料，如葡萄、草莓、樱桃等，可以采用喷淋等机械作用温和地清洗。目前，在工业生产中果蔬原料的清洗通常采用四步清洗法，即流水输送、浸泡、刷洗(带喷淋)、高压喷淋等4道工序，具体操作如下：

(1)流水输送，是在流水槽中(带有一定的坡度)进行，果蔬倒入槽中通过水流压力向前输送，同时得到初步的冲洗。对于一些根菜类蔬菜如胡萝卜的加工必须经过这道工序清洗，将蔬菜表面的泥土去除；

(2)果蔬原料通过提升机提升至一个水槽，进行短暂的浸泡，水中可以添加表面活性剂、消毒剂等化学洗涤剂；

(3)输送到一个带有多个毛刷滚轮的清洗机上,通过毛刷滚轮的作用,一方面向前输送果蔬,同时对果蔬原料进行刷洗、冲洗(毛刷滚轮的正上方装有高压喷淋装置),在浸泡之后与毛刷滚轮的清洗之前,在传送带的两侧设有挑选台,安排生产人员对果蔬进行挑选,剔除腐烂果、残次果、病虫果、未成熟果以及枝叶等；

(4)果蔬经过毛刷清洗之后,还需要经过一道高压喷淋,以保证果蔬原料的清洁卫生。生产中的清洗用水经过滤和适当的消毒处理,可以循环利用。

2.3　取汁

取汁是果蔬汁生产的关键工艺环节。目前,大多数果蔬采用压榨法取汁,而对一些难以用压榨法取汁的果蔬,可采用加水浸提的方法来提取汁液。在实际生产过程中,应根据具体的果蔬原料来设计合理的取汁的工艺流程,一般应包括以下几个步骤。

2.3.1　破碎

果蔬的汁液都存在于果蔬原料的组织细胞内,只有打破细胞壁,细胞中的汁液和可溶性固形物才能出来,因此取汁之前,必须对果蔬进行破碎处理,以提高出汁率。特别对于一些果皮较厚、果肉致密、几何尺寸较大的果蔬原料破碎尤为重要。果蔬的破碎方法很多,有磨碎、打碎、压碎和打浆等。果蔬的破碎程度直接影响出汁率,因此要根据果蔬的品种,取汁的方式和设备以及果汁的性状和要求选择合适的破碎程度。一般破碎过粗、果块太大,压榨时出汁率降低；而破碎过度、果块太小,压榨时外层的果汁很快地被压榨出来,形成一层厚皮,使内层的果汁难以流出,也会降低出汁率,而且果汁中悬浮物多,不易澄清和过滤。在实际生产中,苹果、梨、菠萝等用辊式破碎机破碎,粒度以 3 mm～5 mm 为宜；草莓和葡萄以 2 mm～3 mm 较好；樱桃以 5 mm 较为合适；对于番茄等原料可以使用去子机或打浆机,通过打浆和筛滤,使浆与子和皮分开,总之破碎粒度的大小因原料品种而异。破碎时由于果肉细胞中酶的释放,在有氧存在的情况下与底物结合,因此会发生酶促褐变和其他一系列氧化反应,破坏果蔬汁的色泽、风味和营养成分等,需要采用一些措施防止酶促褐变和其他氧化反应的发生,如破碎时喷雾加入维生素 C 或异维生素 C,在密闭环境中进行充氮破碎或加热钝化酶活性等。

2.3.2　取汁前的预处理

2.3.2.1　加热或热烫

果蔬原料经破碎成为果蔬浆后,各种酶从组织细胞内逸出,直接与底物接触,催化反应活性大大增强,同时由于氧的渗入量大增,致使果蔬浆发生酶促褐变和其他一系列氧化反应,破坏果蔬汁的色泽、风味和营养成分等。另外,破碎的果蔬浆也容易导致微生物生长繁殖,这些都会引起果蔬汁品质下降。在实际生产加工过程中,通常采用热处理的方式来钝化酶,抑制微生物生长繁殖,以保证果蔬汁的质量。另一方面,加热也可以软化果蔬组织,破坏原生质膜,打开细胞的膜孔,有利于果蔬组织中可溶性固形物、色素和风味物质等的提取。适度的加热可以使胶体物质发生凝聚,降低果蔬汁黏度,便于榨汁,提高出汁率。但应注意,过度加热会使果浆中水溶性果胶增加,易使果浆的排汁通道堵塞或者变细,导致出汁率下降。因此,应根据原料的品种和果蔬汁产品的特性选择合适的热处理方式。在生产中一般采用 70 ℃～75 ℃,加热 10 min～15 min 即可。也可采用瞬时加热方式,加热温度为 85 ℃～90 ℃,保温时间为 1 min~2 min,可以达到灭酶和杀菌的效果。

2.3.2.2 酶处理

在果蔬汁加工过程中,果胶对榨汁和澄清均有很大的影响,不仅影响出汁率,而且还直接影响果蔬汁的稳定性。在取汁前对果蔬浆进行酶解处理可以促进果蔬细胞中可溶性物质的溶出,降低果蔬浆黏度,有利于榨汁和过滤,提高出汁率,增加果蔬汁产量。另一方面,通过酶解可以有效地降解果蔬组织中的果胶,制得部分或全部液化的果肉,利于生产果肉型饮料。

添加果胶酶时,要根据原料品种控制其用量,并控制作用的温度和时间。在实际生产中,果胶酶制剂的添加量一般为果蔬浆重量的 0.01%~0.03%,反应 2 h~3 h,反应温度为果胶酶的最佳作用温度,一般为 45 ℃~50 ℃。另外,在酶解反应过程中,为了保证果胶酶和果蔬浆的混合均匀,最好采用间歇搅拌,把泵的搅拌速度调到最低,因为过度搅拌对果蔬浆的组织和压榨是不利的,甚至不能正常压榨。

20 世纪 80 年代和 90 年代丹麦诺和诺德公司(NovoNordisk Ferment)先后开发了"最佳果浆酶解工艺"(Optimal Mash Enzyme,OME)和"现代水果加工技术"(Advanced Fruit Processing,AFP)。OME 处理温度较低,一般是 15 ℃~25 ℃,酶解 30 min~60 min,酶解时不搅动。果蔬浆通过 OME 后,可以得到完整无损的细胞悬浮液,使出汁率提高 5%~15%。目前,世界上 65% 的苹果浆采用 OME 方法,在生产梨汁、桃汁等时采用 OME 方法也能取得类似的效果。AFP 是用果胶酶和纤维素酶使果蔬酶解并完全液化,果渣和果汁可以用旋转式真空过滤器分离。AFP 与 OME 的不同之处在于 AFP 的果浆酶解温度较高,一般为 45 ℃~50 ℃,酶解时间为 2 h,酶解时需要搅拌。目前在世界苹果汁生产中,有 25% 的生产商采用 AFP 工艺,并有推广之趋势。酶处理对压榨出汁率的影响,见表 5-1。

表 5-1 酶处理对压榨出汁率的影响

处理方式	出汁率(以可溶性固形物计/%)
鲜果+未处理	82~84
鲜果+OME	85~90
鲜果+OME+水	95
鲜果+AFP	96~104

2.3.3 果汁的提取

取汁是果蔬汁加工中的一道非常重要的工序,不同的果蔬原料采用不同的取汁方法,同一果蔬也可以采用不同的取汁方式。取汁方式不仅影响果蔬的出汁率,而且影响果蔬汁产品的品质和生产效率。果蔬的出汁率可按下列公式计算:

出汁率=汁液重量/果蔬重量×100%(压榨法)

$$出汁率 = \frac{汁液重量 \times 汁液可溶性固形物含量}{果蔬重量 \times 果蔬可溶性固形物含量} \times 100\% (浸提法)$$

根据原料和产品形式的不同,取汁方式差异很大,主要有以下几种:

2.3.3.1 压榨法

压榨是利用外部的机械挤压力,将果蔬汁从果蔬或果蔬浆中挤出的过程。在压榨过程中,挤压和过滤两道工序是结合进行的,因此压榨法又叫作挤压过滤法。在压榨法中,除了果蔬的品种、质地、成熟度、新鲜度、榨汁方法影响出汁率外,挤压力、挤压速度、果蔬破碎程度、挤压厚度等也对出汁率有着重要的影响。

压榨法是果蔬汁生产中最广泛采用的一种取汁方式,按榨汁时的温度可以分为冷榨、热榨、冷冻压榨。在制造浆果类果汁时为了获得更好的色泽可以采用热榨,在60 ℃~70 ℃压榨可以使更多的色素溶解于汁液中。目前用于生产的榨汁机主要有以下几种:

(1)带式榨汁机　近年来,我国相继从德国 Amos、Flottweg、BELLRRER 等公司引进带式榨汁机,见图 5-1。目前我国北方地区苹果浓缩汁的生产主要采用这种榨汁机,该机具有自动化程度高,生产能力大的优点,但是开放式压榨,卫生程度差,产生大量废水,而且出汁率相对较低,因此往往需要加水浸提果渣进一步压榨。

图 5-1　518 系列带式榨汁机

(2)HP/HPX 卧式榨汁机　1992 年后我国引进多台该类型的榨汁机,主要用于浓缩苹果汁的生产。HP/HPX 卧式榨汁机为瑞典 Bucher-Guyer 的产品,带有 CIP 就地清洗系统,卧式圆筒结构,通过活塞的往复移动进行压榨,单批自动化程度高、封闭式生产、卫生条件好,但不能连续化压榨。

(3)气囊式榨汁机　为瑞典 Bucher-Guyer 的产品,卧式圆筒结构,通过压缩空气将气囊膨大对浆料进行压榨。

(4)螺旋榨汁机　该机结构简单,不封闭,能连续工作,但出汁率低,生产能力较小。果汁中的固形物含量很高,呈浆状。目前生产中使用较少。

(5)裹包式榨汁机　该机生产效率低,劳动强度大,但操作方便,出汁率较高,目前一些小型工厂还在使用。操作时果蔬浆用尼龙布包裹起来,浆厚 10 cm 左右,层层累起,层与层之间用隔板隔开,以便于果汁流出,然后通过液压增压使果蔬汁流出。为了提高生产效率,常使用 2 个压榨槽交替工作,当一个装料压榨时,另一个则卸渣。

(6)柑橘类果实榨汁机　专用性很强,有 FMC 的在线榨汁机(In-lineExtractor)、brown 系列榨汁机(brown 400,brown 700,brown 1100,brown 2503)、安德逊榨汁机等。有关各种榨汁机的工作原理,请参阅本章指定参考书。

2.3.3.2　浸提法

浸提法也是果蔬原料取汁中普遍采用的一种方法,主要用于干制果蔬如酸枣、乌梅、红枣等的提汁,另外对于果胶含量高、水分含量少的果蔬原料,如山楂、酸枣等的提汁效果也较好。

浸提法通常是将破碎的果蔬原料浸于水中,由于果蔬原料中的可溶性固形物含量与浸汁(溶剂)之间存在浓度差,依据扩散原理,果蔬细胞中的可溶性固形物便透过细胞膜进入浸汁中。

应用浸提法提取果蔬汁,影响出汁率的因素主要有以下几个方面:

(1)浓度差、加水量 在其他条件都相同的情况下,浓度差越大,扩散动力就越大,浸出的可溶性固形物也越多。在实际生产中,通常采用多次浸提或罐组式浸提以及连续逆流浸提,这样可以保持一定的浓度差,浸提效果较好。在浸提过程中加水量越大,扩散浓度差也越大,出汁率就越高,但浸汁中可溶性固形物的含量相应降低。这对于后续的浓缩工艺来说,需要蒸发的水量大,能源消耗大,费时,极不经济,因此浸提时需要控制经济合理的加水量。

(2)浸提温度 浸提温度的选择首先要考虑可溶性固形物浸出的速度,其次要考虑浸汁的用途,如果浸汁用于加工浓缩汁,特别是浓缩清汁,浸提温度不宜太高,否则过多可溶性胶体物质进入浸汁内,给后续的过滤和澄清造成很大的困难。而用于制造果肉型饮料的浸汁则希望果胶含量高些,因此,浸提温度要高些。在工业生产中浸提温度一般选择 60 ℃~80 ℃,最佳温度为 70 ℃~75 ℃。

(3)浸提时间 浸提时间的选择要考虑原料的品种和所采用的浸提工艺。在一般情况下,单次浸提时间为 1.5 h~2 h,多次浸提总计时间应控制在 6 h~8 h。

(4)果实压裂程度 果实压裂后,果肉与水接触的表面积增大,并且扩散距离变小,有利于可溶性固形物的浸出。因此,果蔬在浸提前,要用破碎机压裂或用破碎机适当破碎。

目前,在工业生产中主要采用的浸提方法有:一次浸提法、多次浸提法、罐组式逆流浸提法、连续逆流浸提法(counter-current extracting)。在进行工艺设计时应根据浸汁的用途和对浸汁的质量要求,制定最佳的工艺条件,以获得理想的浸提效果。

2.3.3.3 离心法

利用离心力的原理,通过卧式螺旋离心机来实现果汁与果肉的分离。首先,料浆通过中心送料管进入转筒的离心室,在高速离心力的作用下,果渣被甩至转筒壁上,然后由螺杆传送器将果渣不断地送往转筒的锥形末端并排出,而果汁则通过螺纹间隙从转筒的前端流出。

2.3.3.4 打浆法

这种方法主要用于果蔬浆和果肉饮料的生产。有些果蔬原料中果胶含量较高、水分含量少、汁液黏稠,压榨难以取汁,或者因为通过压榨取得的果汁风味比较淡,则需要采用打浆法。果蔬原料经过破碎后需要立即在预煮机中进行预煮,钝化酶的活性,防止褐变,然后再进行打浆。生产中一般采用三道打浆,筛网孔径的大小依次为 1.2 mm、0.8 mm、0.5 mm,经过打浆后果肉颗粒变小有利于均质处理。如果采用单道打浆,筛眼孔径不能太小,否则容易堵塞网眼。常见的采用打浆法生产的果肉饮料有草莓汁、芒果汁、桃汁、山楂汁等。

2.4 粗滤

通过以上取汁工艺制得的果蔬初汁中含有大量的悬浮物质,包括果肉纤维、果皮碎屑、果核和其他杂质,这些悬浮物质的存在不仅影响果蔬汁的感官和风味,而且各成分之间往往相互作用,发生不利的物理和化学反应,导致果蔬汁的质量发生变化。因此,果蔬初汁中的悬浮物和其他杂质需要及时去除。粗滤可在榨汁过程中进行或单机操作,生产中通常使用回转筛、振动筛进行粗滤,筛网以 32~60 目(0.25 mm~0.50 mm)为宜。对于生产混浊型果蔬汁和果肉饮料,经粗滤除去粗大悬浮物即可;而对于生产澄清型果蔬汁,粗滤后还需进行澄清与精滤。

2.5 果蔬汁的澄清与精滤

生产澄清型果蔬汁饮品时,还必须进行澄清与精滤处理,以除去汁液中的悬浮物质和胶体物质,因为这些物质在后续的浓缩、调整、混合、杀菌和贮藏过程中会引起果蔬汁的浑浊和沉淀,影响产品的口感和感官质量。目前常用的澄清和精滤方法有以下几种,现分述如下。

2.5.1 澄清

按澄清作用的机理,果蔬汁的澄清可以分为以下几大类:

(1)自然澄清

将粗滤后的果蔬汁置于密闭的容器中,经长时间的静置,使悬浮物聚集沉淀。在静置过程中,蛋白质和单宁可逐渐形成不溶性沉淀,同时由于果蔬汁中的天然果胶酶的作用,果胶逐渐被水解,悬浮物质相互聚集而沉淀。但自然澄清时间长,果蔬汁易发酵变质,因此必须加入适当的防腐剂,此法只限于用亚硫酸保藏果蔬汁半成品时使用。

(2)冷冻澄清

冷冻可以改变胶体的性质,使胶体发生浓缩和脱水作用,破坏悬浮物和胶体的稳定性,使混浊物质发生絮凝和沉淀。该法主要用于苹果汁、葡萄汁、草莓汁、柑橘汁的澄清,效果较好。

(3)热凝聚澄清

果蔬汁经过加热和冷却的交替作用,导致胶体发生凝聚和蛋白质变性,从而沉淀下来。具体做法如下:将果蔬汁在 1 min~2 min 内加热至 80 ℃~82 ℃,然后迅速冷却至室温,由于温度的剧变,使蛋白质、果胶等发生变性而凝聚沉淀。该法工艺简单,成本低廉,可结合巴氏杀菌同时进行,小型工厂使用较多。

(4)酶法澄清

酶法澄清是生产果蔬清汁最常用的一种方法。大多数果蔬汁中含有 0.2%~0.5% 的果胶物质,它们具有很强的亲水性能,尤其是其中的可溶性果胶能裹覆在浑浊物颗粒的表面,形成保护膜,阻碍果蔬汁的澄清。另外,未成熟的仁果类原料含有淀粉,制汁时常有大量的淀粉进入到果汁中,当果蔬汁经热处理后,淀粉颗粒糊化形成凝胶,以悬浮状态存在于果汁中而难以除去,特别是灌装后淀粉和单宁能够形成络合物而导致后浑浊,影响产品的感官质量。因此,可以通过添加果胶酶、淀粉酶和蛋白酶来分解大分子果胶、淀粉和蛋白质,破坏果胶和淀粉等在果蔬汁中形成的稳定体系,悬浮物质随着稳定体系的破坏而相互聚集,形成絮状沉淀,果蔬汁得以澄清。生产中经常使用果胶复合酶,这种酶具有果胶酶、淀粉酶和蛋白酶等多种活性。国际上著名的酶制剂公司有丹麦的诺和诺德公司(Novo Nordisk Ferment)和法国的吉比特公司(Gist-brocades)。在实际生产中,根据果汁的性质和大分子悬浮物质的含量以及酶制剂的活力来确定适宜的酶制剂用量,酶促反应的最佳温度和最适 pH 值因酶制剂的种类而定。

(5)澄清剂澄清

澄清剂可与果蔬汁的某些成分产生物理和化学反应,使汁中浑浊物质形成络合物,生成絮凝和沉淀。各种澄清剂可以单独使用,但多数情况下组合使用,同时还可与酶协同作用。

目前,常用的澄清剂澄清方法有以下几种。

①明胶澄清法

明胶是果蔬汁加工中广泛使用的一种澄清剂,它能够与果蔬汁中的单宁、果胶及其他多酚类物质反应,形成明胶-单宁酸盐络合物和果胶-明胶-单宁络合物。该络合物在果蔬汁中相互聚集,并吸附汁液中的其他悬浮物质一起沉淀。另外,果胶、纤维素、单宁及多缩戊糖等胶体粒子带负电荷,而在酸介质中,明胶带正电荷,明胶分子与胶体粒子相互吸引并凝聚沉淀,使果蔬汁澄清。在实际生产中明胶的用量一般在 10~20 g/100 L 果蔬汁,使用前通常先把明胶溶于 40 ℃水中,配成溶度为 5%~10% 的明胶溶液,按实际需要量在不断搅拌下徐徐加入果蔬汁中,混合均匀,然后在 20 ℃~25 ℃的室温下静置 6 h~10 h,使胶体凝聚、沉淀。

②单宁-明胶澄清法

这种方法主要用于处理多酚类物质含量很低,难以澄清的果蔬原汁。首先在果蔬原汁中加入单宁,然后再加入明胶,这样明胶就和单宁发生反应生成明胶-单宁酸盐络合物,并吸附汁液中的其他悬浮物一起沉淀。明胶用量为 10~20 g/100 L 果蔬汁,单宁量为明胶量的一半,分别配制成 1% 的溶液加入到果蔬汁中,搅拌均匀后在常温下静置 6 h~8 h,令其发生反应生成沉淀。该法用于苹果汁、梨汁的澄清效果较好。

③硅胶-明胶澄清法

当果蔬原汁中多酚类物质含量过高或过低,使用明胶澄清效果不好时,可以采用硅胶-明胶法。首先配置 15% 的硅胶溶液,添加到果蔬原汁中,硅胶用量为 10~20 g/100 L 果蔬汁,然后再添加明胶,明胶与硅胶比例为 1∶20,澄清温度控制在 20 ℃~50 ℃。

④膨润土澄清法

膨润土可以通过吸附反应和离子交换反应去除果蔬汁中的蛋白质。在澄清效果方面,钠基膨润土要优于钙基膨润土。在目前的澄清工艺中,膨润土通常与明胶、硅胶结合使用,添加顺序为硅胶-明胶-膨润土,硅胶用量为 30% 的硅胶溶液 25~50 mL/100 L 果蔬汁,明胶用量为 5~10 g/100 L 果蔬汁,膨润土用量为 50~100 g/100 L 果蔬汁。该工艺最佳作用温度为 35 ℃~40 ℃,在加入膨润土后要充分搅拌均匀。

⑤酶-明胶澄清法

当果蔬原汁中果胶、单宁含量很高时,可以使用酶-明胶法。首先在果蔬原汁中加入酶制剂,添加量一般为 4~50 g/100 L 果蔬汁,在 45 ℃~55 ℃处理 1 h~2 h,然后添加明胶并搅拌均匀,于室温下静置 3 h~4 h。明胶用量为 5~10 g/100 L 果蔬汁。

(6)超滤澄清

超滤法实际上是一种机械分离的方法,利用超滤膜的选择性筛分作用,在压力驱动下把汁液中的悬浮物质、微粒、胶体和大分子与溶剂和小分子分开。该法可以分离分子量为 1 000~50 000 左右的溶质分子,具有无相变,挥发性芳香成分损失少,在密闭管道中进行不受氧气的影响,能实现自动化生产的优点。

目前,在果蔬汁的生产中主要是采用酶分解和超滤相结合的复合澄清法,其他一些澄清方法都是一些辅助性方法,为了提高澄清效果需要结合使用。

2.5.2 精滤

果蔬汁经过澄清后必须进行过滤,通过过滤把所有沉淀出来的混浊物从果蔬汁中分离出来,使果蔬汁澄清。根据过滤机的工作原理可以分为加压过滤法、真空过滤法、离心分离法、超滤法。目前常用的是加压过滤法,在生产中有板框式过滤机、硅藻土过滤机等多种机型,由于板框式和硅藻土过滤机不能实现连续化生产,企业往往需要两台或多台交替使用,而且生产能力较小。因此,一些大型果蔬汁加工厂基本都改用超滤法,但是超滤后期果蔬汁中混浊物含量较高,汁液黏稠,很容易堵塞超滤膜,过滤速度很慢,往往需要和板框式或硅藻土过滤机配合使用。另外,真空过滤法、离心分离法由于具有过滤速度快、效率高、可实现连续化作业的优点,也正在被一些果蔬汁厂家选择和使用。下面就加压过滤法、真空过滤法和离心分离法作一具体介绍。

(1)加压过滤法 最常用的也就是板框式过滤机,如图 5-2 所示,该机由许多滤板和滤框所组成,根据设备的生产能力和果蔬汁的性质来决定滤板和滤框的数目。滤板和滤框的右上角都有小孔,相互连通形成一条通道。操作时,滤浆由此通道流入滤框,透过覆盖于滤板上的滤布,然后沿着板上的沟渠从下端的小管道排出。滤浆中的滤渣被截留在滤框内,形成滤饼。当滤饼积聚到一定数量时,可放松机头螺旋,取出滤框,除去滤饼并清洗滤框和滤板,然后重新组装,以备下次使用。

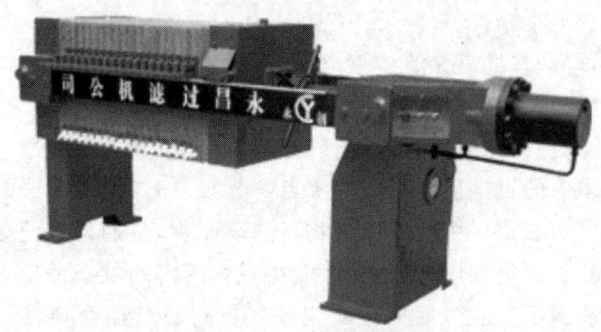

图 5-2 BYJ650 板框式过滤机

(2)真空过滤法 真空过滤法是利用真空泵使过滤筒内产生真空,利用压力差使果蔬汁渗过助滤剂,得到澄清果汁。过滤前,在真空过滤器的滤筛外表面涂上一层助滤剂,过滤器下半部分浸没在果蔬汁中。过滤时,经真空泵产生真空,果蔬汁被吸入滚筒内部,而固体颗粒沉积在滤筛外表面形成滤饼,过滤滚筒以一定的速度转动,滤饼刮刀不断刮除滤饼,保持过滤流量恒定。真空过滤机由一特殊阀门来保持过滤滚筒内的真空度和果蔬汁的流出。过滤机的真空度一般维持在 84.6 kPa。

(3)离心分离法 离心分离主要有两种:一种是利用旋转的转鼓所形成的外加重力场来完成固液分离的,全过程分为滤饼形成、滤饼压紧、滤饼中果蔬汁排出三个阶段。另一种是利用待离心的液体中固体颗粒与液体介质的密度差,通过施加离心力来完成固液分离的。

2.6 混浊果汁的均质与脱气

2.6.1 均质

均质是浑浊果蔬汁和带肉饮料加工中的特有工序。均质的目的是使果蔬汁中的不同粒度、不同相对密度的悬浮果肉颗粒进一步破碎细化,大小趋于均匀一致,同时促进果肉细胞壁上的果胶溶出,使果胶均匀分布于果蔬汁中,形成均一稳定的分散体系,抑制混浊果蔬汁的分层和沉淀现象,保持产品的外观质量。另外,混浊果汁经过均质后可以减少增稠剂和稳定剂的用量,降低原料成本,并且可以获得良好的口感。目前常用的均质设备有高压均质机、超声波均质机和胶体磨等,有关它们的工作原理,请参阅指定参考书。

2.6.2 脱气

果蔬原料组织中溶有一定的氧、氮和二氧化碳等气体,在加工过程中又经过破碎、取汁、均质以及泵、管道的输送等工序,从而带入大量的空气,在生产过程中需要将果蔬汁中溶解的空气脱除,该工序称为脱气或去氧。脱气可以减少或避免果蔬汁色素、香气成分、维生素C和其他物质的氧化,从而保持果蔬汁良好的色泽和风味,防止营养成分的损失和马口铁罐的氧化腐蚀,避免灌装和杀菌时产生泡沫以及悬浮颗粒吸附气体上浮。

果蔬汁在脱氧的同时也会带来挥发性芳香物的损失,必要时可进行芳香物质的回收,然后再补加到果蔬汁中,另外也可以添加香精来弥补这一部分物质的损失。脱气的方法主要有以下几种。

(1)真空脱气

目前,生产中使用得最多的就是真空脱气,通过真空泵创造一定的真空条件使果蔬汁在脱气机中以薄膜状或雾状形式(扩大表面积)喷出,脱除氧气。影响脱气效果的主要因素有:脱气机内的真空度、处理物料的表面积、物料的温度、脱气时间等。在脱气过程中应使脱气罐内的物料温度比脱气罐内的真空度相对应的沸点高3℃~5℃,这样可使物料保持微沸状态,同时要采用喷雾或成膜的方式尽可能地增大物料的表面积,从而达到充分脱气的目的。脱气的时间应根据处理汁液的理化性质、温度和汁液在脱气罐内的状态而定,对于黏度大、固形物含量高的果蔬汁应该适当延长脱气时间。真空脱气机一般与热交换器、均质机相连,以保证连续化生产。常见的真空脱气机如图5-3所示。

(2)气体置换脱气

气体置换法是把惰性气体如氮气、二氧化碳等冲入果蔬汁中,利用惰性气体把果蔬汁中的氧气置换出来。其中比较常见的是氮气置换法,该法可以减少挥发性芳香物质的损失,有利于防止加工过程中的氧化变色。

(3)加热脱气

加热脱气操作简单、成本低廉,但脱气不彻底,容易导致果蔬汁的变色和营养成分的损失,主要应用于一些没有脱气机的小型生产企业。

(4)化学脱气

化学脱气是利用一些抗氧化剂如维生素C或异维生素C消耗果汁中的氧气,它常常与其他方法结合使用。

图5-3 真空脱气机

(5)酶法脱气

酶法脱气是在果蔬汁中加入葡萄糖氧化酶,利用其将葡萄糖氧化成葡萄糖酸而耗氧,生产中使用较少。

2.7 浓缩果汁的浓缩

果蔬汁浓缩也就是从果蔬汁中脱除水分的过程,一般果蔬清汁可从可溶性固形物含量 5%~15%浓缩至 70%~72%,浑汁浓缩度通常不超过 65%,果蔬浆也可进行中等程度的浓缩,固形物含量一般仅浓缩至 35%~50%。浓缩果蔬汁与原汁相比,具有显著的优点:产品经过浓缩后,体积减少了、重量减轻了、可溶性固形物提高了,可以显著降低产品的包装、运输费用,增加产品的保藏性,延长产品的贮藏期。另外浓缩果蔬汁不仅可以作为果蔬汁或果蔬汁饮料生产的原料,而且还可以作为其他食品工业的配料,如用于果酒、奶制品、甜点的生产。

目前,在国际贸易中,浓缩果蔬汁比较受欢迎,生产量和贸易量也在逐年增加,常见的果蔬浓缩汁产品有浓缩苹果汁(70~72 波美度)、浓缩橙汁(65 波美度)、浓缩葡萄汁(65~70 波美度)、浓缩菠萝汁(65 波美度)、浓缩胡萝卜汁(30 波美度)以及浓缩番茄浆(28~30 波美度)等。

根据果蔬汁加工过程中是否脱胶,果蔬浓缩汁可以分为浓缩果蔬清汁和浓缩果蔬浑汁。果蔬汁的浓缩比可以按下式计算:

$$浓缩比 = \frac{浓缩前物料的重量}{浓缩后物料的重量}$$

或

$$浓缩比 = \frac{浓缩后物料的可溶性固形物}{浓缩前物料的可溶性固形物}$$

在确定果蔬浓缩汁的生产工艺时,必须首先考虑成品浓缩汁的质量,使之在稀释加工果蔬汁饮料时能够保持与原果蔬汁相近的品质,即在色泽、口味和营养成分等方面与原果蔬汁保持一致。根据果蔬汁浓缩原理的不同,主要分为以下 3 种。

2.7.1 真空浓缩法

大多数果蔬汁是热敏性食品,在高温下长时间的煮制浓缩会对其色、香、味造成很大的影响。为了较好地保持果蔬汁的品质,浓缩应该在较低的温度下进行,因此多采用真空浓缩,即在减压条件下,降低果蔬汁的沸点,利用较低的温度使果蔬汁中的水分迅速蒸发,这种方法能够缩短浓缩时间,例如离心薄膜式蒸发器在 1 s~3 s 的极短时间内就能完成 8~10 倍的浓缩,并且能够较好地保持果蔬汁的质量。真空浓缩的真空度一般控制在 9.6×10^{-2} MPa 左右,温度为 25 ℃~35 ℃,不宜超过 40 ℃。但这样的温度适合微生物的生长繁殖和酶的作用,因此浓缩前必须进行适当的杀菌和灭酶。果蔬汁中以苹果汁比较耐热,浓缩时可以采取较高的温度,但也不宜超过 55 ℃。果蔬汁在真空浓缩过程中,芳香物质损失比较严重,一般在浓缩前或浓缩过程中要进行芳香物质的回收,回收后的芳香物质可以直接加回到浓缩果蔬汁中或作为果蔬汁饮料用香精。另外,为了弥补浓缩时芳香物质的损失,也可向浓缩汁中添加一些新鲜果汁,例如橙汁浓缩到 58 波美度时,加原橙汁稀释至 42 波美度,以弥补芳香物质的损失,该法称之为"Cut-back"法。值得注意的是葡萄汁在浓缩前应进行冷冻处理去除酒石,防止在浓缩过程中出现酒石沉淀,导致葡萄浓缩汁的浑浊。另外,对于生产高浓度的浓缩汁,浓缩之前应对果蔬原汁进行脱果胶处理,以防止在浓缩过程中出现胶凝现象,致使浓缩过程难以继续。

真空浓缩设备一般包括蒸发器、真空冷凝器和附属设备,其中真空冷凝器由冷凝器和真空系统组成,而蒸发器是真空浓缩的关键组件,主要由加热器、蒸发分离器和果汁的气液分离器组成,加热器是利用水蒸气为热源加热被浓缩的物料,通常采用强制循环代替自然循环,以强化加热过程,分离器的作用是将产生的二次蒸汽与浓缩液分离。常用的蒸发器主要有离心式薄膜蒸发器、管式降膜蒸发器、管式升膜蒸发器、板式蒸发器、搅拌式蒸发器、强制循环式蒸发器、螺旋管式蒸发器等,有关它们的工作原理请参阅指定参考书。目前国外最有代表性的设备是美国 FMC 公司的管式多效真空浓缩设备和瑞典的离心薄膜蒸发器。

2.7.2 冷冻浓缩法

冷冻浓缩法是利用冰与水溶液之间的固液相平衡原理,将水以固态冰的形式从溶液中分离的一种浓缩方法。果蔬汁的冷冻浓缩包括 3 个过程,即果蔬汁的冷却、冰晶的形成与扩大和固液分离。冷冻方式分为层状冻结(在管式、板式、转鼓式及带式设备中进行)和悬浮冻结。悬浮冻结浓缩方法的特征为无数悬浮于母液中的小冰晶,在带搅拌装置的低温罐中长大并不断排除,使母液浓度增加而浓缩。冷冻浓缩装置主要由预冷器、结晶器、分离器、融化冷凝器和冷媒冷凝器等几部分组成。

果蔬汁冷冻浓缩工艺流程如图 5-4 所示,包括冷却、结晶、分离、以及从冰晶中洗涤和回收浓缩液等工序。果蔬汁用板式换热器预冷后,送入第一级晶化装置(Crystallizer),冷却生成冰晶,然后用泵将含有冰晶的浆体送入离心分离机,分离成浓缩液和冰晶。冰晶经洗涤后送入冰晶融化冷凝器,用压缩机的加热冷媒融化。融化的部分冷水用以洗涤残留在冰晶上的浓缩液,经回收,可返回至前段的原料果蔬汁内。其余冷水用于预冷果蔬汁,可有效节约能量。果蔬汁经第一级浓缩后送入第二级晶化装置,后续操作与第一级相同,主要是为了提高浓缩度。

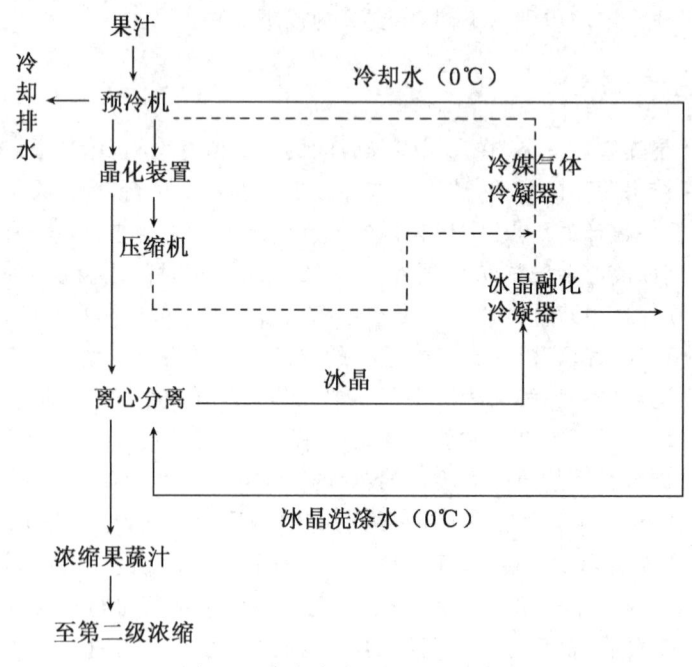

图 5-4 冷冻浓缩果汁的工艺流程

冷冻浓缩与真空浓缩相比,具有以下几个优点:
(1)在浓缩过程中,避免了热和真空的作用,没有热变性,不发生加热臭,营养成分、芳香

物质等不受损失,可以取得高品质的浓缩制品;

(2)浓缩操作是在 0 ℃以下的低温下进行,不仅化学反应极其缓慢,而且抑制了微生物的生长繁殖,保证了产品的质量;

(3)热能消耗少,冷冻 1 kg 水所需要的能量为 334.9 kJ,而蒸发 1 kg 水所需要的能量为 2 260.8 kJ,理论上冷冻浓缩所需要的能量仅为蒸发浓缩所需能量的 1/7。

但冷冻浓缩也存在着不可避免的缺点,主要有以下几点:

(1)设备投资大;

(2)浓缩后的产品需要冷冻贮藏或加热杀菌后方可长期保藏,浓缩分离过程中还会造成果蔬汁的损失;

(3)浓度高、黏度大的果蔬汁难以生成冰晶,且不易进行固液分离,冷冻浓缩受到溶液浓度的限制,浓缩浓度一般不超过 55 波美度。

综上所述,就产品质量而言,冷冻浓缩工艺是目前最好的一种果蔬汁浓缩技术,但由于设备投资大,生产能力小,浓缩后产品浓度不高,目前一般只用于热敏性高、芳香物质含量多的果蔬汁(如柑橘、草莓、菠萝等果汁)的浓缩。

2.7.3 反渗透浓缩法

反渗透技术是一种膜分离技术,借助压力差将溶质与溶剂分离,其分离原理详见水处理一章,广泛应用于海水的淡化和纯净水的生产。目前该技术也应用于果蔬汁的浓缩。

果蔬汁是一种由糖、酸、芳香风味物质、果胶以及其他营养素组成的水溶液,其中糖和有机酸是果蔬汁产生渗透压的主要成分,但在反渗透浓缩时较易控制,可以在高渗透速度下得到浓缩。果蔬汁中的果胶物质对渗透压的影响很小,但是会增加汁液的黏度,从而影响到泵的功能、物料的流动和膜面沉淀物的排除等。果蔬汁中存在微量芳香物质,对汁液的渗透压几乎没有影响,但若被吸附在半透膜中,就会影响果蔬汁的风味。为此,选择较为紧密的半透膜,从而减少芳香物质的损失,但必须考虑渗透速度。目前,果蔬汁反渗透浓缩中广泛使用的反渗透膜是醋酸纤维膜和聚酰胺纤维膜。在浓缩过程中影响渗透速度的主要因素有施加压力的大小、果蔬汁的黏度、温度和半透膜的性质。

反渗透浓缩与蒸发浓缩和冷冻浓缩相比具有以下优点:

(1)反渗透浓缩无相的变化,能耗低,仅为蒸发浓缩的 1/17;

(2)不需加热,在密闭管道中进行不受氧气的影响,不会产生加热臭,挥发性芳香物质和营养成分损失少;

(3)浓缩过程设备投资小,容易安装,操作简单。

但反渗透浓缩也存在一些缺点,主要是浓缩比受到限制,一般只能进行 2.0~2.5 倍浓缩,果蔬浓缩汁的经济浓度一般在 25 波美度左右。因此,反渗透浓缩常常与超滤和真空浓缩结合起来,从而达到理想的效果。其过程为:混浊汁→超滤澄清汁→反渗透→初浓缩汁→真空浓缩→浓缩汁。

2.8 果蔬汁的调整与混合

果蔬汁的调整与混合,俗称调配。通过调配不仅可以提高果蔬汁产品的口感、风味、色泽、营养和稳定性,而且能够实现产品的标准化,使不同批次产品保持一致性。果蔬汁的调配包括原料混合调配法和糖酸调配法。

原料混合调配法主要应用于100%果蔬汁的生产中。大多数成熟的水果都具有合适的糖酸比和良好的色泽、风味，可以生产出理想果汁。但是有一些100%的果蔬汁由于口感太酸或风味太强或太弱，色泽太浅，外观差，因此不适宜于直接饮用，需要与其他一些果蔬汁进行复合调配。另外，许多蔬菜缺少水果特有的芳香味，而且经过热处理易产生煮熟味，消费者不易接受，因此更需要进行调整或复合。在果蔬汁的混合调配时，应利用不同种类或不同品种果蔬的各自优势进行复配。如生产苹果汁时，可以使用一些芳香品种如元帅、金冠、青香蕉等与一些酸味较强或酸味中等的品种进行复配，从而弥补产品的香气和调整糖酸比；生产葡萄汁时可以利用玫瑰香品种提高葡萄汁的香气，利用辛凡黛(zinfandel)、紫北塞(alicante bouschet)、北塞魂(petite bouschet)等深色品种改善产品的色泽；许多热带水果香气浓厚、悦人，是果蔬汁生产中很好的复配原料，如具有"天然香精"之称的西番莲现被广泛用来调整果蔬汁的风味。

糖酸调配法主要应用于果蔬汁饮料的生产中。该类产品在生产过程中添加了大量的水分，果蔬汁原有的糖、酸含量降低，香气变淡，色泽变浅，为了使产品的色香味达到理想的效果，需要通过添加糖、酸、香精甚至色素来弥补。下面就果蔬汁饮料的糖、酸调配作具体介绍。

(1) 糖度的调整

为了适应消费者的嗜好，果蔬汁饮料需要保持一定的糖酸比。在实际生产中，大部分果蔬汁饮料的糖酸比一般都控制在13:1～15:1。调整时首先用折光计或白利糖度计测定原果蔬汁中的含糖量，然后按公式5-1计算出需补加浓糖液的重量：

$$X = \frac{W(B-C)}{D-B} \qquad 公式5-1$$

式中：X——需补加浓糖液的质量(kg)

W——调整前原果蔬汁质量(kg)

B——要求果蔬汁调整后的含糖量(%)

C——调整前原果蔬汁的含糖量(%)

D——浓糖液的浓度(%)

对于使用浓缩果蔬汁为原料生产果蔬汁饮料时，则按公式5-2和公式5-3进行糖度的调整。

$$m_A = \frac{m_w B_2}{B_1} \qquad 公式5-2$$

$$m_C = (B-B_2)m_w \qquad 公式5-3$$

式中：m_A——浓缩果蔬汁用量(kg)

m_w——成品饮料(配料)质量(kg)

m_C——需加砂糖量(kg)

B——成品果蔬汁饮料的折光糖度(%)

B_1——原料汁的折光糖度(%)

B_2——原料汁折算在饮料中的折光糖度(%)

为了省去每次调整时繁琐的计算，可预先计算出不同成品浓度所需补加的糖液量，并列成表，供生产时直接查找。在糖度的调整时，首先将砂糖制备成一定浓度的糖浆，并过滤除去杂质，备用。生产中不能使用质量低劣的砂糖，否则往往会使饮料产生絮凝物、沉淀或异味，有时还会在灌装的时候出现大量的泡沫。

(2)酸度的调整

取经调整糖度后的果蔬汁,测定其含酸量,然后根据公式 5-4 计算出每批果蔬汁饮料调整到规定酸度应补加的柠檬酸量。

$$m=\frac{m_w(Z-X)}{Y-Z}$$ 公式 5-4

式中：m——需添加的柠檬酸液量(kg)

m_w——果蔬汁饮料的质量(每次配料量)(kg)

Z——果蔬汁饮料的规定酸度(%)

X——调整前配料汁的含酸量(%)

Y——柠檬酸液浓度(%)

为了省去每次调酸时的繁琐计算,可预先计算出不同含酸量的配料汁所需补加的柠檬酸液量,并列成表,供生产时直接查找。

果蔬汁饮料经过糖、酸的调配后,还需要用天然或人工合成的食用色素进行调色,用香料进行调香。对于果肉型饮料,为了防止分层和沉淀,则需要添加适量的增稠剂和稳定剂。

近年来,在果蔬汁饮料的调配中,更加注重营养的平衡,出现了一些强化果蔬汁饮料,如强化膳食纤维、维生素和矿物质等,美国生产的很多橙汁中都添加了钙。

2.9 果蔬汁的杀菌与包装

2.9.1 果蔬汁的杀菌

果蔬汁或果蔬汁饮料的杀菌工艺是否合理,不仅影响产品的贮藏性,还影响产品的质量。因此,在杀菌时必须选择合理的杀菌温度和杀菌时间,在确保达到杀菌目的的前提下尽量减少加热对果蔬汁(饮料)的风味、色泽和营养成分以及物理性质如黏度、稳定性等的影响。目前,常用的杀菌方式有以下几种：巴氏杀菌、高温短时杀菌(high temperature short time, HTST)和超高温杀菌(ultra-high temperature,UHT)。

巴氏杀菌主要应用于瓶装和三片罐装的高酸性果蔬汁(饮料)(pH 值<3.7)生产中,即将果蔬汁(饮料)加热到 70 ℃～80 ℃后进行热灌装(实际上主要是为了排气,生产中通常称为第一次杀菌),然后迅速密封,再进行第二次杀菌。该方法由于加热时间较长,对产品的营养成分、色泽和风味都有不良的影响,现在生产中使用越来越少。目前随着杀菌技术的发展,生产中优先选用高温短时杀菌(HTST)和超高温杀菌(UHT)技术。对于 pH 值<3.7 的高酸性果蔬汁(饮料)采用高温短时杀菌方法,一般温度为 95 ℃,时间为 15 s～30 s;而对于 pH 值>3.7 的果蔬汁(饮料),广泛采用超高温杀菌方法,杀菌温度为 120 ℃～130 ℃,时间为 3 s～10 s。实践表明,高温短时杀菌(HTST)和超高温杀菌(UHT)不仅杀菌效果显著,而且所导致的食品营养成分的损失比较少。现在国内外有不少学者正致力于冷杀菌技术的研究,如超高压杀菌技术、高强度脉冲电场杀菌技术等,其中超高压杀菌技术已在果蔬汁(饮料)加工中获得成功,但由于超高压设备昂贵、生产效率较低,目前还没有获得推广和应用。

果蔬汁(饮料)的加热杀菌设备有板式、管式、刮板式等多种形式。生产中应根据果蔬汁(饮料)的黏度、固形物含量、杀菌温度、压力和保持时间等选择通用性好的加热杀菌设备。此外还应考虑加热时应无局部过热现象,没有死角,加热介质不污染物料,以及容易清洗和拆卸安装方便等因素。

2.9.2 果蔬汁的包装

果蔬汁(饮料)经过杀菌后,需要立即灌装和密封。目前在果蔬汁(饮料)生产过程中,一般采用热灌装、冷灌装和无菌灌装3种方式(见表5-2)。

表5-2 果蔬汁的灌装方法、杀菌温度、灌装温度、包装容器、流通温度及货架期

灌装方法	杀菌温度/℃	灌装温度/℃	包装容器	流通温度/℃	货架期
热灌装	95	>85	金属罐、塑料瓶、玻璃瓶	常温	1年以上
冷灌装	95	<5	塑料瓶、屋脊包	5~10	2周
无菌灌装	121	<30	纸包装、塑料瓶、玻璃瓶	常温	6个月以上

(1)热灌装 果蔬汁(饮料)在经过加热杀菌后,不进行冷却,立即送往灌装机进行灌装,然后密封、冷却。用于热灌装的包装容器有玻璃瓶、金属罐、耐热PET塑料瓶等,在灌装前这些包装容器均应经过清洗和消毒。该类产品在常温下流通和销售,货架期在1年以上。

(2)冷灌装 果蔬汁(饮料)经过加热杀菌后,立即冷却至5 ℃以下灌装、密封,亦称标准包装法。冷灌装类果蔬汁(饮料)受热影响小,不会产生加热臭,产品风味较好,但也存在一些缺点,如产品中溶氧量较高,易发生各种氧化反应。该类产品需在低温下(<10 ℃)流通和销售,产品货架期仅为2周。包装容器一般采用PET塑料瓶和复合纸包装,在灌装前需要经过清洗和消毒。

(3)无菌灌装 无菌灌装的3个基本条件是食品无菌、包装材料无菌和包装环境无菌。果蔬汁(饮料)的无菌灌装是指果蔬汁(饮料)经过超高温杀菌后,立即冷却至30 ℃以下,然后在无菌状态下用经灭菌的纸盒包装好,使盒内的饮料得以保存在无空气、光线及细菌的理想环境中。该类产品不加防腐剂,无需冷链,在常温下流通销售,可保藏半年乃至更长的时间。无菌灌装的容器主要是纸包装和塑料瓶。目前广泛使用的纸包装是利乐包和康美包。

果蔬浓缩汁也可以采用上述3种方式进行灌装。对于一些加热容易产生异味的果蔬浓缩汁或为了更好地保存果蔬浓缩汁的品质,浓缩后可采用冷灌装并进行冷冻贮藏,如冷冻浓缩橙汁。而热灌装主要用于18 L马口铁罐,适用于大部分浓缩汁或果蔬汁(浆)的灌装,如我国出口日本的混浊苹果浓缩汁和白桃原汁就是采用的这种方式,可以在常温下贮藏运输;无菌灌装一般采用220 kg的无菌大袋,主要有爱尔珀袋(Elpo)、休利袋(Scholle)等,通常以箱中袋(bag-in-box)或桶中袋(bag-in-drum)的形式运输,我国出口的苹果浓缩汁以及许多果蔬汁(浆)采用这种包装,可以在常温下运输。值得注意的是浓缩汁中各种物质的浓度较高,化学反应速度较快,如还原糖和氨基酸的美拉德反应(millard reaction),容易发生非酶褐变,所以最好是能够冷藏。

3 果蔬汁生产中常见的质量问题

在果蔬汁(饮料)的加工过程中,由于原料质量差、加工工艺控制不理想等,会导致产品出

现一些质量问题,尤其是果蔬汁的安全性,如致病菌、毒素、农药残留等已日益受到重视。因此,只有建立良好的农业规范(good agricultural principle,GAP)和良好的操作规范(good manufacturing principle,GMP)并实行危害分析及关键控制点管理(hazard analysis and critical control point,HACCP)才能有效地防止这些问题的发生。

3.1 果蔬原汁制造与贮藏中存在的问题

3.1.1 变色

变色是果蔬原汁生产中的一个常见问题。根据变色产生的原因可以分为三种类型:一是酶促褐变;二是非酶褐变;三是本身所含色素的改变。

(1)酶促褐变

酶促褐变主要发生在破碎、取汁、粗滤、泵输送等加工工序中。由于果蔬组织破碎,原料组织中的酶与底物的区域化被打破,所以在有氧气的条件下果蔬中的氧化酶如多酚氧化酶(polyphenol oxidase,PPO)就催化酚类物质发生氧化反应,最终生成褐色或黑色的物质。酶促褐变的发生必须同时具备三个条件,即酚酶、多酚类物质和氧气,缺一不可。只要控制其中一个条件,就可以防止褐变的发生。在实际生产中常用的控制措施有以下几种。

①加热处理,钝化酶的活性。在果蔬原汁制造过程中可以通过烫漂、预煮及高温瞬时杀菌等处理工序,防止酶促褐变。

②降低pH值 多酚氧化酶的最适pH值为6.8左右,当pH值降到2.5~2.7时就基本失活。因此,可以通过添加柠檬酸、抗坏血酸等有机酸来降低原料的pH值抑制酶的活性。

③隔绝或驱除氧气 破碎时充入惰性气体如氮气创造无氧环境,同时可以添加适量的抗氧化剂如维生素C或异维生素C,消耗环境中的剩余氧气,还原酚类物质的氧化产物;在后续工艺中应进行脱气处理,同时采用密闭连续化管道生产,减少与氧气的接触;成品包装时,应充分排除容器顶部间隙的空气,防止酶促的发生。

④减少原料中多酚类物质 这就要求选择成熟度较高的新鲜果蔬原料。另外,原料可用适量的NaCl溶液浸泡,使多酚类衍生物盐析出来,浸泡后应用清水充分漂洗,除去多余的NaCl。

(2)非酶褐变

非酶褐变即没有酶参与下所发生的化学反应而引起的褐变,主要包括美拉德反应、抗坏血酸的氧化及焦糖化作用。在果蔬原汁特别是浓缩汁的加工和贮藏过程中这类褐变更为严重,但主要以美拉德反应和抗坏血酸的氧化为主。在生产中主要通过以下措施来防止褐变的发生。

①调节pH值 将果蔬原汁的pH值控制在3.5~4.5之间,这样不仅可以有效地控制美拉德反应和抗坏血酸的氧化,而且口味柔和。

②浓缩时避免过度的热处理,防止羟甲基糠醛(hydroxy methyl furfural,HMF)的形成,从而阻止黑褐色物质的形成。

③选用合适的甜味剂,调配时宜选用蔗糖,不宜使用还原性的糖类。

④加工过程中避免使用铁、锡、铜类工具和容器,应该使用不锈钢、玻璃等材料制成的工具和容器。

⑤低温贮藏或冷冻贮藏。

(3)果蔬本身所含色素的改变

有些果蔬原料中含有丰富的叶绿素、类胡萝卜素、花青素、花黄素等天然色素,它们构成了果蔬汁的颜色,但一般不太稳定,在加工和贮藏过程中会发生褪色和变色现象。因此,生产中通常采用烫漂、调节 pH 值等措施来防止褪色和变色,同时应该避免与锌、铜、铝、铁等金属离子的接触,采用低温、避光、隔氧贮藏。

3.1.2 变味

果蔬原汁的风味是感官质量的重要指标,但不适宜的加工工艺和贮藏条件通常会引起风味的变化。例如,果蔬原料中的热敏性成分在高温加热时会使果蔬汁产生"煮熟味"或"加热臭"。另外,在加工和贮藏过程中发生的氧化反应、酶促褐变、非酶褐变以及微生物的污染等都会导致果蔬原汁的风味的改变。为了保持良好的风味,通常采取以下措施。

(1)采取适当的工艺,除去某些原料中的不良风味。例如,胡萝卜在加热过程中会产生令人不愉快的味道,在实践中可以通过切片软化或蒸煮,再用清水迅速冷却和浸泡的方法加以去除;

(2)不同果蔬汁进行混合调配,取长补短;

(3)针对不同的原料采取合适的加工工艺,防止产生"煮熟味"或"加热臭",并用 3.1.1 中介绍的方法控制酶促褐变、非酶褐变和氧化反应的发生;

(4)在加工中采取先进的杀菌和灌装工艺,防止微生物的污染;

(5)在运输和贮藏过程中加强管理,尽量采用低温、避光的方式贮藏。

3.1.3 营养成分的变化

果蔬原汁在加工和贮藏过程中会发生维生素、芳香物质、矿物质等营养成分的损失,尤其是维生素 C 具有很强的还原性,很容易发生氧化反应而被破坏。各种营养素损失的程度主要取决于加工工艺及贮藏的条件。为了减少营养成分的损失,通常采取以下措施。

(1)在整个加工过程中,要减少或避免果蔬汁与氧气的接触,所有作业尽量在封闭无氧或缺氧的环境中进行。采用真空脱气处理,可以减少维生素 C 的损失;

(2)采用先进的加工技术并加强贮运管理。如酶技术、膜分离技术、超高温杀菌技术、无菌灌装等都可以减少营养素的损失,并可以保持产品良好的色泽和风味。另外,采用低温、避光、隔氧贮运。

3.1.4 果蔬原汁的败坏

果蔬汁在贮藏期间经常发生表面长霉,发酵产生 CO_2 及醇,甚至产生酸味和臭味的现象,这些都是果蔬汁败坏的表现。果蔬汁的败坏主要是由细菌、酵母菌和耐热性的霉菌污染所导致的。这些微生物一是来源于水果、蔬菜原料;二是在加工、运输和储藏的过程中的污染。因此,要防止果蔬汁败坏,就必须建立起从原料到加工、成品和贮运整个过程的微生物预防、杀灭和监控体系。具体的方法如下。

(1)选用新鲜、完整、无腐烂、无虫害的果蔬原料,加工用水及各种食品添加剂都必须符合有关卫生标准;

(2)在保证果蔬汁质量的前提下,杀菌处理必须充分,以彻底消灭果蔬汁中的有害微生物。适当降低果蔬汁的 pH 值,可以提高杀菌效果。蔬菜汁多为低酸性的,pH 值较高,普通的杀菌工艺难以达到商业无菌,需要进行超高温杀菌;

(3)严格密封,防止泄漏,冷却水必须符合饮用水卫生标准;

(4)严格执行 GMP 和 SSPO,尽量进行 HACCP 或 ISO22000 质量管理体系认证,确保产品的安全。

3.2 果蔬汁成品常见质量问题

果蔬汁成品中常见的质量问题除了上述3.1中叙述的以外,还包括以下几点。

3.2.1 混浊、分层及沉淀

果蔬汁按其透明与否可分成澄清汁和混浊汁两种。澄清汁在加工和贮藏中很容易重新出现不溶性悬浮物或沉淀物,这种现象称后混浊现象(After-haze)。而混浊汁(包括果肉饮料)在存放过程中则容易发生分层及沉淀现象。澄清汁的后混浊、混浊汁的分层及沉淀是果蔬汁饮料生产中的主要质量问题。

(1)澄清汁的后混浊现象

澄清果蔬汁出现后混浊的原因很多,主要是由于澄清处理不当和微生物的污染造成的,如汁中存在的多酚类化合物、淀粉、果胶、蛋白质、阿拉伯聚糖、右旋糖酐、微生物及助滤剂等都会引起混浊和沉淀,因此生产中要针对这些因素进行一系列检验,如后混浊检验、果胶检验、淀粉检验、硅藻土检验等。有关具体检验方法请参阅指定参考书。目前在生产中为了防止后混浊的产生,主要采取以下一些措施。

①采用成熟且新鲜的果蔬原料,减少多酚类化合物的含量;
②加强原料和设备的清洗和消毒,防止肠系膜明串珠菌等微生物的污染;
③针对不同的原料采取合适的澄清工艺,注意酶制剂、澄清剂的选择和使用量;
④制汁工艺要合理,压榨时采用较为轻柔的方法,尽量减少阿拉伯聚糖等物质的溶出,减少后混浊现象的发生;
⑤加强原辅料质量管理与正确使用香精、色素等食品添加剂;
⑥生产过程中采用先进的加工技术,如超滤技术等,同时避免金属离子对果蔬汁的污染。成品尽量采用低温贮藏。

(2)混浊汁的分层及沉淀

混浊果蔬汁和果蔬带肉饮料要求产品均匀混浊,贮藏、销售过程中产品不应该分层、澄清以及沉淀,尤其是对透明的包装容器如玻璃瓶、塑料瓶更为重要。在生产过程中主要通过胶磨、均质处理细化果蔬汁中的悬浮粒子,同时添加一些增稠剂(一般都是亲水胶体)和稳定剂来提高产品的黏度和稳定性。必须注意的是柑橘类混浊果汁在取汁后要及时加热钝化果胶酯酶(pectin methyl esterase,PME),否则果胶酯酶能将果汁中的高甲氧基果胶分解成低甲氧基果胶,后者与果汁中的钙离子结合,易造成混浊汁的澄清和浓缩过程中的胶凝化。另外,在生产过程中要避免微生物、金属离子对果蔬汁的污染。

3.2.2 果蔬汁掺假

掺假是指生产企业为了降低生产成本,减少果蔬汁(饮料)中果蔬原汁的使用量,同时添加一些相应的化学物质以弥补其中各种成分的不足,将低果蔬汁含量的产品当作高果蔬汁含量的产品,以次充好。国外已对果蔬汁的掺假问题进行了多年研究,并制定了一些果蔬汁特征性成分的含量标准,通过分析果蔬汁(饮料)样品的相关特征性成分的含量,并与标准参考值进行比较,来判断果蔬汁(饮料)是否掺假。如在柑橘汁掺假的检测中通常以脯氨酸和其他一些特征氨基酸的含量和比例为标准。目前,果蔬汁的掺假在我国还没有得到足够的重视,很多企业的产品中果蔬原汁的含量没有达到100%也称为果蔬汁,甚至把带肉果蔬饮料称为果蔬汁。

3.2.3 农药残留

目前,农药残留是果蔬汁国际贸易中一个非常突出的问题,已日益引起消费者的注意,其原因主要来自果蔬原料本身,是由于果园或田间管理不善,滥用农药或违禁使用一些剧毒、高残留农药造成的。为了消除或降低农药残留,在生产中应实施良好的农业规范 GAP(good agricultural practice),加强果园或田间的管理,不使用或尽量减少化学农药的使用,生产绿色或有机食品;另外应根据所使用农药的特性,选择一些适宜的酸性或碱性清洗剂对果蔬原料进行清洗,这样也能有助于降低农药残留。

4 果蔬汁饮料的生产实例

4.1 带肉果蔬汁

4.1.1 带肉果蔬汁的概念及分类

带肉果蔬汁是在果蔬浆(或浓缩果蔬浆)中加入水、糖液、酸味剂等调制而成的制品。它在我国的诞生时间不长,但很快就以其营养丰富、风味浓郁而占据了中高档饮料市场。带肉果蔬汁中含有大量的微小颗粒,在饮料中形成分散体系,外观呈不透明状,易产生沉淀和分层现象。在工业生产中通常从以下几个方面来解决饮料的分层与沉淀,以延长货架期:

(1)在工艺允许的条件下,尽量降低果蔬颗粒的直径,从而降低其在分散体系中的沉降速度,增加饮料体系的悬浮稳定性。为此常用打浆、胶磨、均质等方法来使果蔬粒细化;

(2)通过适当的加工工艺使果蔬颗粒的密度与汁液的密度尽量相等。如通过增加蔗糖等提高汁液的浓度,使之趋于果蔬颗粒的密度;也可对果蔬颗粒进行微波处理,破坏细胞膜的属性,增加其通透性,以方便果蔬颗粒和汁液间的物质交换,从而使两者的密度趋于接近;

(3)添加合适的稳定剂,提高汁液的黏度。目前常用的增稠剂有黄原胶、果胶、CMC 等。这些增稠剂的应用原则是在保证带肉果蔬汁不沉淀、不分层的前提下尽可能减少用量,以免影响产品风味和口感。

目前,带肉果蔬汁一般果蔬浆含量都在 20%～25%之间,不溶性固形物含量不低于 19%,可以分为以下三种类型:

(1)果蔬浆经调味后直接饮用的果肉型饮料。例如番茄汁不经稀释,加入食盐等调味料调配后,直接饮用。如果稀释不仅风味变差,而且黏度降低,容易引起浆汁分离;

(2)果蔬浆中加入糖浆、酸味剂等调配而成的可直接饮用的果肉型饮料。其中果蔬浆含量必须符合标准规定,这种饮料在日本称为果肉饮料,在美国称为耐渴特(Nectar);

(3)果蔬浆用糖、酸味剂等调配而成的,需稀释 2～3 倍后饮用的果肉型饮料,这种饮料又称为果肉型饮料基料(Nectar base)。

4.1.2 带肉果蔬汁生产实例

下面以无花果果肉饮料为例,作具体介绍。

(1)生产工艺流程

采果→清洗→去皮→漂洗→清水洗涤→灭酶→打浆→磨细→过滤→调配→均质→灌装→封盖→杀菌→冷却→饮料成品

(2)操作要点

1)采果 应该在每年的7~10月份选择优良的品种进行采果,并确保所采的果实在九分成熟以上,色泽、外观和口感一致。此时的果实营养物质含量高、香味浓郁,汁液多;

2)选果、清洗 挑选无病虫害,无霉变,无腐烂的新鲜果实,除去枝叶等杂物。采用流动水进行清洗,彻底去除泥砂等杂质;

3)去皮 将清洗后的果实投入浓度为4%的沸碱液中处理1 min~2 min,并不断搅拌,直到果皮脱离,然后捞出并用清水冲洗,除去脱离的果皮;

4)漂洗 将去皮后的果实用1‰NaHSO$_3$溶液漂洗15 min~20 min,以中和去皮时残留的碱液,同时起到护色作用。然后用清水漂洗以去除残留的NaHSO$_3$溶液;

5)加热灭酶 将漂洗好的果坯按1∶1的比例倒入沸水中煮10 min~15 min,主要是破坏多酚氧化酶和果胶酶的活性,抑制酶促褐变及果胶物质降解;其次是软化组织并去除果实的生青味,突出果香;

6)打浆、细磨、过滤 将煮后果实连同煮液一起加入打浆机进行打浆,再用胶体磨将浆液细磨2~3次成匀浆,制得原果浆;

7)调配 将蔗糖溶于适量水中,经过滤制得原糖浆。将稳定剂、柠檬酸等辅料分别配制成一定溶度的溶液,过滤后,向其中加入原糖浆并搅拌均匀。然后将调和糖浆与过滤后的原果浆定量混合,并加水补充至最终产品所需的浓度;

产品配方:无花果原浆40%、蔗糖8%、柠檬酸0.02%、复合稳定剂(CMC-Na与黄原胶1∶1)0.1%。

8)均质 调配后的饮料在20 MPa下连续均质两次,减小饮料中悬浮颗粒的半径,从而提高产品的稳定性,同时也赋予产品细腻的口感,改善了适口性;

9)杀菌、冷却 灌装后的产品在121 ℃条件下杀菌20 min,反压冷却至38 ℃,即为成品。

4.2 混合果汁

4.2.1 混合果汁的概念及分类

混合果汁是由两种或两种以上的果汁按一定的比例混合,经过调配而成的制品,可以突出某一水果的特征风味。将不同类型的果汁进行混合,主要是为了改善果汁的滋味和风味,提高果汁饮料的色泽。另外,各种果汁具有各自不同的特征风味,将两种或两种以上风味不同的果汁按一定的比例混合,可以产生与单一果汁不同的风味和香气。混合果汁一般可以分为以下四种类型:(1)混合原果汁;(2)混合浓缩果汁;(3)混合果汁饮料;(4)混合水果饮料。

4.2.2　混合果汁生产实例

下面以青梅、红枣、杏、葡萄、沙枣复合果汁饮料为例,作具体介绍。

(1)生产工艺流程

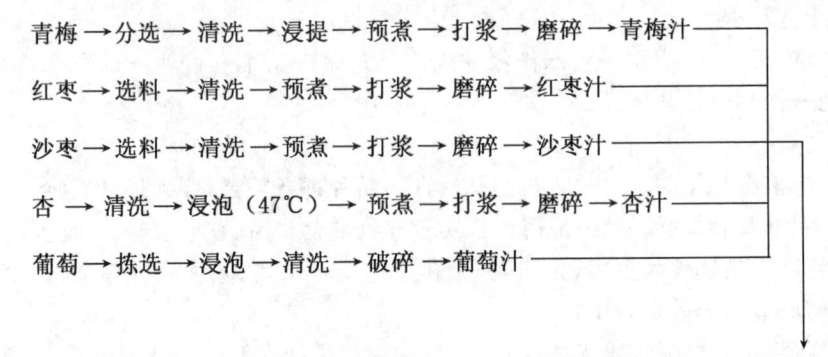

```
青梅 → 分选 → 清洗 → 浸提 → 预煮 → 打浆 → 磨碎 → 青梅汁 ┐
红枣 → 选料 → 清洗 → 预煮 → 打浆 → 磨碎 → 红枣汁       │
沙枣 → 选料 → 清洗 → 预煮 → 打浆 → 磨碎 → 沙枣汁       │
杏  → 清洗 → 浸泡(47℃) → 预煮 → 打浆 → 磨碎 → 杏汁    │
葡萄 → 拣选 → 浸泡 → 清洗 → 破碎 → 葡萄汁             ┘

成品 ← 冷却 ← 杀菌 ← 封口 ← 灌装 ← 脱气 ← 均质 ← 混合配料
```

(2)操作要点

①青梅汁的制备　选料:选取个大、肉多、无腐烂、无病虫害的青梅。清洗:用流动水反复搓洗,除去附着在青梅表面的泥砂等杂质。浸泡:将青梅在 55 ℃ 的清水中浸泡 90 min～120 min。预煮:将洗净后的青梅倒入夹层锅,在 95 ℃ 下煮制 25 min,其中料水比例为 1∶8。打浆:将预煮后的青梅和预煮液一起倒入打浆机进行打浆,并制得粗浆液。磨碎:用胶体磨将粗浆液磨成 50 μm～60 μm 的细小果肉,然后过滤可制得青梅汁。

②红枣汁的制备　选料:按原料品质标准选择红枣干果,剔除霉烂、虫蛀等不合格者。清洗:用流动水反复搓洗,除去附着在红枣表面的泥砂等杂质。预煮:将洗净后的红枣倒入夹层锅,在 85 ℃～90 ℃ 的温度下煮制 35 min,其中料水比例为 1∶7。打浆:将预煮后的红枣和预煮液一起倒入打浆机进行打浆,使果肉与果核分离并制得粗浆液。磨碎:将胶体磨调成 500～600 目,打碎果肉,经过滤可制得红枣汁。

③沙枣汁的制备　选料:按原料品质标准选择沙枣,剔除霉烂、虫蛀等不合格者。清洗:用流动水轻轻搓洗,除去附着在沙枣表面的泥砂等杂质。预煮:将洗净后的沙枣倒入夹层锅,在 55 ℃～70 ℃ 的温度下煮制 35 min,其中料水比例为 1∶5。打浆:将预煮后的沙枣和预煮液一起倒入 50 目的打浆机进行打浆,使果肉与果核分离并制得粗浆液。磨碎:将胶体磨调成 500～600 目,打碎果肉,经过滤可制得沙枣汁。

④杏汁的制备　选料:选择个大、肉多的杏干,剔除霉烂、虫蛀等不合格者。清洗:用流动水充分搓洗,将果实表面的灰尘、泥砂等彻底清洗干净,并修整、剔除有伤疤、病虫害的黑斑点。浸泡:将杏干在 47 ℃ 的清水中浸泡 40 min～60 min。预煮:将浸泡后的杏干倒入夹层锅,在 70 ℃～75 ℃ 的温度下煮制 35 min,其中料水比例为 1∶6。打浆:用 50 目打浆机进行打浆,并分离果核与果肉,制得粗浆液。磨碎:将胶体磨调成 500～600 目,打碎果肉,经过滤可制得杏汁。

⑤葡萄汁的制备　选料:选择合适的品种,原料要求新鲜,成熟度适宜。清洗:葡萄先用 0.03% 的高锰酸钾溶液浸泡 2 min～3 min,然后用流动水反复冲洗干净,并剔除有伤疤、病虫害的葡萄。压碎、除梗:将洗净的葡萄压碎,除去果梗。榨汁:将破碎、除梗的葡萄加热软化,在 65 ℃～75 ℃ 的温度下进行热压榨,制得粗汁。澄清:对葡萄粗汁进行酶法澄清,经过滤可

制得葡萄汁。

⑥混合调配　青梅、红枣、杏、葡萄、沙枣复合果汁饮料以青梅为主体风味,具体配方如下:青梅、红枣、杏、葡萄、沙枣的最佳比例为10∶4∶5∶3∶3。饮料蔗糖含量10%、柠檬酸含量0.23%时酸甜适口,口感最佳。按以上配方,将各种配料加入配料罐中,搅拌均匀。

⑦均质　混合均匀后的复合果汁用高压均质机进行均质,工作压力为21 MPa。

⑧脱气　均质后的复合果汁在40 ℃的条件下用真空脱气机脱气,真空度为90.7 kPa,脱气后的果汁应及时灌装、封口。

⑨杀菌、冷却　将复合果汁装瓶压盖后在100 ℃恒温下杀菌12 min,冷却后即得成品。

4.3　果蔬复合汁

4.3.1　果蔬复合汁的概念和特点

果蔬复合汁是以不同种类的水果、蔬菜为原料,分别取汁,然后按一定的比例进行混合,加入白砂糖、酸味剂等调制而成的制品。该类产品在设计和开发时充分考虑人体营养素的合理搭配,满足了人们对"天然、营养和健康"的追求,已成为果蔬汁工业中发展最快、最有前途的品种之一。复合果蔬汁饮料具有以下优点:(1)不同果蔬组合,营养更全面、合理;(2)与单一水果汁或蔬菜汁相比,品种更多,可以实现各种风味特征。按照果蔬汁的含量可以将果蔬复合汁分为复合果蔬原汁和复合果蔬汁饮料。

4.3.2　果蔬复合汁生产实例

下面以草莓汁、胡萝卜汁、番茄汁复合饮料为例,作具体介绍。

(1)生产工艺流程

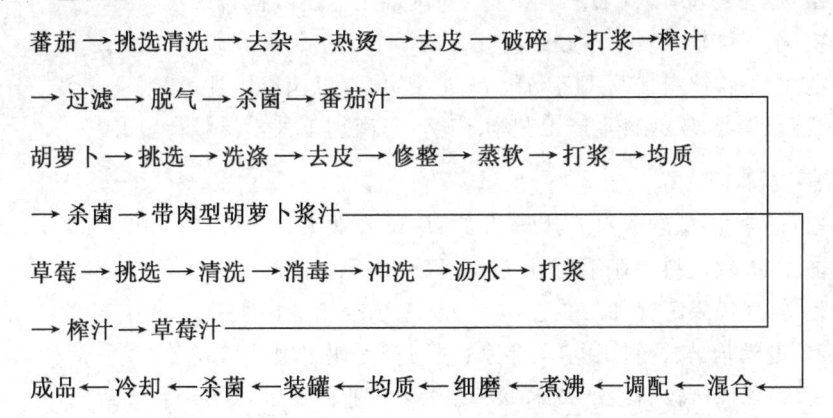

番茄 → 挑选清洗 → 去杂 → 热烫 → 去皮 → 破碎 → 打浆 → 榨汁

→ 过滤 → 脱气 → 杀菌 → 番茄汁 ────────────────┐

胡萝卜 → 挑选 → 洗涤 → 去皮 → 修整 → 蒸软 → 打浆 → 均质

→ 杀菌 → 带肉型胡萝卜浆汁 ──────────────────┤

草莓 → 挑选 → 清洗 → 消毒 → 冲洗 → 沥水 → 打浆

→ 榨汁 → 草莓汁 ────────────────────────┤

成品 ← 冷却 ← 杀菌 ← 装罐 ← 均质 ← 细磨 ← 煮沸 ← 调配 ← 混合 ←┘

(2)操作要点

①番茄的处理　挑选新鲜饱满,成熟度高,色泽鲜红的优质番茄破碎、打浆榨汁。在破碎后的番茄浆中,按番茄∶酵母为1 000∶5的比例添加经脱氧核酸处理过的酵母,以消除番茄汁带有的生菜味。

②胡萝卜的处理　碱液去皮、修整,加0.5%的柠檬酸蒸煮5 min~8 min,再于0.1 MPa的压力下蒸煮5 min~10 min,冷却后加2倍水打浆取汁。

③草莓的处理　选用紫晶或金红码品种为佳,原料应色泽鲜艳,完全成熟,新鲜度高,剔

除破损、霉烂、有病虫害的果实。草莓先用 0.2％～0.3％ 的高锰酸钾溶液浸泡 2 min～3 min，然后用流动水反复冲洗干净，用 0.7 mm 打浆机打浆，浆渣加少许水用螺旋式榨汁机榨汁。合并两次汁液。

④配方与主要参数　按以下配方调配饮料：草莓汁 15％、胡萝卜汁 4％、番茄汁 3％、蔗糖 10％、柠檬酸 0.25％、CMC-Na 0.15％、海藻酸钠 0.1％、柠檬酸三钠 0.08％、异抗坏血酸 0.1％、胭脂红 0.001％、山梨酸钾 0.015％、草莓香精少许。混匀后将饮料半成品加热至 95 ℃～100 ℃，趁热将混合汁胶磨 3 min～5 min，再在 8 MPa～22 MPa 压力下均质 5 min，并立即装瓶。将瓶装饮料在 95 ℃～100 ℃ 下恒温杀菌 10 min，反压冷却，或采用高温瞬时杀菌，在 110 ℃～121 ℃ 下灭菌 90 s，即得成品。

思考题

1.简述果蔬汁加工对原料的基本要求。
2.简述热烫、酶处理这些预处理工序在取汁中的作用和意义。
3.果蔬汁加工中常用的取汁方法有哪些,各有何特点?
4.果蔬汁澄清的方法有哪些,各有何优缺点?
5.简述果蔬汁常见的浓缩方法及浓缩原理,并比较各种方法的优缺点。
6.果汁与蔬菜汁的杀菌工艺有何区别?常见的果蔬汁灌装方法有哪些?
7.果蔬汁加工中常见的质量问题有哪些,如何解决?

指定参考书

1.胡小松,蒲彪主编.软饮料工艺学.北京:中国农业大学出版社,2002
2.杨桂馥主编.软饮料工业手册.北京:中国轻工业出版社,2002
3.胡小松等.现代果蔬汁加工工艺学.北京:中国轻工业出版社,1995
4.邵长富,赵晋府.软饮料工艺学.北京:中国轻工业出版社,1987
5.李勇主编.现代软饮料生产技术.北京:化学工业出版社,2006
7.蔺毅峰主编.软饮料加工工艺与配方.北京:化学工业出版社,2006
8.陈中,芮汉明编.软饮料生产工艺学.广州:华南理工大学出版社,1998

参考文献

1.胡小松,蒲彪主编.软饮料工艺学.北京:中国农业大学出版社,2002
2.杨桂馥主编.软饮料工业手册.北京:中国轻工业出版社,2002
3.胡小松等.现代果蔬汁加工工艺学.北京:中国轻工业出版社,1995
4.邵长富,赵晋府.软饮料工艺学.北京:中国轻工业出版社,1987
5.李勇主编.现代软饮料生产技术.北京:化学工业出版社,2006
6.蔺毅峰主编.软饮料加工工艺与配方.北京:化学工业出版社,2006
7.陈中,芮汉明编.软饮料生产工艺学.广州:华南理工大学出版社,1998
8.[日]兵藤良夫等.最新饮料工艺学.雷席珍译.广州:广东科技出版社,1985
9.张瑞等.青梅、红枣、杏、葡萄、沙枣复合果汁饮料的研制.食品科技,2004,(3):76～79
10.彭凌.草莓汁、胡萝卜汁、番茄汁复合饮料的制作.食品研究与开发,2003,(6):68～71
12.Donald K.Tressler,Fruit and vegetable juice processing technology.Westport Conn:The AVI Publishing Co.Inc.,1971

13. Hye Won Yeom, et al. Effects of pulsed electric fields on the quality of orange juice and comparison with heat pasteurization n. J. Agric. Food Chem., 2000, 48(10): 4597~4605

第6章 含乳饮料

1 含乳饮料的定义与分类

乳是人类最理想的液体食物,它几乎能全部被人体消化吸收而无废物排泄。乳中脂肪含量为3%~5%,由于具有良好的乳化状态,乳脂肪是一种消化率很高的食用脂肪。乳中蛋白质的含量为3.3%~3.5%,其中含有酪蛋白、乳白蛋白、乳球蛋白等各种蛋白质,由二十多种氨基酸构成,包括人体所必需的全部氨基酸。此外,乳中还含有碳水化合物、矿物质和多种维生素。天然的乳主要是牛乳,此外还有羊乳、马乳和骆驼乳等。

1.1 含乳饮料的定义

含乳饮料是以鲜乳或乳制品为原料,不经发酵或经过发酵,制成的液态、固态或糊状的饮品。也可以将其定义为以鲜乳或乳制品为主要原料,加入糖、香精、果汁、酸味剂、稳定剂等,经过发酵或配制的营养型饮料。由于含乳饮料酸甜适口、乳味香浓、清香爽滑、营养丰富,因而深受消费者的欢迎。

1.2 含乳饮料的分类

含乳饮料按其产品酸度的不同,分为中性乳饮料和酸乳饮料;按是否加入水、糖、添加剂等辅料,分为配制型乳饮料和纯乳饮料;按生产工艺的不同可分为配制型含乳饮料和发酵型含乳饮料;习惯上一般将乳饮料分为乳饮料、乳酸饮料、乳酸菌乳饮料和乳酸菌饮料。以鲜乳或乳制品为原料,加入糖、香精、果汁、酸味剂、稳定剂等进行配制,蛋白质含量不低于1.0%的称为乳饮料,包括咖啡乳饮料、可可乳饮料、巧克力乳饮料、蛋乳饮料等;蛋白质含量不低于0.7%的称为乳酸饮料,包括广东今日集团的乐百氏奶、杭州娃哈哈的果奶、太阳神公司的太阳神奶等;以鲜乳或乳制品为原料,经过乳酸菌类发酵,然后在制得的发酵乳液中加入水、糖液等调制而成,具有相应风味的活性或非活性产品,其中蛋白质含量不低于1.0%的称为乳酸菌乳饮料,蛋白质含量不低于0.7%的称为乳酸菌饮料。

2 配制型含乳饮料

2.1 咖啡乳饮料

2.1.1 一般生产工艺流程

咖啡乳饮料是以全脂乳、脱脂乳或复原乳为原料,加入咖啡、糖等配料,经调配、杀菌等工序制得的乳饮料,其生产工艺流程如图6-1所示。

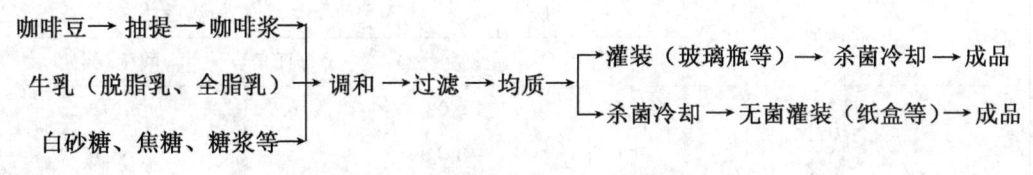

```
咖啡豆 → 抽提 → 咖啡浆 ┐
牛乳(脱脂乳、全脂乳)   ├ 调和 → 过滤 → 均质 ┬→ 灌装(玻璃瓶等) → 杀菌冷却 → 成品
白砂糖、焦糖、糖浆等  ┘                    └→ 杀菌冷却 → 无菌灌装(纸盒等) → 成品
```

图6-1 咖啡乳饮料生产工艺流程

2.1.2 原料的选择

(1)鲜乳或乳制品　鲜乳或乳制品主要指鲜乳、全脂乳粉或脱脂乳粉、炼乳等。单独或合并使用均可。在选用原料时,除了注意各种原料的理化标准外,感官指标、细菌指标也是重要依据。

(2)咖啡　咖啡豆因种类和产地而风味不同,常根据配制乳饮料的风味选择添加咖啡的种类。一般以温和风味的巴西咖啡品种为主体,再配以1~3个品种混合使用。世界上比较著名的咖啡豆如表6-1所示。

表6-1 著名咖啡豆的特征

名称	产地	特征
兰山咖啡豆	牙买加	素有"咖啡之王"的称号,风味以香甜为主,兼具酸、苦的口味,价格较高,适于单独饮用
穆哈咖啡豆	也门	素有"咖啡贵夫人"的称号,风味以酸味为主,兼具甜味和苦味,有一定的香醇感,可单独饮用也可作为混合基料
哥伦比亚咖啡豆	哥伦比亚	风味以酸味为主,兼具甜味和香味,适用于作混合基料

名称	产地	特征
危地马拉咖啡豆	危地马拉	风味以酸味为主,兼具甜、香和苦味,适于单独饮用,也可用作混合基料
墨西哥咖啡豆	墨西哥	风味以酸味为主,兼具甜味和香味,可用作混合基料
巴西咖啡豆	巴西	酸苦适中、平衡,兼具香味,适用于作混合基料
乞力马扎罗咖啡豆	坦桑尼亚	非洲最高级的出口咖啡豆,风味以酸味为主,兼具甜味和香味,有很重的浓厚感,适于单独饮用,也可用作混合基料
罗伯斯特咖啡豆	爪哇	具有特殊的炒麦子的香味,还有浓重的苦味,适用于作混合基料

咖啡的苦味主要来自咖啡因、单宁和焦糖,特别是单宁。咖啡乳饮料一般有两种类型:一类以突出咖啡的香气为主,此类饮料中咖啡的含量在5.0%以上;一类仍以奶香味为主,咖啡起调和作用,此类饮料的咖啡含量在2.0%左右。

(3)糖 咖啡乳饮料中通常使用白砂糖。咖啡乳饮料与果汁、汽水不同,它是由蛋白质粒子、咖啡抽提液中的粒子、焦糖粒子等分散成为胶体状态的具有非常微妙组成的饮料,条件的微小变动,即可导致各成分的分离。在各种条件中,以pH值的影响最大,若pH值降至6以下,则饮料成分分离的危险性增大。糖在受热时pH值会降低,不同的糖在受热时变化情况不同,具体变化如表6-2所示。

表6-2 各种糖在加热时pH值的变化情况

糖的种类	加热前 pH值	加热前 酸度(%)	加热后 pH值	加热后 酸度(%)
白砂糖	6.99	0.027	6.63	0.046
果葡糖浆	7.01	0.028	5.83	0.099
果糖	6.88	0.033	5.78	0.109
饴糖	7.02	0.025	6.29	0.062
葡萄糖	7.02	0.028	6.10	0.067
白砂糖+葡萄糖	6.99	0.028	6.30	0.067
白砂糖+果葡糖浆	6.95	0.029	6.20	0.074

从表中可看出白砂糖在加热的情况下,pH值的变化在各种糖类中最小,因此在咖啡乳饮料的加工中常使用白砂糖,以保证加热过程中各成分的稳定。

(4)各种添加剂

①焦糖着色剂,俗称酱色,是传统色素之一,使用量为0.1%~0.2%。

②香料丰富产品的风味。

③碳酸氢钠、碳酸氢二钠提高产品的pH值。添加量应遵循GB2760《食品添加剂使用卫生标准》的规定,不超过0.5 g/kg。

④蔗糖脂乳化剂,可用来调整和保持乳饮料的乳化程度,起分散不凝聚的作用,一般用量为3 g/kg~4 g/kg。

⑤硅酮树脂消泡剂,用来消除乳饮料的泡沫。应采用食品级制剂,用量不应超过0.2 g/kg。

⑥稳定剂,可选择的稳定剂很多,如羧甲基纤维素,用量不超过1.5 g/kg,还有明胶、果胶、阿拉伯胶等。

2.1.3 原料处理

咖啡豆必须经过深度的焙炒才会产生风味。焙炒的温度因豆类种类的不同而异。焙炒后即向咖啡豆中添加原料重量15~20倍,90 ℃~100 ℃的热水进行浸泡,得到咖啡抽提液,由于咖啡抽提过程较困难,以及抽提后的渣滓处理等问题,许多生产厂家多以咖啡抽提液制品或速溶咖啡为原料。

2.1.4 配料

通常在带有搅拌器的配料槽中进行。
(1)先将砂糖加入配料槽。
(2)将碳酸氢钠、食盐溶于少量水后加入配料槽。
(3)若加稳定剂,应同蔗糖脂同时溶于热水后,再加入配料槽。
(4)边搅拌糖液边加入乳液于配料槽中,搅拌时若有泡沫,则可加入硅酮树脂消泡。
(5)加入咖啡抽提液、焦糖混匀。
(6)最后加入香料,充分混合均匀。

2.1.5 粗滤、均质

粗滤是把混合料中较大的颗粒除去,粗滤后进入均质机均质,均质压力为10.78 MPa~16.66 MPa,温度为60 ℃~70 ℃。

2.1.6 充填和杀菌

经均质过的浆液,用板式热交换器加热至85 ℃~95 ℃,迅速装填并密封,保持制品真空度为39.9 kPa~53.3 kPa。因制品易于起泡,故不应装填过高。加入消泡剂后,可提高装填高度。

咖啡乳饮料营养价值高,且没有防腐剂,若所使用的原料中含有耐热性芽孢菌,就会造成制品变质,所以包装后制品要进行中心温度达200 ℃、保温20 min的杀菌处理,才能防止咖啡乳饮料的变质。杀菌不足或过度都能引起制品品质恶化。

如果采用无菌灌装,则浆液均质后即进行杀菌,其工艺为65 ℃~70 ℃、30 min,75 ℃、20 min或85 ℃、15 min。产品冷却到50 ℃时即可进行无菌灌装。

2.1.7 咖啡乳饮料的质量标准

(1)感官指标。
①滋味和气味:具有消毒牛乳和可可、咖啡等混合香味,滋味、气味纯正无异味;
②组织状态:均匀流体,无凝块、无杂质,略比牛乳黏稠,允许有少量沉淀;
③色泽:棕黄色或棕红色。
(2)理化指标。相对密度≥1.32,脂肪≥1.0%,蛋白质≥1.0%,固形物≥12.1%,酸度≤18 °F,汞(以Hg计)≤0.01 mg/kg。
(3)微生物指标。细菌总数(个/mL)≤100,大肠菌群(个/1000 mL)≤3,致病菌不得检出。

2.1.8 生产实例

(1)方案一

①原料组成(1 L产品)为脱脂乳粉25 g,甜炼乳85 g,白砂糖45 g,速溶咖啡3 g,蔗糖酯1 g,小苏打0.5 g,食盐0.3 g。

②调配方法为将乳粉溶解,加入甜炼乳,再加入蔗糖酯,搅拌均匀后,加入糖浆、盐、小苏打、速溶咖啡,加水到1 L,搅拌均匀后,再经杀菌等工序制成成品。

(2)方案二

①原料组成(1 000 g产品)为全脂乳粉(或脱脂乳粉)100 g,甜炼乳50 g,白砂糖100 g,咖啡25 g,明胶0.3 g,复原乳50 g。

②调配方法为先将乳粉用350 g开水溶化,搅拌均匀后,加入甜炼乳;将明胶用100 g水溶化,加入白砂糖溶解,搅拌;将咖啡加入250 g水,煮沸、过滤、去渣、取汁;将溶解好的糖浆加入到咖啡汁中,再将复原乳加入,过滤,再经灌装、杀菌等工序制成成品。

(3)方案三

①原料组成(1 000 g产品)为消毒奶300 g,白砂糖120 g,咖啡50 g。

②调配方法为加水500 g将咖啡煮沸5 min,过滤,去渣,取汁,然后将白砂糖加入咖啡汁中制成咖啡糖浆,之后将消毒奶加入搅拌均匀,过滤,再经灌装、杀菌等工序制成成品。

2.2 果汁乳饮料

2.2.1 一般生产工艺流程

果汁乳饮料是以鲜牛乳、脱脂乳或乳粉的复原乳为原料,加入糖、原果汁、稳定剂、酸味剂、食用香精、着色剂等配料制得的,其生产工艺流程如图6-2所示。

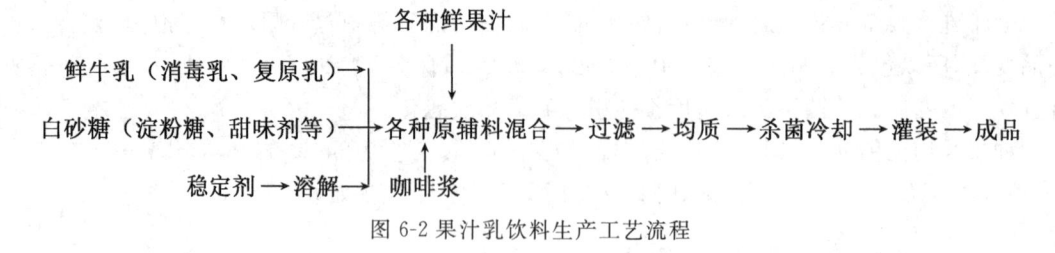

```
                          各种鲜果汁
                              ↓
鲜牛乳（消毒乳、复原乳）─→
白砂糖（淀粉糖、甜味剂等）─→ 各种原辅料混合 → 过滤 → 均质 → 杀菌冷却 → 灌装 → 成品
稳定剂 → 溶解 ─→       咖啡浆
```

图6-2 果汁乳饮料生产工艺流程

2.2.2 原料的选择

(1)乳原料 乳原料可选鲜乳、炼乳、全脂或脱脂乳粉等。根据需要,单独或合并使用均可。为了防止产品出现脂肪圈,一般以脱脂的鲜乳或乳粉为佳。

(2)果汁 果汁乳饮料中常用的果汁有:橙汁、杏汁、菠萝汁、苹果汁等,一般使用浓缩汁,单一或混合使用均可。

各种水果汁的酸度因水果的种类、品种、产地、成熟度等因素的不同而异,且果汁的香味与酸度有明显的关系,各种水果汁的pH值如表6-3所示。因此在选择果汁乳饮料的风味时,必须注意使制品的 pH 值与风味相对应。

表 6-3 各种水果汁(肉)的 pH 值

水果名称	pH 值
苹果汁	3.4～4.0
香蕉果肉	4.5～4.7
柠檬汁	2.32
甜瓜果肉	5.5～6.7
橙汁	3.6～4.3
桃果肉	3.4～3.6
菠萝果肉	3.5
葡萄果肉	3.4～3.5
草莓果肉	3.0～3.5

果汁的种类很多，按水果的种类分，可以得到任何水果的不同类的果汁。按果汁的组织形态分，果汁可分为以下几种。

①原果汁 通常是指以新鲜水果为原料直接压榨出的原汁，它具有该种原料水果的原有特征。

②浓缩果汁 指用物理方法，如真空浓缩法，从原果汁中除去一定比例的天然水分后得到的具有原料水果原有特征的制品。浓缩果汁一般的浓缩比例为 1/2～1/6。

③原果浆 是指整个水果或果实的可食部分采用打浆、研磨工艺制得的，没有除去汁液、不经发酵的具有原料水果特征的浆状制品。

④浓缩果浆 是指用物理方法从原果浆中除去一定比例的天然水分得到的具有原料水果特征的浆状制品。

⑤水果汁 是指原果汁或浓缩果汁经添加糖浆、酸味剂等得到的制品，通常水果汁中原果汁的含量应不低于 40%（以质量计）。

(3)有机酸 常用的有柠檬酸，也可使用苹果酸、乳酸，很少用酒石酸。使用时应在不断搅拌的条件下，用滴加或喷洒的方法添加低浓度的酸溶液，以保证制品的稳定。

(4)甜味剂 一般使用白砂糖。它不仅能改善风味，且在一定程度上有助于防止沉淀。

(5)稳定剂 乳蛋白的等电点 pH 值为 4.6～5.2，而体现果汁乳饮料的良好酸味和风味的 pH 值范围是 4.5～5.8。这就带来了果汁乳饮料加工技术上的问题。通常一方面可通过均质作用控制酸乳粒子的大小，另一方面可以通过添加稳定剂来解决。目前，常用的果汁乳饮料稳定剂有耐酸性羧甲基纤维素钠、果胶、海藻酸钠、藻酸丙二醇酯等，其使用量如表 6-4 所示。

表 6-4 几种主要稳定剂的使用量(%)

名称	使用量
耐酸性羧甲基纤维素钠	0.2～0.5
果胶	0.4
海藻酸钠	0.2～0.3
藻酸丙二醇酯	0.2～0.4

稳定剂是果汁乳饮料的重要添加剂，除了能稳定果汁乳饮料的组织状态和物理特性外，

还可以改善饮料的性质,如增强乳饮料黏稠滑润的口感。

2.2.3 配料

首先将稳定剂与少量白砂糖混匀后,加温水溶解,将白砂糖溶于牛乳或脱脂乳后,把稳定剂溶液加入,搅拌均匀,然后慢慢加入经稀释后浓度尽可能低的果汁和有机酸,且边加边进行强力搅拌。添加到乳中的酸溶液的温度应控制在 20 ℃以下为好,最后再添加香精和色素。

2.2.4 过滤、均质

混合物料在搅拌均匀后,经过滤后泵入均质机进行均质,均质压力一般为 14.7 MPa～19.6 MPa。

2.2.5 脱气、杀菌

饮料在生产过程中,经常与空气接触,同时均质过程也增加了溶氧量。氧的存在会促使维生素 C 的氧化,降低营养价值,并使风味败坏。因此,均质后应立即进行脱气,然后加热到 90 ℃～95 ℃,保持 15 min,再进行无菌灌装,冷却后装箱。现在很多工厂也采用先灌装、封口,再进行水浴杀菌。杀菌时注意制品的中心温度应达到规定的温度。

2.2.6 果汁乳饮料的质量标准

(1)感官指标
①滋味和气味:具有果汁和牛乳特有的混合风味,无异味;
②组织状态:呈乳体,不分层,允许有少量沉淀;
③色泽:乳白色或乳黄色。
(2)理化指标　总糖(以还原糖计)≥9.0%,蛋白质≥1.0%,果汁≥10.0%,总酸(以柠檬酸计)≥0.4%,pH 值 3.7～4.0,固形物≥11.0%,砷(以 As 计)≤0.5 mg/kg,铅(以 Pb 计)≤1.0 mg/kg,铜(以 Cu 计)≤10 mg/kg。
(3)微生物指标　细菌总数(个/mL)≤100,大肠菌群(个/1000 mL)≤3,致病菌不得检出。

2.2.7 生产实例

(1)橘汁乳
①原料　脱脂乳 42.5 kg,白砂糖 11 kg,柑橘汁(原果汁)12 kg,柠檬酸 0.1 kg,香精 150 mL,稳定剂(羧甲基纤维素钠)0.12 kg,加水到 100 kg。
②制作工艺　橘汁可采用原果汁或浓缩果汁复原成原果汁(固形物含量达 10%～12%即可),将柠檬酸加入到原果汁中。将羧甲基纤维素钠加水配制成水溶液,搅拌均匀后,缓缓加入到脱脂乳中,边加入边搅拌。将柠檬酸和果汁混合液缓缓加入到脱脂乳中,边加入边搅拌,太快易造成酪蛋白凝聚沉淀。将白砂糖溶解成浓度约 65%的糖浆溶液后,再加入到脱脂乳中,搅拌均匀后,再加入香精。检验 pH 值,并调整混合液的 pH 值为 4.3～4.6。经杀菌、均质、冷却、抽检、灌装成成品。
(2)苹果乳饮料
①原料　牛乳 20 kg,脱脂乳 40 kg,白砂糖 11 kg,苹果原果汁 20 kg,柠檬酸 0.2 kg,羧甲基纤维素钠 0.3 kg,食用色素 0.001 kg,食用香精 0.1 kg,加水到 100 kg。

②制作工艺 将稳定剂配制成水溶液,然后缓缓加入到牛乳和脱脂乳中边加边搅拌,使之均匀。将柠檬酸与果汁混合均匀后,缓缓加入到乳中,边加边搅拌,使之混合均匀。将白砂糖配制成糖浆,加入到水果乳液中,然后加入香精,最后加水到 100 kg。经均质、杀菌、冷却、抽检、灌装成成品。

3 发酵型含乳饮料

酸乳饮料指在牛乳中加入有机酸或牛乳发酵产酸使制品具有酸味,pH 值一般在 4.3 以下的乳饮料。即以鲜乳或乳制品为原料经发酵或不经发酵制成的产品。所以酸乳饮料分为调配型酸乳饮料和发酵型酸乳饮料。

在过去的两年中,欧洲开发的乳制品品种占全世界乳制品新品的 72%。酸乳开发力度较大的国家包括:芬兰、法国、德国、意大利、西班牙和英国。各个国家酸乳种类和市场定位各不相同,例如,德国的酸乳以果味为主,其他甜味(巧克力、奶糖)产品次之;意大利和英国的酸乳主要面向儿童;德国则是健康酸乳的发源地;芬兰市场上较流行的是粗制脱脂酸奶酪和含有大豆的酸乳。我们在本章中主要讨论发酵型含乳饮料的生产。

发酵乳制品有着独特的风味和口感以及很高的营养价值。发酵乳制品中的蛋白质和钙极易被人体所吸收,特别适用于消化机能比较弱的老人、儿童和病人。乳酸菌是一种对人体有益的细菌,它存在于自然界的各个地方,包括人体内。由于它在乳中含量最多,能使乳中的乳糖分解产生乳酸,由此得名为乳酸菌。乳酸菌在人体肠道内能抑制腐败细菌的产生和繁殖,能降低 pH 值,增加酸度,从而抑制肠道内病原菌的生长和清除肠道内的有毒物,促进肠道蠕动和胃液的分泌。

发酵型含乳饮料中最主要的制品是酸奶,还包括发酵酪乳、酸牛奶酒、乳酒等其他品种。

3.1 酸奶

酸奶是发酵乳制品中产量最大、最普及的一种制品,由于酸奶在生产过程中,部分乳糖被乳酸菌分解成乳酸、丁二酮、乙醛和其他一些物质,使酸奶具有很好的滋味和香味,同时也提高了牛奶的保藏性。

酸奶按组织形态可分为两大类,一类是硬质酸奶,一类是软质酸奶,硬质酸奶又可分为风味型和无味型,软质酸奶又可分为饮料型酸奶和冻结型酸奶;酸奶按加工方法也可分为凝固型酸奶和搅拌型酸奶;酸奶还可以按是否保持其菌种群的活性分为活菌型酸奶和杀菌型酸奶。

3.1.1 酸奶生产工艺流程

酸奶生产工艺流程如图 6-3 所示。

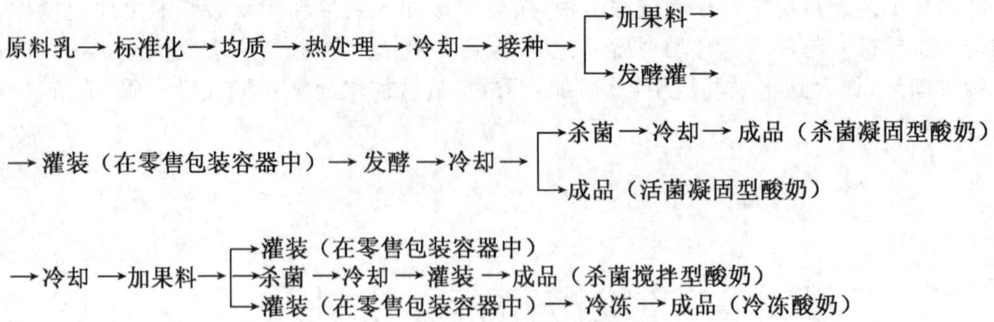

```
原料乳→标准化→均质→热处理→冷却→接种┬→加果料→
                                   └→发酵灌→

→灌装（在零售包装容器中）→发酵→冷却┬→杀菌→冷却→成品（杀菌凝固型酸奶）
                                  └→成品（活菌凝固型酸奶）

→冷却→加果料┬→灌装（在零售包装容器中）→杀菌→冷却→灌装→成品（杀菌搅拌型酸奶）
            └→灌装（在零售包装容器中）→冷冻→成品（冷冻酸奶）
```

图 6-3　酸奶生产工艺流程

3.1.2 原料

(1) 原料乳　原料乳应新鲜，无病害，细菌数低，不含阻碍发酵的酶类、青霉素、噬菌体、残存的清洗液和消毒液等。酸奶按含脂率高低分为高脂酸奶、低脂酸奶和脱脂酸奶，它们的原料含脂率分别为>3.0%、>1.5%和>0.1%左右。一般来说，鲜乳的含脂率在3.5%时，酸奶的质量最好。非脂乳固体的含量应在8.7%以上，蛋白质含量在3.3%~3.8%之间。若蛋白质中酪蛋白和乳清蛋白含量高，则酸奶的凝固性好，且凝固的酸乳有一定的硬度。

(2) 添加剂　酸奶的添加剂主要有两种，一种是稳定剂，一种是甜味剂，有时还要添加一定量的维生素C。通常情况下，生产凝固型酸奶时不需要加稳定剂，只有搅拌型的果汁果肉型酸奶才需添加稳定剂。表6-5介绍了一些为FAO/WHO所允许在乳制品中使用的稳定剂。表6-6介绍了乳制品中常用的甜味剂。

表 6-5　可应用于酸奶生产中的稳定剂的种类和功能

	天然稳定剂	经过变性的稳定剂	人工合成的稳定剂[①]
植物分泌物	阿拉伯胶(1,3)[②]	纤维素衍生物(1)[②]	聚合物
	黄芪胶(1)[②]	羧甲基纤维素	聚乙烯衍生物
	刺梧桐树胶[②]	甲基纤维素	聚氯乙烯衍生物
植物提取物	果胶(2,3)[②]	羧乙基纤维素	
		羧丙基纤维素	
种子细粉	刺槐豆胶(1)[②]	羧丙基甲基纤维素	
	瓜尔豆胶(1)[②]	微晶纤维素	

海藻提取物	琼脂(2,3)[②]	微生物发酵	葡聚糖	
	海藻酸盐(1,2,3)[②]		黄原胶(1,3)[②]	
	角叉胶(2,3)[②]		低甲氧基果胶	
	Furcelleran(1,2,3)[②]		丙二醇海藻酸盐	
谷物淀粉(1,2,3)	小麦淀粉	各种衍生物[②]	预糊化淀粉	
	玉米淀粉		变性淀粉	
动物	明胶[②]		羧甲基淀粉	
	干酪素		羧乙基淀粉	
蔬菜	大豆蛋白		羧丙基淀粉	

[①]在酸奶产品中的应用有所限制。

[②]为 FAO/WHO(1990)所允许使用的稳定剂,单体或复配的稳定剂的使用量为 5 g/kg,果胶、明胶和淀粉衍生物除外,其使用量为 10 g/kg。

注:括号里的数字表示的是亲水胶体的功能:(1)增稠功能;(2)凝胶功能;(3)稳定功能。这些稳定剂的相应功能是受到相关法规约束的,并且不允许使用在纯酸奶中。

数据来源于 Powell(1969),Glicksman(1969,1979,1982,1983,1985,1986),Pedesen(1979),FAO/WHO(1990),Baird 和 Pettit(1991)和 Gordon(1992)。

表 6-6 乳制品中常用的甜味剂

营养型甜味剂		非营养型甜味剂	
糖	蔗糖	合成甜味剂	糖精(糖精钠)
	果糖		环己基氨基磺酸钠(甜蜜素)
	淀粉糖		天冬氨酰苯丙氨酸甲酯(甜味素)
糖醇	山梨糖醇		乙酰磺氨酸钾(安赛蜜)
	乳糖醇		三氯蔗糖
	甘露糖醇	天然甜味剂	甜叶菊苷
	麦芽糖醇		罗汉果甜苷
	异麦芽酮糖醇		甘草甜素
	木糖醇		
	赤藓糖醇		

甜味剂一般是在生产果料或风味酸奶时添加。添加甜味剂最主要的目的是缓和产品的酸度,其添加量根据下列因素进行调整:①所选用甜味剂类型;②消费者的口味需求;③如果是果料酸奶,则其选用果料的种类也会影响到甜味剂的用量;④对酸奶发酵剂的活性抑制影响;⑤相关法律法规限制;⑥成本考虑。

(3)果料 无论是凝固型酸奶还是搅拌型酸奶均可添加一定量的各种果料,以改变酸奶的风味。添加的果料有各种水果及果汁、可可的浓缩液,高酸度的水果浓缩液等。加入时应进行中和,防止抑制乳酸菌生长和改变菌群,保持酸奶的质量。

(4)发酵菌种 工业生产中所用的酸奶菌种一般是由嗜热链球菌和保加利亚乳杆菌组成的有特定成分的混合发酵剂,但也有一些其他种类的酸奶会采用不一样的菌种,例如保加利亚酪乳就是单独由保加利亚乳杆菌发酵的,印度的达希酸奶则是由嗜热链球菌、Lactococcus lactis biovar diacetylactis 和 Lactococcus lactis subsp.cremoris 等组成的混合菌种发酵而成的。益生菌酸奶则是由不同的益生菌单独或混合发酵而成的。

许多国家,如法国、美国、意大利等,明文规定酸奶仅适用于用保加利亚乳杆菌和嗜热链球菌两种菌种发酵而成的制品,如果生产时使用上述两种菌的同时还使用了另外的菌,发酵后所得的产品只能叫发酵乳。而在加拿大、新西兰和德国,只要使用了保加利亚乳杆菌和嗜热链球菌生产的发酵乳制品都可以称为酸奶。

3.1.3 原料乳的预处理

原料乳的预处理包括五个工艺环节,即原料乳的选择、乳中含脂率和干物质的标准化和人工调整、均质、杀菌和冷却。通常均质的温度在 55 ℃~70 ℃之间,压力在 20 MPa 左右,目的是使脂肪球均匀、细化、不上浮,提高凝乳的稠度和稳定性。热处理即巴氏杀菌,杀菌温度随产品设备、工艺的不同而不同,有的采用 85 ℃~90 ℃,30 min,有的采用 90 ℃~95 ℃,3 min,还有采用 135 ℃,2 s 的超高温瞬时杀菌。冷却是乳预处理的最后一个环节,冷却的温度与生产酸奶的种类有关,也与生产发酵剂的菌种和比例有关,通常冷却到接种的温度为 42 ℃~45 ℃,最佳接种温度为 42 ℃~43 ℃。

3.1.4 接种与发酵

接种的生产发酵剂的活力必须旺盛,活力在 0.4%左右时添加量应在 5%左右;活力低于 0.4%时添加量应适量增加。要注意随时测定生产发酵剂的活力,接种后应使发酵剂混匀。接种后的培养发酵有自然发酵和恒温发酵两种方法。工业化生产一般采用恒温发酵。恒温发酵的温度随生产发酵剂不同而不同,以复合嗜热链球菌和保加利亚乳杆菌为生产发酵剂的培养温度一般在 42 ℃~45 ℃;乳酸链球菌和乳酪链球菌的培养温度一般在 33 ℃~37 ℃。培养时间为 2 h~3 h,终止培养的酸度为 85°T~90°T,pH 值为 4.2~4.5。

3.1.5 加入添加料

酸奶的添加料包括各种浓缩果汁、风味料的浓缩液和稳定剂等。加入量的多少依酸奶的种类不同而不同。凝固型酸奶一般在酸奶发酵和包装前添加,或直接添加在包装容器中;搅拌型酸奶则在发酵后、包装前加入,加入量一般为 5%~15%。添加的果料,可以是果汁、果肉型。加入一定量的稳定剂,需经均质、热处理和冷却后均匀加入。

3.1.6 冷藏与保存

酸奶培养达到规定的酸度后(这个规定酸度是企业制定的,考虑到冷藏后酸度还要增加,一般是将标准规定酸度减去后发酵要增加的酸度,所得到的酸度作为企业控制的酸度)应立即降温到 15 ℃,这时酸奶还要继续发酵,酸度还要增加,一般冷藏的温度在 0 ℃~5 ℃,冷藏时间为 12 h~20 h。为了延长酸奶的保存期,对凝固型酸奶和搅拌型酸奶可采取杀菌处理。凝固型酸奶在发酵达到规定的酸度后移入杀菌室处理,杀菌温度在 72 ℃~75 ℃,时间约为 5 min~10 min。搅拌型酸奶在灌装前杀菌,只要几分钟就可完成。

3.1.7 酸奶的国家标准

(1)感官指标

①滋味和气味:具有纯乳酸发酵剂制成的酸奶特有的滋味和气味,无酒精发酵味、霉味和其他外来的不良气味;

②组织状态:凝块均匀细腻,无气泡,允许有少量乳清析出;

③色泽:色泽均匀一致,呈乳白色或带微黄色。

(2)理化指标　脂肪≥3.0%,全乳固体≥11.5%,酸度在 70 °F～110 °F 之间,砂糖≥5.0%,汞(以 Hg 计)≤0.01 mg/kg。

(3)微生物指标　细菌总数(个/mL)≤100,大肠菌群(个/1 000 mL)≤3,致病菌不得检出。

3.1.8　生产实例

(1)什锦果汁酸奶

①配方　发酵乳 90 kg,什锦果汁 80 kg,白砂糖 10 kg,饮用水 20 kg,果胶 0.5 kg,香精 0.05 kg。

②制作工艺　先将果胶用水溶解均匀后,加入果汁、白砂糖,搅拌均匀。将混匀的果汁、糖浆加入发酵乳中,经均质后,进行杀菌处理,杀菌温度为 72 ℃～75 ℃,时间为 5 min～10 min。冷却后即可进行灌装也可以杀菌后,进行热无菌灌装。

(2)苹果酸奶

①配方　发酵乳 100 kg,浓缩苹果汁 52.5 kg,白砂糖 50 kg,饮用水 10 kg,果胶 0.6 kg,香精 0.05 kg。

②制作工艺　与什锦果汁酸奶相似。可根据果汁果料的不同调制不同风味与口感的酸奶,进行工业化生产前,应进行配方小样调制。

3.2　乳酸菌饮料

发酵乳经稀释可以制得乳酸菌饮料。乳酸菌饮料是当前市场上销售面广、量大、品种繁多的发酵乳制品之一。它是指以乳或乳与其他原料混合经乳酸发酵后再搅拌,加入稳定剂、糖、酸、水及果汁调配后通过均质加工而成的液体状酸乳制品。

乳酸菌饮料以其独特的营养功能和独特的风味深受消费者的青睐,世界各国对乳酸菌饮料的研究也做了大量的工作,其研究的重点主要是饮料的稳定技术和新产品的开发。众多研究结果表明:添加稳定剂和乳化剂是提高乳酸菌饮料稳定性的一条有效途径;在乳酸菌饮料中通过添加不同风味的营养物质开发新型乳酸菌饮料已成为一种发展趋势。

乳酸菌饮料根据其加工处理方法的不同可分为酸乳型和果蔬型两大类;同时又分为活性乳酸菌饮料和非活性乳酸菌饮料。

3.2.1　乳酸菌饮料生产工艺流程

乳酸菌饮料生产工艺流程如图 6-4 所示。

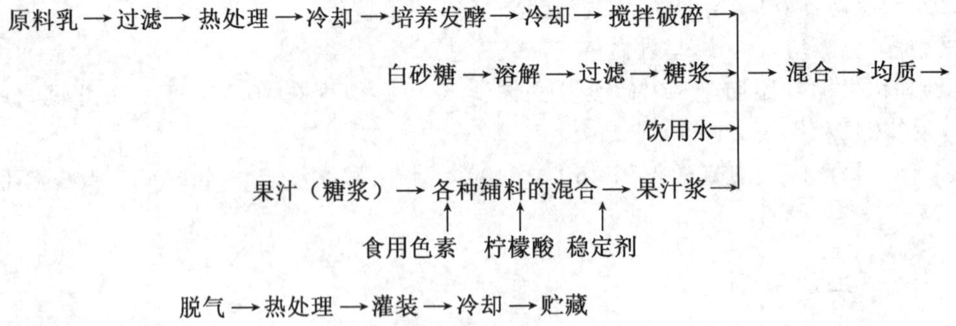

```
原料乳 → 过滤 → 热处理 → 冷却 → 培养发酵 → 冷却 → 搅拌破碎 ┐
                    白砂糖 → 溶解 → 过滤 → 糖浆 ┘           → 混合 → 均质 →
                                      饮用水 →
           果汁（糖浆）→ 各种辅料的混合 → 果汁浆 ┘
                      食用色素  柠檬酸  稳定剂

      脱气 → 热处理 → 灌装 → 冷却 → 贮藏
```

图 6-4 乳酸菌饮料生产工艺流程

3.2.2 乳酸菌饮料的配制

(1)混合调配　先将经过巴氏杀菌冷却至 20 ℃左右的稳定剂、水、糖溶液加入发酵乳中混合并搅拌，然后再加入果汁、酸味剂与发酵乳混合并搅拌，最后加入香精等。一般糖的添加量为 11% 左右，饮料 pH 值调至 3.9~4.2。

(2)均质　均质处理是防止乳酸菌饮料沉淀的一种有效的物理方法。通常用胶体磨和均质机进行均质，使其液滴微细化，提高料液黏度，抑制粒子的沉淀，并增强稳定剂的稳定效果。乳酸菌饮料较适宜的均质压力为 20 MPa~25 MPa，温度为 53 ℃左右。

(3)后杀菌　发酵调配后的杀菌目的是延长饮料的保存期。经合理杀菌、无菌灌装后的饮料，其保存期可达 3~6 个月。活性乳酸菌饮料则不需要后杀菌，但加入的其他原料必须先经过杀菌处理。

(4)蔬菜预处理　在制作蔬菜乳酸菌饮料时，首先要对蔬菜进行加热处理，以起到灭酶作用，通常在沸水中热烫 6 min~8 min。经灭酶后打浆或取汁，再与杀菌后的原料混合。

3.2.3 乳酸菌饮料标准

(1)感官指标
①滋味和气味：口感细腻，甜度适中，酸而不涩，具有乳饮料应有的风味，无异味；
②组织状态：呈乳浊状，均匀一致不分层，允许有少量沉淀，无气泡，无异物；
③色泽：呈均匀一致的乳白色，稍带微黄色或相应的水果色泽。

(2)理化指标　蛋白质≥0.7%，可溶性固形物≥10%，酸度在 25°T~80°T 之间，砷(以 As 计)≤0.5 mg/kg，铅(以 Pb 计)≤1.0 mg/kg，铜(以 Cu 计)≤5.0 mg/kg。

(3)微生物指标
①活性乳酸菌饮料　乳酸菌数≥106 个/mL，大肠菌群≤3 个/100 mL，致病菌不得检出，酵母菌≤50 个/mL，霉菌≤50 个/mL。
②非活性乳酸菌饮料　乳酸菌数为零，细菌总数≤100 个/mL，大肠菌群≤3 个/mL，致病菌不得检出，酵母菌≤50 个/mL，霉菌≤50 个/mL。

3.2.4 生产实例

(1)配方(200 kg)　发酵乳 10 kg，白砂糖 24 kg，果汁 20 kg，柠檬酸 0.3 kg，CMC 0.4 kg，抗坏血酸 0.1 kg，香精 0.1 kg，加饮用水到 200 kg。

(2)说明 果汁可以是多种果汁的混合即什锦果汁,也可以是单一果汁,可溶性固形物应大于12%;香精通常以橘子香精或菠萝香精为好;色素通常使用天然色素,但应适量,不能过多。

4 乳饮料常用稳定剂

稳定剂是使制成的乳饮料长时间保持其刚生产出来时的状态的作用成分。当稳定状态被破坏时,液体中相同粒子聚集融合成为肉眼可见物,因为其比重较大,造成分离下沉,而使制品失去其应有的品质。因此稳定剂是保证制品不发生分离沉淀的重要成分。

4.1 藻酸丙二醇酯(PGA)

PGA 是保持了藻酸的胶体性质和能在酸性情况下稳定存在的藻酸衍生物。在许多酸性食品中使用,尤其适合于果汁乳饮料。

①外观:淡黄白色略具芳香气味的粉末。

②粘度:在浓度越高时粘度越高,随着温度的升高,粘度下降。在 pH 值为 3~5 之间,随 pH 值降低而粘度增大,pH 值上升而粘度减小,pH 值在 7 以上则发生水解,粘度显著减小。

③加热稳定性:藻酸丙二醇酯在 60 ℃ 左右稳定,温度更高时则粘度降低,煮沸则粘度显著下降。但在高温短时加热时,并不失去其固有性质。由于加热所发生的变化仅是聚合度的降低,酯键并没有水解,因此即使在 90 ℃,pH 值为 3.1 的酸性溶液中,它也相当稳定。

④酸稳定性:在酸性溶液中随 pH 值的降低,藻酸丙二醇酯几乎不发生变化。

⑤对乳蛋白的稳定性:在酸性情况下,藻酸丙二醇酯具有独到的蛋白质稳定性。当添加量超过电荷中性点时,在 PGA-蛋白质结合物上可进一步吸附 PGA,将蛋白质的负电荷包围起来,使之成为极稳定的胶体分散体系。这样稳定化的乳蛋白即使添加果汁,也不会产生沉淀。

⑥添加量:藻酸丙二醇酯的添加量因溶液 pH 值、乳蛋白量、乳蛋白性质而不同。使用量不足,则不能中和蛋白质电荷,给人以糊状物感觉。在经济合理的基础上,可适当增加添加量以保证乳饮料的稳定。在乳饮料中的通常添加量为 0.2%~0.4%。

4.2 羧甲基纤维素钠(CMC)

羧甲基纤维素钠易溶于冷水中形成胶体溶液,不溶于多数有机溶剂,在乳饮料生产中使用方便。

羧甲基纤维素钠溶液的粘度因溶液浓度和温度而变化,特别因浓度的变化大,当浓度变化 2 倍数值时其粘度变化值约为 10。其溶液粘度与温度密切相关,当温度从 20 ℃ 升至 70 ℃ 时粘度下降 2/3 以上。pH 值在 4~12 范围内粘度基本不变,但在 pH 值高于 12 时则粘度急剧下降。

4.3 低甲氧基果胶(LM)

天然果胶存在于果蔬及其他植物组织中,商品果胶为白色或淡黄色的粉末,稍有香气,在20倍水中形成黏稠液体,不溶于乙醇和其他有机溶剂。商品果胶以50%DE值为界,DE值小于50%,甲氧基含量小于7%的称为低甲氧基果胶;DE值大于50%,甲氧基含量大于7%的称为高甲氧基果胶。甲氧基含量越高,凝胶能力越强。

低甲氧基果胶在乳饮料中作增稠剂、稳定剂和悬浮剂。

5 含乳饮料常见质量问题及其解决办法

5.1 咖啡乳饮料加工中常见问题及解决办法

咖啡乳饮料和一般饮料不同,其含有蛋白质、咖啡和蔗糖的粒子,经过调配和均质,饮料呈胶体状态。当制作条件出现变化,特别是pH值低于6时,饮料容易产生分离现象,因此必须严格进行生产和质量管理。主要的质量管理指标有饮料糖度和相对密度,pH值及酸度以及总氮、咖啡因、全脂乳固形物、粗脂肪等的含量。此外还要进行微生物检查,检测项目有细菌总数、霉菌、酵母以及大肠杆菌等。

5.2 果汁乳饮料加工中常见问题及解决办法

5.2.1 沉淀

乳饮料中乳蛋白很不稳定,容易凝集沉淀。防止凝集沉淀的方法主要有以下几种。

(1)利用高粘度的稳定化　酪乳等半固型或高粘度的饮料是不存在沉淀问题的。对于低粘度的饮料,添加增稠剂可以防止沉淀。

(2)利用高浓度(相对密度)的稳定化　提高液体相对密度防止沉淀是通常使用的方法。

(3)去除原料乳中的钙和果胶　部分可以水解的果胶与钙(碱土金属类)反应容易生成凝聚性物质,用此方法对乳原料进行处理,预先去除乳中的钙,可以使果汁乳饮料稳定。另外,其他无机盐类含量过高时也会促进凝聚,也可以用此方法加以去除。

(4)去除果汁中的果胶　用果胶酶、纤维素酶等的混合酶处理果汁,将其中的果胶水解成低分子的物质,或者使用澄清果汁,可以防止上述蛋白质－果胶的凝聚。

(5)用蛋白质水溶液处理果汁　用明胶水溶液预先去除果汁中的多酚、未分解的果胶以及能与蛋白质反应的物质。

(6)控制果汁与乳的混合比　在酸性溶液中,阳性电荷物质和阴性电荷物质大致等量混合时形成凝聚体,改变其量比使之形成保护胶体时,体系就会趋向稳定,根据这一原理,控制果汁和原料乳混合比、采用正确的混合方法以及进行果汁的前处理,形成保护胶体,都可以使果汁乳饮料稳定化。

5.3 酸奶加工中常见问题及解决办法

5.3.1 凝固性差

(1)原料乳质量　原料乳中含有抗菌素、磺胺类药物以及防腐剂等,都会抑制乳酸菌的生长。此外,原料乳中掺假,特别是掺碱,使发酵所产生的酸消耗于中和,而不能积累达到凝乳要求的 pH 值,从而使乳不凝或凝固不好。因此,要排除上述因素的影响,必须把好原料关。

(2)发酵温度和时间　发酵温度依所采用乳酸菌种类的不同而异。若发酵温度低于最适温度,则乳酸菌活力下降,凝乳能力降低,酸奶凝固性降低。发酵时间掌握不当,也会造成酸奶凝固性降低。此外,发酵室温度不均匀也是造成酸奶凝固性降低的原因之一。因此,在实际生产中,应尽可能保持发酵室的温度恒定一致,并掌握好适宜的培养温度和时间。

(3)菌种　发酵剂噬菌体污染也是造成发酵缓慢、凝固不完全的原因之一。因此,必须经常对发酵剂进行活力测定,活力达不到要求的不得使用。

(4)加糖量　适当的蔗糖可使产品产生良好的风味。若加入量过大,会产生高渗透压,抑制了乳酸菌的生长繁殖,活力下降,凝固性差。加糖应均匀,防止局部糖浓度过高而影响正常发酵。

5.3.2 乳清析出

(1)原料乳热处理不当　热处理温度偏低或时间不够,就不能使至少 75%~80% 的乳清蛋白变性,而变性乳清蛋白可与酪蛋白形成复合物,能容纳更多的水分,并且具有最小的脱水收缩作用。研究表明,要达到上述要求,需 85 ℃,20 min~30 min,或 95 ℃,5 min~10 min 的热处理条件。UHT 处理虽然能达到灭菌效果,但不能导致 75% 的乳清蛋白变性,所以酸奶生产不宜采用 UHT 加热处理。

(2)发酵时间　若发酵时间过长,乳酸菌继续生长繁殖,产酸量不断增加。酸性的增强破坏了原来已形成的胶体结构,使其容纳的水分游离出来形成乳清上浮。因此,酸奶发酵时,应抽样检查,发现牛乳已完全凝固,就应立即停止发酵。

(3)其他因素　原料乳中总固形物含量低、酸乳凝胶机械振动、乳中钙盐不足、发酵剂加量过大等也会造成乳清析出,在生产时要加以注意。乳中添加适量的氯化钙既可减少乳清的析出,又可赋予酸乳一定的硬度。

5.3.3 不良风味

(1)无芳香味　主要由于菌种选择及操作工艺不当引起。只有单一菌种发酵,或者发酵温度不适合,发酵时间不足都会使制品风味不足。

(2)酸奶的不洁味　主要是由发酵剂或发酵过程中污染杂菌引起。

(3)酸乳的酸甜度　酸奶过酸、过甜均会影响质量。发酵过度、冷藏时温度偏高和加糖量较低等会使酸奶偏酸,而发酵不足或加糖过高又会导致偏甜。

(4)原料乳的饲料臭、牛体臭、氧化臭味及由于过度热处理或添加了风味不良的炼乳或乳粉等制造的酸奶也是造成其风味不良的原因之一。

5.3.4 表面有霉菌生长

酸奶贮藏时间过长或温度过高,往往表面会出现霉菌。

5.3.5 口感差

有些酸乳口感粗糙,有砂状感。主要是由于生产酸乳时,采用了劣质的乳粉或由于生产时温度过高,蛋白质变性,或由于贮存时吸湿潮解,有细小的颗粒存在,不能很好地复原等原因所致。因此,在生产时应采用优质乳,并采用合适的均质处理,使蛋白质颗粒细化,改善口感。

5.3.6 产气

成品酸奶往往出现气泡,主要是由于发酵剂菌种不纯,混入产气菌,生产设备、管道及原料消毒不彻底,生产过程中人为污染等原因造成的。必须经常进行正规而严格的纯度实验,检查发酵剂中有无杂菌的污染,加强设备消毒。

5.4 乳酸菌饮料加工中常见问题及解决办法

5.4.1 沉淀

沉淀是乳酸菌饮料最常见的质量问题。一般乳酸菌饮料配制时,pH 值为 3.3～4.0,在这样的条件下,蛋白质粒子不能完全溶解,容易凝聚形成沉淀。为了使不稳定的蛋白质粒子保持稳定,可采取以下措施。

(1)蛋白质粒子微细化 用均质法处理,操作压力为 10 MPa～20 MPa。

(2)添加糖类 经均质处理已经微细化的蛋白质,会再结合成粗大的粒子而产生沉淀。为了防止这种情况出现,必须提高蛋白质和分散介质的亲和性。蔗糖与蛋白质粒子的亲和性最高,但用量要大,用量不足则无效果。

(3)使用稳定剂 选用在酸性条件下长期稳定、防止沉淀效果好的稳定剂,如 PGA、CMC 等。很少单独使用一种稳定剂,多是使用两种以上的稳定剂混合物。

(4)金属离子去除法 游离型的钙离子是不稳定的重要因素。为了降低游离钙离子的活度,可添加磷酸盐或柠檬酸盐等螯合剂,或用离子交换树脂等处理除去金属离子。

5.4.2 脂肪上浮

主要是由采用全脂乳或脱脂不充分的脱脂乳生产时均质不当等原因引起。在生产过程中,最好采用含脂量较低的脱脂乳或乳粉作为乳酸菌饮料生产的原料,并注意均质条件的选择。

5.4.3 杂菌污染

乳酸菌饮料中营养成分可促进霉菌和酵母菌的生长繁殖。这主要是由于杀菌不彻底所致。因此,应注意原料卫生、加工机械的清洗消毒以及灌装时的环境卫生等。

5.4.4 风味缺陷

风味缺陷及其原因见表 6-7

表 6-7 风味缺陷及其原因

缺　陷	原　　因
不正常气味	来源于原料乳的饲料臭
粉臭	脱脂奶粉变质
加热臭	原料乳杀菌温度高;使用了无糖炼乳、脱脂乳粉
低酸度	发酵时间不足;发酵温度不适;启动培养物活力不够;启动培养物添加量不足;乳固形物含量不够;有发酵阻碍物质存在;有噬菌体污染
高酸度	发酵时间过长;发酵后冷却温度过高;老熟温度过高;乳固形物含量过高
香味不足	菌种选择不当;单一菌发酵;发酵温度不适;发酵时间不足
异味、异臭	污染菌增值;过度发酵,长期老熟;制品长期保存;接触金属
焦糖臭	杀菌过度;制品高温保存;制品长期保存

思考题

1. 简述酸奶的生产过程和操作要点。
2. 简述咖啡乳饮料的生产过程和操作要点。
3. 列举乳饮料中常用的稳定剂及其合理的使用方法。
4. 分析乳饮料中常见的问题,提出解决办法。

指定参考书

1. 邵长富,赵晋府.软饮料工艺学.北京:中国轻工业出版社,1987
2. 李勇.现代软饮料生产技术.北京:化学工业出版社,2006
3. 朱蓓薇.饮料生产工艺与设备选用手册.北京:化学工业出版社,2003

参考文献

1. 李勇.现代软饮料生产技术.北京:化学工业出版社,2006
2. 朱蓓薇.饮料生产工艺与设备选用手册.北京:化学工业出版社,2003
3. 邵长富,赵晋府.软饮料工艺学.北京:中国轻工业出版社,1987
4. 莫慧平.饮料生产技术.北京:中国轻工业出版社,2001
5. 郭本恒.酸奶.北京:化学工业出版社,2003
6. 高愿军.软饮料工艺学.北京:中国轻工业出版社,2002
7. 田呈瑞.软饮料工艺学.北京:中国计量出版社,2005
8. 张国志,金铁成.食品工业.1999(2):17~19
9. 陶宁萍,严伯奋,支娜.食品与发酵工业.2000,26(6):68~70
10. 徐家莉.食品科学.1998,19(11):65~66
11. 李基洪.软饮料生产工艺与配方 3000 例(上册).广州:广东科技出版社,2004
12. 仇农学.现代果汁加工技术与设备.北京:化学工业出版社,2006

第 7 章 植物蛋白饮料

我国植物蛋白资源十分丰富,如大豆、花生、杏仁、椰子等。据联合国统计,目前世界的蛋白质供应量中,植物蛋白占 70%。由于植物蛋白相对容易被人体消化吸收,不含胆固醇,同时和动物蛋白在氨基酸的组成上具有互补性,因此,大力发展植物性蛋白类食品,有利于改善我国人民的食物结构,解决我国食品结构中的蛋白质含量偏低和奶源缺乏的问题。近年来,我国的植物蛋白饮料工业发展迅速,在今后若干年,植物蛋白饮料与碳酸饮料、果蔬汁饮料、瓶装水一样,仍将是我国饮料工业发展的重要方向。

1 植物蛋白饮料的定义与分类

1.1 植物蛋白饮料的定义

植物蛋白饮料(vegetable protein drinks)是指用蛋白质含量较高的植物果实、种子、核果类或坚果类的果仁等为原料,与水按一定比例磨碎、去渣后,加入配料制得的乳浊状液体制品。其成品蛋白质含量不低于 0.5%。

1.2 植物蛋白饮料的分类

按加工原料不同,植物蛋白饮料可以分成四大类。

1.2.1 豆乳类饮料

豆乳类饮料(soybean drinks)是以大豆为主要原料,经磨碎、提浆、脱腥等工艺制成的无豆腥味的制品。其制品又分为纯豆乳、调制豆乳、豆乳饮料。

1.2.2　椰子乳(汁)饮料

椰子乳(汁)饮料(coconut milky drinks)是以新鲜、成熟适度的椰子果肉为原料,经压榨制成的椰子浆,加入适量水、糖类等配料调制而成的乳浊状制品。

1.2.3　杏仁乳(露)饮料

杏仁乳(露)饮料(apricot kernel milky drinks)是以杏仁为原料,经浸泡、磨碎、提浆等工序后,再加入适量的水、糖类等配料调制而成的乳浊状制品。

1.2.4　其他植物蛋白饮料

如核桃、花生、南瓜籽、葵花籽等与水按一定比例经磨碎、提浆等工序后,再加入糖类等配料调制而成的制品。

2　豆乳类饮料

大豆栽培在我国已有5000多年的历史,而豆腐及其传统豆制品制作的历史也很悠久,并成为我国宝贵的科学文化遗产的一部分。发展至今,豆腐、豆浆及其他豆制品已普及到全国的大小城乡,成为民间最大众化的食品。大豆中富含蛋白质,而且氨基酸的组成比较合理,加工成的豆浆及豆腐易于被人体消化吸收,这对于增加人体蛋白质的补充尤其是优质蛋白质的补充、调整合理的膳食结构、改善人民的生活水平起到了很重要的作用。

由于世界范围内蛋白质缺乏以及一些发达国家(尤其是北美、西欧等地)因进食动物性食品过多,带来的一些"文明病"的问题(肥胖病、糖尿病、心血管病等),使人们对植物性蛋白质特别是大豆蛋白的研究、开发和生产特别重视。近数十年来世界上大豆产量迅速增长,成为发展最快的农作物之一。因而发达国家希望增加植物性蛋白质的消费量来改善其不合理的膳食结构,而一些发展中国家(包括中国),蛋白质摄入量偏低,目前认为解决这一问题的有效途径仍是发展植物性蛋白质,其中大豆蛋白更是受到重视。大豆蛋白除了具有较高的营养价值外,还具有吸油、吸水、乳化、胶凝、增稠等重要功能特性,在食品加工工业中具有广泛用途。

我国传统的豆浆因带豆腥味、苦涩味和焦糊味,在风味上有很大缺陷,使其发展受到限制。日、美等国对此作了深入研究,已将我国传统的小吃豆浆发展成为工业化豆奶产品。美国学者在解决风味问题的基础上,改革传统的生产方法并研究新的加工工艺,为新型豆奶生产奠定了基础,而日本食品工业界在开发豆奶新型设备和建立现代化工厂方面取得了很好的成果,促进了豆奶工业化的发展。

2.1 大豆的营养成分

大豆的营养成分主要有蛋白质、脂肪、碳水化合物、维生素、矿物质等多种物质。其中蛋白质和油脂通常占全豆总重的 60% 以上。这两种成分也是豆奶中的主要营养成分。表 7-1 为大豆化学成分(摘自日本食品标准成分表)。

表 7-1 大豆化学成分(每 100 g 中含量)

	能量(kJ)	水分(g)	蛋白质(g)	碳水化合物 油质(g)	碳水化合物 糖类(g)	碳水化合物 纤维(g)	灰分(g)	无机盐 钙(mg)	无机盐 磷(mg)	无机盐 铁(mg)	无机盐 钠(mg)	无机盐 钾(mg)	维生素 胡萝卜素(μg)	维生素 硫胺素(mg)	维生素 核黄素(mg)	维生素 烟酸(mg)	维生素 维生素(mg)
全粒	1766	12.5	32.8	19.5	26.2	4.6	4.4	170	460	8.9	1	1.8	15	0.84	0.30	2.2	0
脱脂	1435	11.9	41.9	2.7	32.0	5.4	6.1	290	610	10.1	1	2.5	0	1.20	0.30	2.6	0
脱皮脱脂	1448	11.9	45.8	2.9	30.8	3.1	5.5	260	510	9.4	1	2.1	0	1.20	0.22	2.1	0

2.1.1 蛋白质及氨基酸

大豆中平均约含 40% 蛋白质,其中水溶性部分有 80%~88%,因而在豆乳生产上可利用这一部分。在水溶性蛋白质中,含有球蛋白 94% 和白蛋白 6%。等电点(pH 值为 4.3)时蛋白质最不稳定。大豆水溶性蛋白质经超速离心沉降分析,根据沉降系数(S)可将大豆蛋白分成四个分子量不同的组分,即 2 s、7 s、11 s 和 15 s,其中 7 s 和 15 s 是主要成分。各组分蛋白质在理化特性及氨基酸组成上均有差异。见表 7-2。

表 7-2 大豆蛋白质的氨基酸组成

氨基酸	含量(%)	氨基酸	含量(%)	氨基酸	含量(%)
精氨酸	8.42	组氨酸	2.55	赖氨酸	6.86
酪氨酸	3.90	色氨酸	1.28	苯丙氨酸	5.01
胱氨酸	1.58	蛋氨酸	1.56	丝氨酸	5.57
苏氨酸	4.31	亮氨酸	7.72	异亮氨酸	5.01
缬氨酸	5.38	天冬氨酸	12.01	甘氨酸	4.52
丙氨酸	4.51	脯氨酸	6.28		

2.1.2 油脂

大豆油在常温下为液体,凝固点为 -15 ℃,为半干性油,相对密度 0.92,酸价 0.2~1.9,皂化价 194~196,不皂化物 0.6%~1.2%,碘价 127~139。

大豆油的脂肪酸组成中,饱和脂肪酸约占 15%,其余为不饱和脂肪酸,其中油酸占 23%,亚油酸 54%,亚麻油酸 7%。

2.1.3 碳水化合物

大豆的碳水化合物中约含有 18% 的粗纤维、18% 的阿拉伯聚糖、21% 的半乳聚糖,其余为可溶性糖类,包括蔗糖、水苏糖、棉子糖等。

棉子糖由 d-半乳糖、d-葡萄糖和 d-果糖所构成。水苏糖由两个分子的 d-半乳糖和 d-葡萄糖、d-果糖所构成。由于人体消化道中不含有水解这两种低聚糖的酶,因而它们不能为人体所利用。

2.1.4 无机盐

大豆中含有多种无机盐类,其中以钾和磷含量最多。各类无机盐含量见表 7-3。

表 7-3 大豆中无机盐含量(干物质计)

无机盐	含量(%)	无机盐	含量(%)
灰分	4.6	钠	0.24
钾	1.83	硼	0.0019
钙	0.24	锰	0.0028
镁	0.31	铁	0.008
磷	0.78	铜	0.0012
硫	0.24	钡	0.008
氯	0.03	锌	0.0018

2.1.5 维生素

大豆中含有十余种维生素,主要是 B_1、B_2、烟酸和维生素 E。

表 7-4 大豆中各种维生素含量(干物质计)

维生素	含量(μg/g)	维生素	含量(mg/g)
β-胡萝卜素	0.2~0.4	B_6	6.4
B_1	11.0~17.5	生物素	0.6
B_2	2.3	肌醇	1.9~2.6
烟酸	20.0~25.9	胆碱	3.4
泛酸	12	V_c	0.2
叶酸	2.3		

2.1.6 大豆异黄酮

大豆中含有大豆异黄酮 1 200μg/g~4 200μg/g,它是大豆生长中形成的一类次生代谢产物,对人体具有多种活性功能。

2.2 大豆的酶类与抗营养因子

大豆中存在的酶类和抗营养因子影响豆奶质量、营养、加工方法和工艺条件。现已发现有近 30 种酶类存在于大豆中,其中以脂肪氧化酶对豆奶质量影响最大。大豆中还存在多种抗营养因子(约七种),其中以胰蛋白酶抑制剂(TI)对豆奶的营养价值影响最大。

2.2.1 脂肪氧化酶

传统工艺生产的豆奶,品质上的一个重要问题就是有浓厚的豆腥味存在。

经藤卷、荒井等(日本1969、1970年),Mathick和Hand(美国1969年)的研究证实:豆浆的大豆臭(豆腥味)的主要成分为正己醇,即使其含量超微以ppb计(1 ppb为10亿分之一),饮用时也有强烈的不快感。但完全成熟的大豆本身不含有此成分。而当打碎生大豆时,大豆中存在的脂肪氧化酶在氧的催化作用下,氧化脂肪即可生成正己醇。

脂肪氧化酶存在于多种植物中,但以大豆中的脂肪氧化酶的活性最高,Guss等人在20世纪70年代初的研究结果表明它是一种由多种类成分构成的同功酶。

康奈尔(Conel)大学的Witkens等发现了脂肪氧化酶虽然会使豆奶产生豆腥味,但圆粒大豆用80 ℃~100 ℃热水磨碎,可制得大豆腥味相当少的豆奶(1967年),因而开发了用加热使脂肪氧化酶失活而制得无腥味豆奶的方法即康奈尔法。现已研究证实脂肪氧化酶的耐热性较低,经轻度的热处理就可达到钝化要求。80 ℃是脂肪氧化酶失去活性的界限。当磨碎大豆的温度低于80 ℃时,则会产生很多氧化产物,当温度高于80 ℃磨碎时,脂肪氧化产物很少。因而在豆奶生产中,为了防止产生豆腥味,广泛采用80 ℃以上的热磨方法。

对于豆奶的苦味、涩味和收敛味,不同的人,其感觉也各有差异,但都觉得有一种麻木的苦涩味。研究结果表明主要为8种石炭酸,主要成分有丁香酸、香草酸、阿魏酸和龙胆酸,龙胆酸有收敛味的作用,而绿原酸和异绿原酸有苦味。这些水溶性物质容易吸附蛋白质,很难从豆奶中除去。目前尚无较理想的方法解决,采用添加咖啡、可可、香草等香料可起一定的掩盖作用。

2.2.2 肠内产气因子

产气因子是指由于大豆中所含棉子糖和水苏糖在人体小肠中不能消化,当经过大肠时,被细菌发酵而产气,会引起胀气、腹泻等问题。在国外,大豆产气因子是影响大豆制品广泛消费的主要原因之一。

产气因子在大豆浸泡、脱皮、离心分离除去豆渣时可部分除去。而存在于豆奶中的部分,目前认为最实际而有效的解决办法是采用水解酶的分解作用使棉子糖、水苏糖降解而去除。也有用超滤和反渗透技术除去大豆蛋白中寡糖和其他抗营养因子的研究报道。

2.2.3 抗营养因子

2.2.3.1 胰蛋白酶抑制剂

在大豆中发现的阻碍蛋白质分解酶的作用的蛋白酶阻碍因子有10个左右,这些因子可抑制胰脏分泌的胰蛋白酶的活性,降低蛋白质的营养价值,严重时会引起胰脏肿大。

胰蛋白酶抑制剂耐热性强,不易破坏,经干热处理难以失活,120 ℃处理1 h才失活,但在水分多的情况下,用80 ℃以上湿热处理就容易失活。经热磨过滤后,在豆浆中仍有近10%~20%的酶活性存在,在后继的加热杀菌过程中,若采用超高温加热处理,在达到杀菌目的的同时,胰蛋白酶抑制剂即可完全灭活。目前通常认为至少需钝化80%~90%的酶活性,才不会明显地影响蛋白质生理效价,也不会因残留活性而引起胰脏肿大等病变。

2.2.3.2 凝血毒素

凝血毒素为一种具有凝血作用的低分子量的植物性蛋白毒素。Lidner等人研究认为这类毒素是含甘露糖和葡萄糖胺的糖蛋白质,把它注射于大白鼠后,呈现强的致死毒性,但经口服则容易被胃酸灭活而无害,大白鼠也不会死亡。生大豆的凝血毒素,通过湿热处理,容易灭活,经过很多研究证实,经湿热加工和加热杀菌的豆浆,可以安全饮用。

2.2.3.3 皂角甙及甲状腺肿素

皂角甙为广泛分布于植物界的一种配糖体,能使水溶液显著发泡,有使油类乳化的作用,皂角甙与固醇类、乙醇类和酚类起反应,形成难溶性高分子化合物。大豆约含 0.5% 的皂角甙,经动物实验结果表明:皂角甙对鼠、小鸡等无影响,因喂进的大豆皂角甙不被肠道吸收而排出体外。

在未加热的大豆中,因含有配糖体葡萄糖硫的一种甲状腺肿素,生食大豆,易使甲状腺肥大。若同时给予酪蛋白,这种作用就可以防止。给予碘剂,肥大了的甲状腺可恢复正常。大豆经加热处理,这种作用也会失去。

2.3 豆乳的营养价值

2.3.1 豆奶的营养成分

豆奶的生产多数采用将大豆粉碎(干法或湿法)后萃取其水溶性成分,再经离心过滤除去其中不溶物,即得豆奶,使大豆中大部分可溶性营养成分在这个生产过程中转移到豆奶中。

饮用豆奶最主要的目的是摄取蛋白质。而一种蛋白质的质量则取决于必需氨基酸的组成及含量。从表 7-5 中可以看出豆奶蛋白与牛奶蛋白和理想蛋白相比较,除硫氨基酸含量略逊色外,其他均合乎理想蛋白质的要求。在一些婴儿营养豆奶中,往往添加少量硫氨基酸以弥补其不足。

表 7-5 豆奶、牛奶和 FAO/WHO 提出的理想
蛋白质必须氨基酸含量(g/100g 蛋白质)

必需氨基酸	豆奶蛋白质	牛奶蛋白质	理想蛋白质
异亮氨酸	5.3	6.3	4.0
亮氨酸	8.8	10.0	7.0
赖氨酸	6.5	8.1	5.5
蛋氨酸+胱氨酸	2.5	3.5	3.5
苯丙氨酸	8.0	10.3	6.0
苏氨酸	4.5	4.9	4.0
色氨酸	1.3	1.4	1.0
缬氨酸	5.0	6.9	5.0

油脂是豆奶中的另一主要营养成分,与牛奶相比,其特点是不饱和脂肪酸含量高,并不含胆固醇。不饱和脂肪酸主要为亚油酸和油酸(表 7-6)。

豆奶中的维生素主要是 B_1、B_2、烟酸、E 等,基本上不含 A、D、B_{12} 和 C,生产上可适当添加部分以满足要求。豆奶中的矿物质也是有效营养成分之一(表 7-7)。

另外,在各种大豆制品中,豆奶和豆腐中蛋白质的消化率最高,可为人体充分利用(表 7-8)。

表 7-6 豆乳、牛奶、母奶的脂肪组成

成分	豆奶	牛奶	母奶
饱和脂肪酸(%)	40～80	60～70	55.3
不饱和脂肪酸(%)	52～60	30～40	44.7
胆固醇(mg)	0	280～300	300～600

表 7-7 豆奶、牛奶、母奶矿物质含量

种类	矿物质(g)	钙(mg)	磷(mg)	铁(mg)
豆奶	0.5	15	49	1.2
牛奶	0.7	100	90	0.1
母奶	0.2	35	25	0.2

表 7-8 各种大豆食品中蛋白质的消化率(%)

品种	炒豆	煮豆	黄豆粉	纳豆	豆酱	豆腐	豆奶
消化率(%)	60	68	83	85	85	95	95

2.3.2 豆奶的生理效用

当人体摄入过量动物性脂肪时，胆固醇会沉积在血管壁上，使血管脆弱、变细阻碍血液流通，导致高血压和动脉硬化等病症。当人们长期食用豆奶时，因豆奶中不含胆固醇而含大量的亚油酸和亚麻酸，故不仅不会造成血管壁上的胆固醇沉积，而且还对血管壁上沉降的胆固醇具有溶解作用。同时豆奶中含有较多量的维生素 E，可防止不饱和脂肪酸氧化，去除过剩的胆固醇，防止血管硬化，减少褐斑，有预防老年病的作用。

豆奶中的蛋白质含有较多量的赖氨酸，而赖氨酸又是许多其他食物提供蛋白质供给源时的限制，豆奶中含钾较多，为碱性食品，可以缓冲肉类、鱼、蛋、家禽、谷物等酸性食品的不良作用，维持人体的酸碱平衡。

部分婴儿对牛奶有过敏反应，而豆奶就无此问题。以豆奶喂养的婴儿其肠道细菌与母奶喂养的相同，其中双歧杆菌占优势，可抑制其他有害细菌生长，预防感染，对婴儿有保护作用。而牛奶喂养的婴儿则双歧杆菌很少，嗜酸乳酸菌多。

2.4 影响豆乳质量的因素及防止措施

2.4.1 豆腥味的产生与防止

2.4.1.1 豆腥味的产生

普通的大豆制品有豆腥味，直接影响大豆乳产品的质量。豆腥味是大豆中脂肪氧化酶催化不饱和脂肪酸氧化的结果：

亚油酸、亚麻酸等 $\xrightarrow{\text{脂肪氧化酶,O}_2}$ 氢过氧化物 $\xrightarrow{\text{降解}}$ 醛酮、醇、呋喃、α-酮类、环氧化物等异味成分

脂肪氧化酶多存在于靠近大豆表皮的子叶处,在整粒大豆中活性很低,当大豆破碎时,由于有氧气存在和与底物的充分接触,脂肪氧化酶即产生催化作用,使油脂氧化,产生豆腥味(表7-9)。

表 7-9 大豆脂肪氧化酶活性的变化

	整粒豆	破碎去皮豆	碎豆调成 14% 溶液
氧化程度(TBA 值)/%	0	2	10.5

根据美国康奈尔大学的专家分析,脂肪氧化酶的催生氧化反应可以产生 80 多种挥发性成分,其中 31 种与豆腥味有关。豆乳中只需含有微量油脂氧化物,就足以使产品产生豆腥味,如正己醇,10 亿分之一的浓度就能使产品产生强烈的不快感。

2.4.1.2 豆腥味的防止

对豆腥味的清除,人们采用了许多方法。由于豆腥味的产生是一种酶促反应,可以通过钝化酶的活性、除氧气、除去反应底物的途径避免豆腥味的产生,并且可以通过分解豆腥味物质及香料掩盖的方法减轻豆腥味。目前较好的方法有以下几类:

(1)钝化脂肪氧化酶活性

①加热法:脂肪氧化酶的失活温度为 80 ℃～85 ℃,故用加热方式可使脂肪氧化酶丧失活性。加热方法是把干豆加热,再浸泡磨浆,一般采用 120 ℃～170 ℃ 热风处理,时间为 15 s～30 s。或者大豆用 95 ℃～100 ℃ 水热烫 1 min～2 min 后才浸泡磨浆。但这两种加热方法容易使大豆的部分蛋白质受热变性而降低蛋白质的溶解性。为了提高大豆蛋白质提取率,在生产中也可以采用微波加热或远红外线加热大豆,使豆粒迅速升温,钝化酶活性。此外,大豆在脱皮后采用超高温瞬时灭菌(UHT),处理后闪蒸冷却,也可以去除大豆的豆腥味,防止蛋白质大量变性。

②调节 pH 值 脂肪氧化酶的最适 pH 值为 6.5,在碱性条件下活性降低,至 pH 值为 9.0 时失活。在大豆浸泡时选用碱液浸泡,有助于抑制脂肪氧化酶活性,并有利于大豆组织结构的软化,使蛋白质的提取率提高。

③高频电场处理:在高频电场中,大豆中的脂肪氧化酶受高频电子效应、分子内热效应以及蛋白偶极子定向排列并重新有序化的影响,活性受到钝化。随着处理时间的延长,豆腥味由腥到微腥、豆香味一直到糊香味,色泽也随之加深。脱腥效果以处理时间为 4 min 左右为宜。

(2)豆腥味的脱除

①真空脱臭法:真空脱臭法是除去豆乳中豆腥味的一个有效方法。将加热的豆奶喷入真空罐中,蒸发掉部分水分,同时也带出挥发性的腥味物质。

②酶法脱腥:据报道,某些不良味道本身是肽类或某些味道物质与蛋白质的结合,故利用蛋白酶水解后,可以除去豆腥味;另外也可用醛脱氢酶、醇脱氢酶等作用于产生豆腥味的物质,通过生化反应把臭腥味成分转化成无臭成分。这是一项有意义的研究。

③豆腥味掩盖法:在生产中常向豆乳中添加可可、咖啡、香料等物质,以掩盖豆乳的豆腥味。

实际生产中要通过单一方法去除豆腥味相当困难,因此,在豆乳加工过程中,钝化脂肪氧化酶的活性是最重要的,再结合脱臭法和掩盖法,可以使产品的豆腥味基本消除。

2.4.2 苦涩味的产生与防止

豆乳中苦涩味的产生是由于多种苦涩味物质的存在。苦涩味物质如大豆异黄酮、蛋白质

水解产生的苦味肽、大豆皂甙等,其中大豆异黄酮是主要的苦涩味物质。Matsuura等研究发现,豆制品的不愉快风味的产生与其浸泡水的温度和pH值有很大相关性,在50 ℃、pH值为6时产生的异黄酮最多,在β-葡萄糖苷酶作用下有大量的染料木黄酮和大豆甙原产生,使产品的苦味增加。在低温下添加葡萄糖酸-δ-内酯,可以明显抑制β-葡萄糖苷酶活性,使染料木黄酮和大豆甙原产生量减少。同时,钝化酶的活性、避免长时间高温、防止蛋白质的水解、添加香味物质、掩盖大豆异味等措施,都有利于减轻豆乳中的苦涩味。

2.4.3 抗营养因子的去除

豆乳中存在胰蛋白酶抑制因子、凝血素、大豆皂甙及棉子糖、水苏糖等抗营养因子。这些抗营养因子在豆乳加工的去皮、浸泡工序中可去除一部分。由于胰蛋白酶抑制因子和凝血素属于蛋白质类,热处理可以使之失活。在生产中,通过热烫、杀菌等加热工序,基本可以达到去除这两类抗营养因子的效果。棉子糖、水苏糖在浸泡、脱皮、去渣等工序中会除去部分,大部分仍残存在豆乳中,目前尚无有效办法除去这些低聚糖。

2.4.4 豆乳沉淀现象的产生及防止

豆乳是由多种成分组成的营养性饮料,是一种宏观不稳定的分散体系,影响其稳定性、造成产品产生沉淀现象的因素包括物理因素、化学因素和微生物因素。

2.4.4.1 物理因素

豆乳中的粒子直径一般在50 μm～150 μm之间,没有布朗运动,其稳定性符合斯托克斯法则,每一粒子所受向下垂力应等于沉降介质的浮力与摩擦阻力之和,即:

$$4/3\pi r^3 \rho_1 g = 4/3\pi r^3 \rho_2 g + 6\pi r \eta u$$

式中:r为粒子半径;η为介质黏度;ρ_1为粒子密度;ρ_2为介质密度;g为重力加速度;u为沉降速度。

由上式可知,沉降速度与粒子半径、粒子密度、介质黏度、介质密度有关。豆乳的粒子密度、介质密度一般变化不大,可以近似视为常量。因此,粒子半径和介质黏度决定粒子的沉降速度。在豆乳加工中,添加适量的增稠剂以增加黏度,改进技术和设备以降低粒子半径,都可以提高豆乳的稳定性。

2.4.4.2 化学因素

豆乳的pH值对蛋白质的水化作用、溶解度有显著的影响。在等电点附近,蛋白质水化作用最弱,溶解度最小。大豆蛋白的等电点在4.1～4.6,为了保证豆乳的稳定性,豆乳的pH值应远离蛋白质的等电点。

电解质对豆乳的稳定性也有影响,氯化钠、氯化钾等一价盐促进蛋白质的溶解,而蛋白质在氯化钙、硫酸镁等二价金属盐类溶液中的溶解度较小,这是因为钙、镁离子态的蛋白质粒子间产生桥联作用而形成较大胶团,加强了凝集沉淀的趋势,降低了蛋白质的溶解度。因此,在豆乳生产过程中,需注意二价金属离子和其他变价电解质引起的蛋白质沉淀现象发生。

2.4.4.3 微生物

微生物是影响豆乳稳定性的主要因素之一。豆乳富含蛋白、糖等营养物质,pH呈中性,十分适宜微生物的繁殖。产酸菌的活动和酵母的发酵都会使豆乳的pH值下降,使大分子物质发生降解,豆乳分层,产生沉淀。为了避免微生物的污染,应加强卫生管理和质量控制,规范杀菌工艺,杜绝由微生物引起的豆乳变质现象。

2.5 豆乳的生产工艺

2.5.1 豆奶饮料分类

基于豆奶的营养作用,大豆制品生产迅速增长。在日本、新加坡、马来西亚、中国香港等国家和地区早已开始豆奶的生产。在西方尤其是美国,他们的饮食习惯是以肉类、乳制品为主,对大豆的味道有着传统性的反感,常年生产销售的是各类大豆蛋白制品。我国也已由传统的豆腐制作向多样化的大豆制品(包括豆奶)方向发展。以下简要介绍日本有关豆奶饮料的分类,以作参考。

在日本,豆奶制品深受欢迎,已形成了初具规模的豆奶加工业。

目前日本的豆奶产品有下列几种类型(表 7-10):

表 7-10(分类)　日本农林水产省制定的豆奶农林标准(JAS)

	主原料	主要成分	大豆固形物	大豆蛋白质含量
豆浆	大豆	大豆豆乳液	8%以上	3.8%以上
调整豆乳	大豆	大豆豆乳液	6%~8%	3.0%以上
		调整豆乳液	6%以上	
	脱脂加工大豆	调整脱脂大豆豆乳液	6%以上	3.0%以上
豆奶饮料	大豆或者脱脂加工大豆	调整豆奶或调整脱脂大豆乳液	4%~6%	1.8%以上
		调整(或脱脂)豆乳加果汁、菜汁、乳及乳制品、谷类粉末等风味原料	4%以上	
		调整(或脱脂)豆乳加果汁5%~10%	2%以上	0.9%以上

(1)豆浆　不进行任何调整。仅占 4%(占总销售量)。

(2)调整豆奶　有调整成分,添加植物油、添加糖,强化钙等。产量为 56%。

(3)豆奶饮料　品种有添加果汁,添加麦芽汁,添加咖啡可可,添加蔬菜汁,乳酸发酵,添加乳。此类品种最多,约占全部豆奶品种的 70%~80%,产量约为 40%。

2.5.2 基本工艺流程

豆乳生产工艺流程如下:

大豆→清理→去皮→浸泡→磨浆→过滤→调配→

高温瞬时灭菌→脱臭→均质┬→杀菌→无菌包装→检验→成品
　　　　　　　　　　　　└→包装→杀菌→冷却→检验→成品

第二届中国乳业科技大会提出了生产豆乳的新工艺:

全脂大豆蛋白粉或大豆分离蛋白→加水→磨浆→调配→过滤→均质→UHT 杀菌→冷却→无菌灌装→豆乳

该工艺中,除原料的成本较高外,其他费用都较低,如设备投资小,能耗低,管理费用低,而且没有废弃物如豆渣产生,处理费用进一步降低。

2.6 发酵酸豆乳的生产工艺

2.6.1 发酵酸豆乳加工的基本原理

发酵酸豆乳是在大豆制浆后,加入少量奶粉或某些可供乳酸菌利用的糖类作为发酵促进剂,经乳酸菌发酵而生产的酸性豆乳饮料。它既保留了豆乳饮料的营养成分,又产生了特殊的风味和代谢产物。乳酸菌是能利用糖产生乳酸的革兰氏阳性细菌的总称,是酸豆乳生产上利用的最主要的微生物。在发酵过程中能产生乳酸及许多风味物质,这些风味物质的复合作用赋予饮料浓郁芳香的特有风味,它们能掩盖发酵原料(大豆)的异味。大豆饮料经乳酸菌发酵后,其固有的豆腥味明显减弱或消失,减少了胀气成分寡糖的含量,使风味品质明显改善,但是要生产出品质优良、口感比较容易接受的发酵豆奶,必须在上游加工即豆奶的生产过程中就把握好大豆脱腥的问题。发酵产生的乳酸对许多微生物(尤其是人体肠道内存在的有害微生物)具有抑菌或杀菌作用,且在进入肠道被中和后仍然存在着许多抗菌性因子。酸豆乳含有活性乳酸菌体及其代谢产物,对人的肠胃功能有良好的调节作用,能增加消化机能,促进食欲,加强胃肠蠕动和机体物质代谢。并且在发酵过程中乳酸菌对豆乳中的植物蛋白适度降解,将大分子蛋白质降解为中、低分子含氮物,提高了植物蛋白营养价值,更易于人体吸收。此外,某些乳酸菌能形成 B 族维生素。总之,发酵酸豆乳既可发挥大豆的营养功效,又能破坏豆奶中的不良因素,是集大豆的营养与乳酸菌的功效于一体的新型保健饮品,长期饮用能增强肌体的免疫力,有益于健康长寿。

生产中,可用一个菌种(单用发酵剂),也可将两个以上菌种混合使用(混合发酵剂),一般混合发酵剂使用多一些,可使菌种利用共生作用,互相得益。最常用的是以乳酸链球菌或嗜热链球菌与干酪杆菌或保加利亚乳杆菌混合。菌种的选择对发酵剂的质量起重要作用,可根据不同生产目的,选择适当的菌种。

2.6.2 工艺流程

发酵酸豆乳包括两种产品。一种是凝固型酸豆乳(类似酸凝牛奶),另一种是液体乳酸菌饮料。这两种产品前期工艺流程基本相同,仅在进行发酵时略有差别,从而导致了不同的产品状态和口感。

凝固型酸豆乳的生产主要过程包括发酵剂的制备、原料调配和发酵等工序,其工艺流程如下:

乳酸菌纯培养物→母发酵剂→生产发酵剂
↓
豆浆制备→原料调配→过滤→均质→杀菌→冷却→添加发酵剂
↓
成品←冷藏←前发酵←装瓶封盖
↑
容器→杀菌

液体状乳酸菌发酵豆乳饮料是以上述酸豆乳饮料为基料,只是不许分装在小容器里而用大罐发酵,混合搅拌均匀后,再经均质、分装而成。其生产流程如下:

豆浆制备→调配→过滤→均质→杀菌→冷却→接种发酵剂
　　　　　　　　　　　　　　　　　　　　　　↓
成品←包装←均质←调配←发酵乳←均质⎫
　　　　　　　　　　　　　　　　　　⎬发酵罐中发酵
成品←包装←均质←搅拌　　　　　　　⎭

2.6.3 工艺要点

酸豆乳生产中按照工艺流程，主要可以分为发酵剂的制备、酸豆乳基料的制备、接种发酵三大工序。

2.6.3.1 发酵剂的制备

(1)制备发酵剂的必要条件：要调制优质的发酵剂，必须具备下列条件：

①培养基的选择：在调制发酵剂时，为了使菌种的生活环境不至于急剧变化，其培养基最好与成品的原料相同或相似。因此，调制乳酸菌发酵剂时最好用全乳、脱脂乳或还原乳等，作为培养基的原料乳，且必须新鲜、优质。

②培养基的制备：用作乳酸菌发酵剂的培养基，必须预先杀菌，以杀灭杂菌保证发酵剂的纯度。当调制乳酸菌纯培养物和母发酵剂的培养基时，可采用高压灭菌(120 ℃,15 min~20 min)，以达到无菌状态。调制发酵剂的培养基时，则不能高温杀菌或长时间灭菌，否则易使牛乳褐变和产生蒸煮味，影响最终产品品质，因此一般采用 90 ℃,60 min 或 100 ℃,30 min~60 min 杀菌。

③接种量：接种量因培养基的数量、菌种的种类、活力、培养时间及温度等的不同而异。一般调制乳酸菌发酵剂时，按培养基的 1%~3% 比较合适。工业生产上可略提高接种量来加快生产速度。

④培养时间与温度：培养的时间与温度，因微生物种类、活力、产酸能力、产香程度及凝块形成的情况而异。

⑤发酵剂的冷却与保存：发酵剂按照适宜的培养条件培养，达到所要求的发育状态后，应迅速冷却，并存放于 0 ℃~5 ℃ 冷库中。如果发酵剂数量很大，冷却就需要很长时间，在这段时间内，酸度会继续上升而导致发酵过度。因此必须提前停止培养，或将培养好的发酵剂置于水中冷却。

在保存中，发酵剂的活力随保存温度、培养基中的 pH 值等的变化而变化，最多保存 1 个月。

(2)发酵剂制备的具体方法

①纯培养物的复活：纯培养菌种通常装在试管中，由于保存和运送等原因，活力不强，故使用前需活化，恢复其活力。

将试管内的纯培养物吸取 1 mL~2 mL，无菌操作接种到准备好的灭菌脱脂乳培养基中，根据菌种特性放入保温箱内培养，凝固后再取出 1 mL~2 mL，按上述方法操作，反复数次，待乳酸菌充分活化后，即可供生产使用。

②母发酵剂的制备：取新鲜脱脂乳 100 mL~300 mL，装入经干热灭菌(160 ℃,1 h~2 h)的母发酵剂容器中，以 120 ℃,15 min~20 min 高压灭菌，然后迅速冷却至 25 ℃~30 ℃。用灭菌吸管吸取适量纯培养物(约为培养发酵剂用脱脂乳量的 1%)进行接种后放入保温箱中，按所需温度进行培养。凝固后再移植于另外的灭菌脱脂乳中，反复 2~3 次，使乳酸菌保持一定活力，然后用于调制生产发酵剂。

③生产发酵剂的制备：取实际生产量1％～2％的脱脂乳，装入经灭菌的生产发酵剂容器中，以100 ℃，30 min～60 min杀菌并冷却至25 ℃左右，然后无菌操作添加1％的母发酵剂，加入后充分搅拌，使其均匀混合，在所需温度下保温培养，达到所需酸度后，即可取出贮藏于冷库中待用。此时所用培养基最好与成品原料相同。

2.6.3.2 酸豆乳基料的制备

豆乳制备过程主要包括制浆、调配、过滤、均质、杀菌、冷却等工序。

生产豆乳所用的豆乳制浆与普通豆乳的制浆要求基本相同。制得的豆乳必须是新鲜磨制的，要求干物质含量在8％～11％。因为乳酸发酵过程具有一定的脱腥作用，因此豆乳对脱腥的要求不必太高。调配工序是制备酸豆乳基料的关键工序，它决定着产品的色、香、味、型。调配过程中需添加以下原料：

①糖 产酸量是衡量乳酸菌生长的一项重要指标。成熟的大豆中含有一定量的寡聚糖和多聚糖，而能被乳酸菌利用的糖却很少，另外生产中经浸泡等工序的处理，豆浆中可供乳酸菌利用的糖就更少了。所以调制工序中要加入适量的糖，这对于促进乳酸菌的繁殖，提高酸豆乳质量是非常必要的。

②胶质稳定剂 调制酸豆乳基料时，为保证产品的稳定性，加入适量的稳定剂也是十分必要的。对胶质稳定剂一个最基本的要求是在酸性条件下不易被乳酸菌分解。常用的有明胶、琼脂、果胶、卡拉胶、海藻胶和黄原胶等。单独使用时，明胶添加量为0.6％，琼脂为0.2％～1.0％。各种稳定剂也可两种以上并用。这些稳定剂需事先用水溶化后再加入。

③调味添加剂 根据产品需要还可调加香精香料，有时可加牛乳或果汁以增加产品风味。果汁可用苹果、橘子、葡萄等，添加量小于10％。牛乳的添加量不受限制。

将上述原料搅拌均匀后，经过滤除去可能存在的不溶性物质。为确保产品质地细腻要经均质处理，之后要进行灭菌处理。杀菌后的料液经板式热交换器迅速冷却，冷却温度随所用菌种的最佳发酵温度而定。

2.6.3.3 接种发酵

冷却后的原料可接种制备好的发酵剂，接种量随发酵剂中的菌数含量而定，一般为1％～5％，然后进行发酵和后熟。生产凝固型酸豆乳时，接入发酵剂后迅速灌杯封盖，然后进入发酵室培养发酵。生产搅拌型酸豆乳时，接入发酵剂后，先在发酵缸中培养发酵，然后搅拌、均质、分装后出售。

乳酸菌发酵过程中需要控制两个重要参数：

①发酵温度：乳酸菌发酵豆乳时的温度通常在35 ℃～45 ℃之间，不同的菌种发酵的适温也不一样。对于大多数菌种来说，发酵温度在接近乳酸菌的最适生长温度底限时，有利于乳酸菌的生长繁殖。

②发酵时间：酸豆乳的发酵时间随所用菌种及培养温度而定，一般在10 h～24 h。发酵好的酸豆乳pH值应在3.5～4.54之间，酸度应在50°T～60°T之间。

3 提高豆乳的质量与蛋白质回收

豆奶的风味和口感是影响其质量的最主要的因素,也是新法生产豆奶和传统方法生产豆浆的主要不同之处。生产上要求风味清香、口感舒适、稳定性高。这样才可以调整配制成风味纯正,口感温柔和不受豆奶中多种不良风味影响,使特征性风味突出,优胜于一般单纯风味的饮料。

大豆中蛋白质和固形物的回收率高低,直接影响产品的成本,是豆奶生产中另一个关键问题。在豆奶生产过程中,由于多数生产方法均采取离心过滤除去纤维(豆渣)的方法,因此在大豆磨碎和萃取过程中,如何最大限度地将营养成分萃取出来,并降低在离心分离中的损失是取得有效回收的关键。

3.1 改善豆乳的风味

改善豆奶的风味,关键在于两方面。其一是钝化或抑制脂肪氧化酶活性,防止产生豆腥味;二是采用脱臭的方法除去豆奶中固有的不良气味,两者相辅相成,获得优质制品。

热磨法即康奈尔法是一种防止或减弱豆腥味产生的简便而有效的方法,在生产上已广泛使用。即在磨豆时保持浆料在 80 ℃ 以上,就可抑制脂肪氧化酶活性。如将浆料保持于该温度下 10 min 以上,就可破坏其酶活性,防止产生豆腥味。

预煮法是另一个防止豆腥味的成功方法。即将脱皮大豆在沸水中煮 30 min 以钝化脂肪氧化酶,水中可加入 0.25% 的 $NaHCO_3$,增强效果,可以获得风味良好的豆奶。

此法在具体应用中各厂又往往按自己的经验而进行一些修改,如有的公司将脱皮大豆浸于水中,经 10 min~15 min 加热到 80 ℃,再保持 5 min 的方法,也有一些公司采用蒸汽热烫代替水煮的方法。可根据该方法的原则而进行灵活的运用。

真空脱臭法是除去豆奶中不良风味的一个有效的方法。将加热的豆奶于高温下喷入真空罐中,部分水分瞬间蒸发,同时带出挥发性的不良风味成分,由真空泵抽出,脱臭效果显著。但此法设备昂贵,操作复杂也是其缺点。日本一些生产豆奶的大厂,多将此法与其他技术相结合应用,以获得品质优良的制品。

3.2 提高豆乳的口感

品质优良的豆奶应是组织细腻、口感柔和、舒适,产品存放时稳定性好的;反之,质量不佳的豆奶,组织粗糙,对口腔和喉咙均有不适感,产品的稳定性差,存放时会产生沉淀。欲得质地优良的制品,除大豆磨碎时应达到一定细度外,均质处理影响很大。经均质处理可显著提高豆奶的口感和稳定性。均质时注意选择温度和压力,并相互配合,在进行两次均质处理中,第一次均质时温度是最重要的因素,不管第二次均质时温度高或低,只要第一次均质温度高(82 ℃),则可得口感非常好的制品。若第一次均质温度低,第二次均质温度高(82 ℃),可得品质良好的制品。如果两次均质均于低温下进行,则仅能得一般的制品,其结果如表 7-11 所示。

表 7-11 在一定均质压力下均质温度对豆奶品质的影响

第一次均质温度,(压力 230 kg/cm²)(℃)	第二次均质温度,(压力 230 kg/cm²)(℃)	口感
16	16	好
16	82	很好
82	16	非常好
82	82	非常好

另一方面,对压力而言,情况恰好相反。在第二次均质时的压力比第一次均质更为重要。如表 7-12 所示,较高的第二次均质压力可弥补第一次均质压力低的不足。但从经济性来考虑,以两次均质采用相同的 22.5 MPa(230 kg/cm²)压力为宜。

表 7-12 两次均质压力对口感和胶体稳定性的影响

均质压力 第一次 (230 kg/cm²)	均质压力 第二次 (230 kg/cm²)	胶体稳定性分离的高度	口感	均质压力 第一次 (230 kg/cm²)	均质压力 第二次 (230kg/cm²)	胶体稳定性分离的高度	口感
100	0	1.27	差	165	0	1.27	不良
100	33	1.27	不良	165	33	1.27	不良
100	66	0.63	不良	165	66	1.27	不良
100	130	0.32	不良	165	130	0.63	不良
100	230	0.32	不良	165	260	0	好
100	330	0	很好	165	330	0	非常好
100	400	0	非常好				

3.3 提高蛋白质和固形物的回收

影响蛋白质和固形物回收率的因素很多。大豆在磨碎前加热与否以及加热程度,对回收率有很大的影响。全粒豆若经加热,则造成蛋白质变性,在磨碎时,蛋白体颗粒不易破碎,再经离心,则蛋白体颗粒与豆渣一起除去,造成损失,引起回收率降低。如果全粒豆不经加热或加热时同时进行粉碎,则蛋白体颗粒易于破碎,可萃取入浆液中,离心时可以从渣中分离出来。大豆中脂肪氧化酶活性很高,在大豆磨浆时脂肪氧化酶可迅速引起豆腥味,就是立即进行加热,也无法避免。因此,从钝化脂肪氧化酶的要求来看,以大豆破碎前先经钝化为好,但这样做又引起蛋白质变性和回收率降低的问题,因此需将这两方面综合考虑,以采取大豆在磨碎前进行适度的加热,再配合应用热磨的方法,这样可兼顾两方面的要求。表 7-13 中列出在离心前的三种不同处理方法,表 7-14 列出在不同温度和压力下均质后,这三种方法固形物的回收率。

表 7-13　豆奶三种不同加工方法

A	B	C
0.5%NaHCO₃ 溶液中浸泡大豆 18 h	自来水中浸泡大豆 18 h	自来水中浸泡大豆 18 h
排出浸泡液	排出浸泡液	排出浸泡液
用自来水洗两次	用自来水洗两次	用自来水洗两次
在 0.5%NaHCO₃ 溶液中 100 ℃热烫 30 min	在 95 ℃～100 ℃热水中预热 15 s～20 s	
在 20 ℃～25 ℃磨浆	用沸水磨浆	在 20 ℃～25 ℃磨浆
均质	均质	均质
调整 pH 值至 6.95～7.05	调整 pH 值至 6.95～7.05	调整 pH 值至 6.95～7.05

由表 7-14 可知,大豆磨碎前先经加热处理(A 法),如用较高均质温度和压力,可显著增加固形物的回收率,但不能达到后两种方法(B 法和 C 法)的水平。

表 7-14　各种加工方法经均质后的固形物回收率(%)

均质温度(℃)	均质压力(kg/cm²)	固形物回收率(%) A	B	C
20～25	0	23.5	43.4	50.2
	133	31.8	48.6	60.9
	266	38.9	55.1	63.0
	400	40.4	58.4	64.6
	533	45.6	61.5	66.7
70～75	0	23.2	41.8	49.3
	133	37.6	49.5	54.5
	266	41.3	54.5	59.6
	400	44.9	56.9	61.0
	533	43.8	58.9	62.0

磨豆时的加水量(水与豆的重量比)是另一个影响回收率的重要因素,例如水与豆之比从 5∶1 增加到 10∶1,固形物回收率可增加 40%左右。但用水量不能任意增加,还需考虑产品的浓度要求。通常以取 8∶1 为宜,此时生产出来的豆奶基,可按需要配制成各类产品。此外,提高分离时浆料的温度,可降低黏度,而增加蛋白质和固形物的回收率。如将第一次分离的豆渣进行清洗,亦可增加回收率,这是显而易见的,但要同所耗人力、物力相权衡,实际采用的厂家并不多。

4　豆乳生产的基本工序

4.1　清洗和浸泡

大豆表面上有很多微细皱纹、尘土和微生物附着其中,浸泡前应进行充分的清洗,至少需清洗三次。

大豆浸泡的目的是为了软化细胞结构,降低磨浆时的能耗与磨损,提高胶体分散程度和悬浮性,增加收得率。通常将大豆浸泡于三倍的水中,夏天浸泡 8 h～10 h,冬天 16 h～20 h,浸泡后大豆的重量约为原重的 2.2 倍。每天均应检查浸泡情况,确定浸泡时间,当水面上有很少量泡沫,豆皮平滑而涨紧,将豆搓成两半后,子叶表面平服,中心部位与边缘色泽一致,沿横切面而易于断开时,表明浸泡时间已够。浸泡时间掌握不好,会影响固形物的收得率。

浸泡水中加入 $NaHCO_3$,可缩短浸泡时间,提高均质效用,改善豆奶风味,在豆奶工厂中广为应用。

4.2 脱皮

现在有些豆奶生产厂也有采用大豆不经浸泡而直接加水磨浆,或干磨成粉后再调浆的加工方法。当用这两种方法加工豆奶时,大豆应先经脱皮处理,这样也可生产出品质优良的制品,且可免除浸泡工序中污水处理的问题。经脱皮处理的大豆含水量应在 13% 以下,否则影响脱皮效率。当水分超过该指标时,大豆应先在干燥机中通入 105 ℃～110 ℃ 空气进行干燥处理,冷却后再进行脱皮。脱皮用凿纹磨,磨片间的间隙调节到多数豆子可开成两瓣,而不会将子叶粉碎,再经重力分选器或吸气机除去豆皮。脱皮中重量损耗在 15% 左右。

4.3 磨碎与钝化脂肪氧化酶

大豆磨碎成白色糊状物称为豆糊(fresh soy puree)。将豆糊与适量水混合得浆体(slurry),现多采用加入足量的水直接磨成浆体,再将浆体经分离除去豆渣萃取出浆液的方法。

大豆破碎后,脂肪氧化酶在一定温度、含水量和氧气的存在下就可发生作用,因此在磨碎时就应依此特性而防止其作用。前面已述及热磨法是个很好的方法,此外,还有磨前进行热烫方法,即在接近于 100 ℃ 的水中热烫。热烫时应注意掌握好时间,以钝化脂肪氧化酶为度,并尽可能防止蛋白质变性。磨前用蒸汽进行处理是很好的方法,可在短时间内完成,既可钝化酶,又可保持蛋白质较好的溶解性。大豆磨前经热空气干热处理时,同样需选择适中的干热条件。

大豆在磨碎之前有经过浸泡,也有不经过浸泡的。未浸泡的大豆经灭酶处理后,应在冷却前立即进行磨碎,磨碎可用不锈钢粉碎机、钝式粉碎机和万能磨等。浆体中应有 90% 以上的固形物可通过 150 目筛孔。为此,可采用粗、细两次磨碎方法,以达要求。

4.4 分离

浆体经分离将浆液和豆渣分开。这步操作对蛋白质和固形物回收影响很大。豆渣中含水分应在 80% 左右;含水过多,则蛋白质等回收率降低。以热浆进行分离,可降低浆体粘度,有助于分离。表 7-15 中列出了豆奶和豆渣中各种营养成分所占的比例。

表 7-15 豆奶和豆渣中各营养成分所占比例

浆体	豆奶(%)	豆渣(%)
蛋白质(39.69%)	78.9%	21.1%
油脂(19.9%)	76.9%	23.1%
糖类(30.3%)	45.1%	54.9%

浆体	豆奶(%)	豆渣(%)
纤维(5.1%)	3.7%	96.3%
灰分(5.7%)	57.4%	42.6%
总固形物	63.2%	36.8%

离心分离操作,可用篮式离心机分批进行,大量生产宜用连续式离心机完成,可将浆液和豆渣分别连续排出。

4.5 调制

纯豆奶经调制后可生产出在营养上和口感上近于牛奶的调制豆奶,也可调制成各种风味的豆奶饮料或酸性豆奶饮料。

尽管豆奶中含有营养完全的蛋白质和大量不饱和脂肪酸等重要营养成分,但也有其不足之处需加以补充,在生产婴儿豆奶或营养豆奶时尤其要注意。在维生素方面,豆奶中 B_1 和 B_2 含量不足,A 和 C 含量很低,不含有 B_{12} 和 D,如弥补这些不足,在每 100 g 豆奶中增补维生素量如下:

A 880U.I B_{12} 1.5 mg B_1 0.26 mg
C 7 mg B_2 0.31 mg   D 176U.I
B_3 0.26 mg   E 10U.I

豆奶中最常增补的无机盐是钙盐,并以用 $CaCO_3$ 最好。因其溶解度很低,不易造成蛋白质沉淀问题,且有提高豆奶消化率的优点。为了防止 $CaCO_3$ 在豆奶中沉淀出来,可用一个小型均质器先进行一次乳化处理。每升豆奶中强加 1.2 g$CaCO_3$,则含钙量与牛奶相同。

豆奶中加入油脂可提高口感和改善色泽。油脂也需先经乳化后再加入,添加量在 1.5%左右(将豆奶中油脂含量增加到 3%左右),就有明显效用。

豆奶中添加的糖,可选用甜味温和的双糖。单糖在杀菌时易发生美拉德褐变反应,使豆奶色泽发暗,不宜选用。糖添加量约 6%左右,按品种和各地嗜好而定。豆奶是细菌的良好培养基,经调制后的豆奶应尽快进行加热杀菌。杀菌前若在 50 ℃下存放 1 h~2 h,有时 pH 值就会下降,再经加热,蛋白质的性质就会发生变化。由于细菌污染,造成 pH 值显著下降,加热后就会发生蛋白质凝固现象。一旦蛋白质产生凝固,即使用均质器进行高压强制分散处理,在存放中蛋白质也会沉淀下来。

4.6 加热杀菌

加热杀菌的目的:一是为了杀灭致病菌和腐败菌,二是为了破坏不良因子,特别是胰蛋白酶抑制物。

生产当日销售的玻璃瓶或塑料瓶(袋)装的消毒豆奶,加热杀菌可于常压下进行。经过常压杀菌能杀灭致病菌和腐败菌的营养体,杀菌后应立即进行冷却。如能在低于 4 ℃的温度下存放,也可保持良好品质 10 天以上。也有报道将热豆奶(82 ℃)装瓶,快速冷却,于 3 ℃下存放,保存期可达 3~5 周。经过常压杀菌的制品,若在常温下存放时,则会由于残存耐热菌的芽孢发芽成营养体继续繁殖,使制品败坏。

欲得于室温下长期存放的制品,必需用加压杀菌的方法,加压杀菌可将豆奶灌装于玻璃瓶中或复合蒸煮袋中,装入杀菌釜内分批杀菌。杀菌可采用 121 ℃下保温 15 分钟的杀菌规程,冷却阶段必需加反压,否则会因杀菌釜中压力降低而容器内外压差增加,将瓶盖冲掉,或将薄膜袋爆破。杀菌后的成品可在常温下长期存放。此方法设备费低,但费力费时,产品质量不大理想,有些品种易引起脂肪析出、产生沉淀、蛋白质变性等问题。若采用静压式连续杀菌器或卧式连续杀菌器,虽可部分克服此缺点,但设备费昂贵,非一般工厂所能采用。超高温短时间连续杀菌(UHT)是近年来在豆奶生产中日渐广泛采用的方法,其优点是产品在 130 ℃以上的高温下,仅需保持数十秒的时间,然后迅速冷却,就可显著提高产品色、香、味等感官质量,又能较好地保持豆奶中一些热不稳定的营养成分。

豆奶工业中所用的超高温短时间杀菌设备,宜用蒸汽直接加热的方法,并与脱臭设备组合在一起,可有效地除去豆奶中挥发性的不良气味,是迄今最有效的加热和脱臭方法。

4.7 真空脱臭

豆奶经两次注射蒸汽加热之后,应立即进入真空脱臭罐中进行脱臭处理,这一工序对产品质量具有举足轻重的作用。除了脱臭外,还具有下列效用:

(1)豆奶经高温加热处理后,喷入真空罐中,在蒸发出蒸汽时吸收热量,豆奶可迅速降温(低于 85 ℃),这样可避免受热时间过长。

(2)在进行蒸汽注射加热时,冷凝水混入豆奶中,经这步操作,可将这部分水蒸发掉。

(3)豆奶急速降温,避免出现加热臭,减轻褐变现象。

(4)经真空脱臭后的豆奶,能够与各种香味很好地调和,易于加香。

操作时控制在 26.6 kPa～39.9 kPa(200 mmHg～300 mmHg)的真空度为佳,不宜过高,以防气泡冲出。

4.8 均质

均质可改善豆奶口感和稳定性,是生产优质豆奶中不可缺少的工序。均质器的原理是在高压下将豆奶经均质阀的狭缝压出,而将脂肪球等粒子打碎,使豆奶乳浊液稳定,具有奶状的稠度,易于消化。

豆奶的均质效果由三个因素决定:

(1)均质压力　压力越高效果越好,但受设备性能限制;

(2)均质温度　温度高均质效果好;

(3)均质次数　增加均质次数也可提高效果。

豆奶生产中通常采用 12.7 MPa～22.5 MPa(130 kg/cm^2～230 kg/cm^2)压力,在 90 ℃下均质一次,可获得良好效果。

从豆奶生产工艺流程安排上来讲,均质可放在杀菌脱臭之前,也可放在杀菌脱臭之后,各有利弊。放在杀菌脱臭之前,效果较差,但设备费用较低;若放在杀菌脱臭之后,则情况刚好相反。

4.9 包装

豆奶很易变质,除以散装形式很快供应的集团或销售点外,均需以一定包装形式供应给消费者。采用什么包装形式是生产到流通环节上的一个重大问题，它决定成品的保藏期，也影响质量和成本。在计划建厂时，就应根据计划产量、成品保藏期要求、包装设备费用的要求、杀菌方法等进行统盘考虑，权衡利弊，做出决策。

为了节省包装费用，散装是最简单的方法，以 4 ℃的豆奶装于 200 L 的保温桶中，输送到集体单位或零售点，再分配给消费者，在 30 ℃气温下，经 30 小时仅升到 9 ℃。因此若在一天内销售质量还是有保证的。豆奶经杀菌后，应尽快冷却下来，装入保温储存器中输送出去。前面已介绍过豆奶分装于玻璃瓶、塑料袋和复合蒸煮袋中的包装方法，可于常压或高压下杀菌，依产品要求而定。

无菌包装在近年来发展最快，并以瑞典利乐公司(Tetra Pak Company)的生产线最广为采用。该公司于 1961 年起生产无菌包装系统，现已有 4 000 台以上包装机分布于 80 多个国家。目前，日本有 70% 以上的豆奶采用无菌包装。无菌包装可显著提高产品质量，在常温下货架期可达数月之久，包装材料轻巧，一次性消费无需回收，这些对运输、销售和消费均带来很多方便之处。其缺点是设备费高，一台无菌包装设备需 30 万美元(生产能力 180 包/分)，且由于利乐公司规定必需使用该公司的包装材料，因此，材料需长期进口，包装费高。在我国目前的条件下，要普遍应用还不具备条件。

塑料袋无菌包装由法国 Prepac 公司创建，一台 AS2 型无菌包装机，生产能力每小时为 4 000 包，可生产 250 mL～1 000 mL 的包装。

塑料袋可用两层低密度聚乙烯薄膜加工，价格较低，在室温下可有 15 天货架期。但 AS2 包装机价格在 20 万美元以上，相当昂贵。

5　其他植物蛋白饮料

5.1　椰子乳(汁)饮料

利用椰子肉加工的椰子乳(汁)饮料，色泽乳白，椰香宜人，营养丰富，市场上十分畅销。

5.1.2　椰子乳饮料生产工艺流程

椰子→去衣、破壳→刨肉→压榨取汁→过滤→调配→高温瞬时灭菌→均质→包装→杀菌→检验→成品

5.1.3　工艺流程

5.1.3.1　原料处理

选用成熟的椰子，将椰子洗净后，沿中部剖开，椰子汁收集后作其他用途或加工成椰子汁饮料。用刨子取出果肉，可直接压榨取汁，也可以先把椰丝放入 70 ℃～80 ℃的热风干燥机中烘干，贮藏备用。

5.1.3.2 取汁

新鲜果肉用破碎机打碎,加入适量的水,再用螺旋榨汁机取汁,将椰丝与 70 ℃ 热水搅拌均匀,再用磨浆机磨浆,椰肉乳液经 200 目筛孔过滤备用。

5.1.3.3 配料

椰子乳中加 7%～9% 的白砂糖、0.10%～0.25% 的乳化剂和增稠剂、乳制品适量,搅拌均匀。

5.1.3.4 均质

均质压力为 23 MPa～30 MPa,物料温度为 80 ℃ 左右,两次均质。

5.1.3.5 杀菌

包装好的椰子乳需进行高温瞬时杀菌,常用的杀菌方法为:121 ℃ 杀菌 20 min～25 min,然后反压冷却至 50 ℃ 后出锅,经检验、喷码、装箱后入仓贮存。

5.2 花生蛋白饮料

花生是我国各地广为栽培的食、油两用植物,固其具有增进人体健康、延年益寿的作用。每 100 g 花生仁含蛋白质 26 g,脂肪 30.5 g,碳水化合物 25 g,膳食纤维 4 g。花生含有丰富的钙、铁、锌、维生素 B、维生素 E、磷脂及包括 8 种人体必需的氨基酸在内的 20 种氨基酸。其植物脂肪中 80% 以上是与人体生理功能及生长发育相关的亚油酸、亚麻酸、棕榈酸、花生四烯酸,这些脂肪酸对血管壁上沉积的胆固醇具有溶解作用。

其制作工艺流程如下:

原料选择→原料预处理(烘烤、去皮、浸泡、清洗)→磨浆→浆渣分离→花生浆→配料→均质→灭菌、冷却→灌装→成品

5.2.1 原料筛选

(1)花生的品种不同,其蛋白质与脂肪的含量有较大的差别,生产饮料应选择粒大、蛋白质含量高的品种。

(2)花生应新鲜饱满,剔除霉变颗粒。

(3)花生中水分含量<8%,贮存期不超过 1.5 年。

5.2.2 原料的预处理

花生经烘烤、脱去红衣。热处理有以下几个方面的作用:

(1)减少花生仁中的水分含量,有利于花生红衣的脱除;

(2)通过热效应使花生仁内的成分发生微妙的化学变化,有增香作用;

(3)钝化花生中所含的脂肪氧化酶及破坏胰蛋白酶阻碍因子等抗营养物质;

(4)杀灭部分杂菌,避免浸泡过程中微生物的活动。

烘烤:花生仁在 120 ℃ 下烘烤处理 25 min,使蛋白酶失活,消除生花生的腥味,突出熟花生的香气。

去皮:花生机械去红衣,为保证产品色泽,要求红衣残留率<5%。

浸泡:浸泡处理可以软化原料组织,降低机器磨损。由于花生蛋白多数为碱溶性蛋白质,

用 pH 值为 8~9 的水来浸泡可以提高蛋白质的提取率。浸泡时间依水温高低而定,以花生仁浸透为度。

5.2.3 磨浆

磨浆分粗磨与细磨,粗磨为 80~100 目筛孔;细磨为 150~180 目筛孔。分离下来的渣用 80 ℃的热水进行两次洗渣。

5.2.4 配料

按比例准确称量各原料,将白砂糖与乳化稳定剂混合均匀,用 70 ℃~75 ℃热水溶解后,加入花生浆,搅拌均匀。

5.2.5 均质、灭菌、灌装

用高压均质机进行均质(60 ℃,压力为 20 MPa),采取 121 ℃,15 min 灭菌,灭菌后迅速冷却至 10 ℃以下灌装。若是生产保质期产品,则需要进行二次灭菌。

5.2.6 产品质量特点

5.2.6.1 感官指标

色泽:呈乳白色。
香气和滋味:具有清甜浓郁的花生奶香,口感纯正,无不良气味和滋味。
组织形态:呈均匀稳定乳状液体,无分层现象,静置后允许有少量沉淀,无肉眼可见的外来杂质。

5.2.6.2 理化指标

可溶性固形物:>8%
蛋白质:>1.0 g/100 mL
脂肪:>1.0 g/100 mL

5.2.6.3 卫生指标

细菌总数:<100 个 1 mL
大肠菌群:<3 个/100 mL
致病菌:不得检出
砷(以 As 计):<0.5 mg/L
铅(以 Pb 计):<1.0 mg/L
铜(以 Cu 计):<10 mg/L
黄曲霉毒素:<5.0 μg/L

思考题

1.大豆中含有哪些酶类和抗营养因子?它们对豆奶的质量有什么影响?
2.说明乳饮料、发酵乳和乳酸饮料的区别。
3.试述豆奶生产中制浆与酶的钝化工序及该工序要注意的问题。

4.写出植物蛋白饮料的生产工艺流程。

指定参考书

1.邵长富,赵晋府.软饮料工艺学.北京:中国轻工业出版社,1987
2.蒋和体,吴永娴.软饮料工艺学.北京:中国农业科学技术出版社,2006
3.胡小松,蒲彪.软饮料工艺学.北京:中国农业大学出版社,2002

参考文献

1.邵长富,赵晋府.软饮料工艺学.北京:中国轻工业出版社,1987
2.蒋和体,吴永娴.软饮料工艺学.北京:中国农业科学技术出版社,2006
3.胡小松,蒲彪.软饮料工艺学.北京:中国农业大学出版社,2002
4.王岁楼,张一震.豆乳生产关键工艺技术的研究.中国乳品工业,1995,23(5):220~224

第8章 瓶装水

瓶装水(bottled water),又称瓶装饮用水,是指所有密封在容器中,并出售给消费者直接饮用的水。瓶装是泛指装水的包括容器,有包装塑料瓶、塑料桶、玻璃瓶、易拉罐和纸包装等。在瓶装水生产过程中,首先是用玻璃瓶包装,然后才出现塑料瓶、塑料桶包装,目前市场销售的瓶装水的包装以塑料容器为主。包装材料应不含有对人体产生危害的物质,也不会对水的气味、颜色、口味或水质的细菌质量产生不利的影响。

饮料分类体系中包含了瓶装水。国外饮料工业的兴起,是从喝天然矿泉水开始的。19世纪后半叶,瓶装水成为一个新兴的行业。从20世纪30年代开始,瓶装水行业的发展更为迅速,一些国家和地区已形成饮用和制作瓶装水的热潮。近年来,瓶装水的生产与销售急剧增加,已具有广泛的世界性。2006年,美国瓶装水销售量居世界第一位,欧洲是当今瓶装水工业最发达的地区,其开发利用矿泉水的历史较长,矿泉水深受欧洲人的青睐,主要生产国有法国、意大利。亚太地区的瓶装水市场由日本、香港、新加坡、中国台湾省和中国内地为主要构成。我国瓶装水工业起步较晚,人均消费量为9L左右。随着人们生活水平的提高,消费观念的不断改变,瓶装水越来越受到消费者的欢迎。2006年,我国瓶装水的生产量达到1 578.87万吨,成为我国饮料行业中生产量最大的饮料。

许多国家根据各自的国情,对瓶装水的定义、分类及标准等制定了条例或法规。国际上有关瓶装水的组织或协会主要有瓶装水协会国际理事会(International Council of Bottled Water Association,ICBWA)和国际瓶装水协会(International Bottled Water Association,IBWA)。世界各国对瓶装水的分类不太一致。我国 GB10789-1996 规定,瓶装饮用水是指密封于塑料瓶、玻璃瓶或其他容器中不含任何添加剂可直接饮用的水。瓶装水分为:(1)饮用天然矿泉水:是出自地下深处,含有一定量的矿物盐、微量元素或二氧化碳气体,并且是未受污染的地下矿泉水;(2)饮用纯净水:以符合生活饮用水卫生标准的水为水源,采用蒸馏法、电渗析法、去离子法或离子交换法、反渗透法及其他适当的加工方法,去除水中的矿物质、有机成分、有害物质及微生物等加工制成的水;(3)其他饮用水:由符合生活饮用水卫生标准的采自地下形成流至地表的泉水或高于自然水位的天然蓄水层喷出的泉水或深井水等为水源加工制得的水。这类瓶装水主要有富氧水、活性水、果味水、电解水、离子水、磁化水和生态水等。

1 饮用天然矿泉水

1.1 天然矿泉水的发展概况

天然矿泉水是在特定的地质条件下形成的一种宝贵的液态地下矿产资源,它是瓶装水的主要品种之一并占据着重要的地位。它以水中所含的适宜医疗或饮用的气体成分、微量元素和其他盐类而区别于普通地下水资源,主要包括饮用矿泉水和医疗矿泉水。

国外开发利用矿泉水较早的是欧洲,兴起于19世纪,20世纪中后期发展迅速。目前欧洲矿泉水产业已进入成长期,年平均增长率超过10%,远远超过欧洲各国同期的工业增长速度,且增势依然不减。目前亚洲矿泉水产销与欧洲相比较低,人均消费量以泰国最高,为70 L,其次为韩国、新加坡、印尼和日本,人均消费量超过10 L,而中东地区印度和巴基斯坦仅1 L左右,这与这些国家目前的经济实力和人民的消费水平是极不相适应的。因此,亚洲矿泉水市场发展空间巨大。

从矿泉水生产规模上看,世界矿泉水的生产越来越向几个大的集团集中,总部设在瑞士的雀巢集团,2000年矿泉水产量为640万吨,占欧洲的60%,占世界的15%,世界排行第一;总部设在法国的达能集团,2000年矿泉水产量为460万吨,占世界的10.8%,世界排行第二;之后依次为百事可乐、可口可乐等大公司。可以预见,在日趋激烈的国际市场竞争中,实力雄厚的大集团利用其资金、人才、技术、管理等方面的竞争优势,运用良好的商业信誉,打造知名矿泉水品牌,抢占市场,实现生产规模的集约化,是未来矿泉水产业发展的趋势。

我国是矿泉水资源丰富的国家,开发利用历史悠久,但饮用天然矿泉水的大规模开发始于20世纪80年代中期,80年代末至90年代初达到高潮,90年代中后期矿泉水市场一度出现低潮,90年代末至今逐渐走向复苏。2005年4月从中国矿业联合会获悉,我国已勘查评价、鉴定过的矿泉水水源地共计4 100多处,目前全国有矿泉水企业1 200多家,年开采矿泉水资源量达1 000万吨。矿泉水资源主要分布在我国东部,山东、河北、吉林、黑龙江、辽宁、福建、广东7省矿泉水水源数量较多。我国饮用矿泉水种类齐全,有偏硅酸型、锶型、锌型、溴型、碘型、锂型、硒型、矿物盐型、碳酸型等9个类型,具有良好的开发利用前景。

近年来,继娃哈哈、乐百氏、农夫山泉等大型饮料企业在全国投巨资建设大型矿泉水生产基地规模化开发矿泉水后,深圳景田公司、台湾统一集团、深圳俊益集团等也相继在全国各地选择水源地拟建矿泉水厂。国外矿泉水饮料企业也纷纷进入中国挤占中国市场,继法国达能控股娃哈哈、乐百氏、正广和等企业后,雀巢公司也在天津建厂并控股了深圳益力集团。新一轮企业整合和名牌产品扩张的形势已经形成。据专家分析,我国矿泉水行业也将走企业联合、兼并和规模化生产之路,参与市场竞争的企业将通过优胜劣汰而逐渐减少,并向生产规模化、集约化的大企业集团集中,一批规模大、工艺先进、技术力量雄厚、质量保证体系健全的名牌矿泉水企业将主宰中国饮料市场。

1.2 天然矿泉水的定义与分类

1.2.1 天然矿泉水的定义

天然矿泉水是在特定的地质条件下形成的一种宝贵的液态地下矿产资源。矿泉水以其温度、矿化度、水质化学成分或自由逸出气体(包括放射性氡气)等特征来区别于一般淡水,但通常以其对人体发生生理上的影响为依据,将其称为医疗矿泉水。若水的矿化度很高,并且工业上可以用来开采盐类,则称为矿化水(工业矿水),以与矿泉水相区别。

一般从地下深部自然涌出的地下水称为泉水。在古代,人们所认识的矿泉水绝大多数是泉水,习惯上也把泉水称为矿泉水,事实上矿泉水和泉水是不同的。饮用矿泉水与医疗矿泉水也是不同的,饮用矿泉水是不以治疗疾病为目的的,而是含有一定量的矿物质和体现特征化的微量元素或其他组分,符合饮用水标准的一种安全、卫生的水。作为饮料,不需经医嘱,对质量要求严格,尤其是细菌学指标和有害化学成分应符合世界卫生组织饮用水的国际标准和我国饮用水标准。而医疗矿泉水则需遵守一定的原则,饮用后起治疗作用。

关于天然矿泉水(又称矿泉水),不同的国家有不同的定义。以德国为代表的观点,规定矿泉水的某些化学成分或温度必须符合某一规定的标准,而无需规定其医疗效果。

1.2.1.1 我国的定义

我国国家标准规定,饮用天然矿泉水是从地下深处自然涌出的或经人工揭露的未受污染的地下矿泉水;以含有一定量的矿物盐、微量元素和二氧化碳气体为特征,在通常情况下,其化学成分、流量、水温等动态指标在天然波动范围内相对稳定。国标还确定了达到矿泉水标准分界的界限指标如锂、锶、锌、溴化物、碘化物、偏硅酸、硒、游离二氧化碳及溶解性固体,其中必须有一项(或一项以上)成分符合规定指标,即可称为天然矿泉水。国标中还规定了一些元素和放射性物质的限量指标以及卫生学指标。

(1)界限指标:矿泉水的各界限指标必须有一项(或一项以上)符合表 8-1 的规定。
(2)限量指标:矿泉水的各项限量指标均必须符合表 8-2 的规定。

表 8-1 我国饮用矿泉水的界限指标　　　　　　　　　　　　　　　mg/L

项目	指标
锂	≥0.20
锶	≥0.20(含量在 0.2 mg/L～0.4 mg/L 范围时,水温必须在 25 ℃以上)
锌	≥0.20
溴	≥1.0
碘	≥0.20
偏硅酸	≥25.0(含量在 25.0 mg/L～30.0 mg/L 范围时,水温必须在 25 ℃以上)
硒	≥0.010
游离二氧化碳	≥250
溶解性总固体	≥1 000

表 8-2 我国饮用矿泉水的限量指标　　　　　　　　　　　mg/L

项目	指标	项目	指标
锂	<5.0	汞	<0.001 0
锶	<5.0	银	<0.050
碘	<1.0	硼(以 H_3BO_3 计)	<30.0
锌	<5.0	硒	<0.050
铜	<1.0	砷	<0.050
钡	<0.70	氟化物(以 F^- 计)	<2.00
镉	<0.010	耗氧量(O_2 计)	<3.0
铬	<0.050	硝酸盐(以 NO_3^- 计)	<45.0
铅	<0.010	镭^{226}放射性/(Bq/L)	<1.10

(3)污染物及微生物指标：矿泉水的各污染物指标必须符合表 8-3 的规定。

表 8-3　我国饮用矿泉水的各污染物指标

项目	指标
挥发性酚(以苯酚计)/(mg/L)	<0.002
氰化物(以 CN^- 计)/(mg/L)	<0.010
亚硝酸盐(以 NO_2^- 计)/(mg/L)	<0.005 0
总 β 放射性/(Bq/L)	<1.50

(4)微生物指标：矿泉水的各项微生物指标必须符合表 8-4 的规定。

表 8-4　我国饮用矿泉水的各微生物指标

项目		指标	
		水源水	罐装产品
菌落总数/(cfu/L)	<	<5	<50
大肠菌群/(个/100 mL)		<0	

1.2.1.2　法国的定义

法国对矿泉水中的矿物质含量不做规定，但严格规定凡是矿泉水都必须由医疗机构通过临床证实确实有疗效，然后经过法定手续，报政府批准才能称为矿泉水，否则只能称为泉水(后者只要在化学和细菌学上安全就可以了)。法国的矿泉水一定要经过政府批准才能出售。新产品需在商标上注明批准的政府批准级别和批准日期。法国对矿泉水的定义如下："矿泉水、天然矿泉水是指它具有医疗特性，并由有关管理部门批准开发，而开发单位又具备有效的管理条件"。

1.2.1.3　美国食品法令的定义

美国食品和药品官方协会 Vol.48；81(1984)给出以下定义：

(1)淡矿泉水是指从认可的水源中取得的含有矿物质的水，其可溶性固体必须在250 mg/kg～500 mg/kg 之间；

(2)矿泉水是指全部从许可的水源取得的含有矿物质的水,其可溶性矿物质固体含量不得少于 500 mg/kg;

(3)矿物质的水是指水质符合矿泉水标准,但其中包含有人工加入的矿物质的水。

1.2.1.4 欧洲供水协会的定义

欧洲供水协会的定义为:天然矿泉水可以理解为一种细菌学上健全的水,它是从地下水源矿脉的若干露头开发出来的。应具备以下条件:

(1)具有独特的质量及有益于健康的性质;

(2)每 1 kg 水在装瓶前后,都含有不少于 1 000 mg 溶解的盐类或 250 mg 二氧化碳气体,这种水具有生理上有益的性质。

上述定义中提到的"有益于健康"的性质,由得到承认的以科学方法为依据的以下检查来决定:(1)地质学和水文学方面的;(2)物理、化学和物理化学方面的;(3)微生物学方面的;(4)临床和医学方面的。

1.2.1.5 FAO/WHO 的定义

1981 年,FAO/WHO 联合食品法典委员会确立了瓶装天然矿泉水的定义。

(1)以含有一定比例的矿物盐和微量元素或其他组分为特征;

(2)它是直接取自天然的或钻孔而获得的地下含水层的水;

(3)由于天然矿泉水成分组成的恒定性,流量和温度的稳定性,要适当考虑其自然波动周期;

(4)天然矿泉水是在保证原水细菌学纯度的条件下采集的;

(5)它是在靠近水源露头处,并具备特定的卫生措施下装瓶的;

(6)除许可的规定外,不得进行任何处理;

(7)必须与相应的标准规定的所有条款相符。

1.2.1.9 国际水质协会 IBWA 认可的标准

(1)水质分类;

①海拔 0~2 500 m 称为泉水(spring water);

②海拔 2 500 m 以上称为山泉水(mountain spring water)。

(2)水源地直径 10 km 内,不可有造成水质污染的因素存在(例如工厂、住宅、农场等);

(3)其出水是自然涌出,而非人工马达抽取;

(4)必须经过各岩层滤过,并且经化验含有丰富的自然矿物质,此矿物系天然产物,非添加而成;

(5)水质必须经 10 年以上不断检验,矿物质含量稳定,不会产生矿物质缺乏或不足;

(6)矿泉水必须在水源地包装完成,一切装箱、封罐等作业必须在 24 h 内完成无菌包装,不能以其他容器装载到他处包装;

(7)凡获国际水质协会认可及 IBWA 标志后,必须每年接受国际水质协会不定期抽查,如未达标准,立即撤销认可及标志。

对天然矿泉水不同的国家有不同的定义,大多数国家对天然矿泉水仍保持着如下普遍定义:

(1)是从地下水源矿脉的若干天然露头开发出来的;

(2)水中含有天然无机盐在 1 000 mg/L 以上,或者含游离二氧化碳在 250 mg/L 以上;
(3)对人体生理上具有有益健康的特性;
(4)矿泉水的微生物特征性应符合世界卫生组织饮用水的国际标准。

1.2.2 天然矿泉水的分类

天然矿泉水的分类方法很多,可以按照矿泉水的温度、渗透压、pH 值、紧张度(刺激度)、矿泉水涌出的方式以及水文地质学等来分类。目前国外分类标准极不统一,不但在各国之间,甚至在一国之内其分类亦往往不统一,故给矿泉水的应用以及研究带来了很大的困难。目前生产中对天然矿泉水的分类主要是按矿泉水中的化学成分来进行。以下分别介绍矿泉水的不同分类法:

1.2.2.1 按温度分类

(1)德国

冷泉:20 ℃以下;温泉:20 ℃～25 ℃;热泉:50 ℃以上。

(2)日本

冷泉:25 ℃以下;微温泉:25 ℃～34 ℃;温泉:34 ℃～42 ℃;高温泉:50 ℃以上。

(3)俄罗斯

冷矿泉水:20 ℃以下;温矿泉水:20 ℃～35 ℃;热矿泉水:35 ℃～42 ℃;高热矿泉水:42 ℃以上。

(4)美国

极冷水:1 ℃～13 ℃;冷水:13 ℃～18 ℃;凉水:18 ℃～27 ℃;温水:27 ℃～33.5 ℃;无感温水:33.5 ℃～35.5 ℃;暖和水:35.5 ℃～36.5 ℃;热水:36.5 ℃～40 ℃;极热水:40 ℃～46 ℃。

(5)国际矿泉分类法

冷泉:20 ℃以下;微温泉:25 ℃～37 ℃;温泉:37 ℃～42 ℃;高温泉:42 ℃以上。

1.2.2.2 按渗透压分类

由于矿泉水中含有离子的浓度不同,渗透压也就不同,矿泉水的渗透压是按矿泉水的冰点决定的,而冰点下降与盐类浓度有关。按矿泉水渗透压高低可分为以下几类:

(1)低张泉

冰点高于－0.55 ℃,可溶性固体含量为 1 000 mg/L～8 000 mg/L。

(2)等张泉

泉水的渗透压相当于人体血清渗透压或相当于 0.9%生理盐水的渗透压。如以冰点为准,血清的结冰点为－0.56 ℃,而等张泉冰点为－0.58 ℃～0.55 ℃,溶解性固体物含量为 8 000 mg/L～10 000 mg/L。

(3)高张泉

冰点低于－0.58 ℃,溶解性固体物含量在 10 000 mg·L^{-1}以上。

通常,医疗用等张泉或低张泉,而高张泉只适于外用(因有较强的脱水作用)。

1.2.2.3 按 pH 值分类

强酸性泉,pH 值<2;酸性泉,2<pH 值<4;弱酸性泉,4<pH 值<6;中性泉,6<pH 值<7.5;弱碱性泉,7.5<pH 值<8.5;碱性泉,8.5<pH 值<10;强碱性泉,pH 值>10。

1.2.2.4 按紧张度(或刺激度)分类

(1)缓和性矿泉:如单纯温泉、食盐泉、重碳酸盐泉、芒硝泉、石膏泉和放射能泉等。

(2)紧张性矿泉:如酸性泉、硫磺泉、单纯碳酸泉、明矾泉和绿矾泉等。

1.2.2.5 按矿泉水中的化学成分分类

根据俄罗斯的分类体系,按照矿泉水所含矿物质的离子成分,可分为以下6大类:

(1)碳酸氢盐型

HCO_3^- 的浓度大于 25 mmol/dL。这一类又分为钠质泉($Na^+>$25 mmol/dL),钙质泉($Ca^{2+}>$25 mmol/dL)和镁质泉($Mg^{2+}>$25 mmol/dL)。

(2)氯化物型

Cl^- 的浓度大于 25 mmol/dL。这一类也分为钠质泉、钙质泉和镁质泉。

(3)硫酸盐类

SO_4^{2-} 的浓度大于 25 mmol/dL。这一类也分为钠质泉、钙质泉和镁质泉。

(4)成分复杂的矿泉

含量超过 25 mmol/dL 的阴离子有 2~3 种。主要包括氯化物碳酸氢盐泉($SO_4^{2-}<$25 mmol/dL),硫酸盐碳酸氢盐泉($Cl^-<$25 mmol/dL),氯化物硫酸盐泉($HCO_3^-<$25 mmol/dL)。

(5)含有生物活性离子的矿泉

其指标为 Fe>10 mg/L,As 为 1 mg/L,Br 为 25 mg/L,I 为 10 mg/L,Li 为 5 mg/L。

(6)含气体的矿泉

分为碳酸水(含游离 CO_2)、硫化氢水(含游离 H_2S)、放射性水(含氡)3 种。

1.2.2.6 按矿泉涌出形式分类

此分类是依矿泉涌出形式以及涌出地方的地质条件而划分的。

(1)自喷泉

即自然涌出而非人工开采的矿泉。涌出时不伴有大量气体,水平面比较乱者称泡沸泉;涌出时有大量气体,并随气体一起向上喷出的泉称喷泉;若其气体主要是因矿泉水沸腾产生的水蒸气者称沸腾泉。

(2)脉搏泉

一般此种泉不定期的涌出,而往往在短时间内涌出量变化又较明显。此种矿泉如果涌出和停止是较规则变化,则称为间歇泉或断续泉。

(3)火山泉

这是从地质上的分类。在火山附近地区涌出的泉称为火山泉;沿着断层涌出的泉称断层泉;沿着花岗岩裂隙涌出的泉称为裂隙泉。

1.3 矿泉水化学成分的表示方法

矿泉水的主要理化特征可用库尔洛夫式表示,其形式如下:

$$SP \cdot M \cdot \frac{阴离子(以 mmol/dL 为单位,按含量多少从左向右排)}{阳离子(单位及排列顺序同阴离子)} \cdot pH \cdot T \cdot Q$$

式中 SP——所含气体微量元素

M——总固体成分含量,及总矿化度,g/L

pH——酸碱度

T——矿泉水温度,℃

Q——泉水涌出量,L/s 或 t/d

关于阴阳离子浓度,一般认为以 25 mmol/L 为标准,有的以 10 mmol/L 为标准,也有人认为 5 mmol/L 即可列入式中。如辽宁兴城矿泉水中含有的各种成分以公式法表示如下:

$$\mathrm{Rn_{25.99}(ME) \cdot H_2SiO_{30.975}(mmol/L) \cdot F_{0.0037}(mmol/L) \cdot M_{4.294}(g/L)} \cdot \frac{\mathrm{Cl_{83.25}(mmol/L)}}{\mathrm{Na_{68.48}(mmol/L) \cdot Ca_{30.40}(mmol/L)}} \cdot pH(7.3) \cdot T(63.6\ ℃) \cdot Q(150t/d)$$

从上述公式可以看出,兴城矿泉水含氡气为 25.99 ME,可溶性硅酸 30.975 g,氟 0.003 7 g,总矿化度 4.29 g/L,阴离子主要是 Cl^- 为 83.25 mmol/L,阳离子中主要是 Na^+ 为 64.48 mmol/L,Ca^{2+} 为 30.40 mmol/L,pH 值为 7.3,泉温为 63.6 ℃,涌出量为每昼夜 150 t。

1.4 矿泉水化学成分的形成

矿泉水是从地下深处自然涌出的或经人工揭露的、未受污染的地下矿水;含有一定量的矿物盐、微量元素或二氧化碳气体;在通常情况下,其化学成分、流量、水温等动态指标在天然波动范围内相对稳定。

地下水在漫长的地下深循环过程中,长期与围岩接触,经溶滤作用、阴阳离子交替吸附作用、生物地球化学等一系列物理化学作用,使岩石中的矿物质、微量元素或气体组分进入地下水中,富集到一定的浓度,地下水在高温、高压和水蒸气膨胀作用下,沿地壳裂隙运移上升,涌出地表形成各种类型的矿泉水。

我国矿泉水多出自沉积岩、岩浆岩地层,少量出自变质岩地层。出自岩浆岩地层的多为偏硅酸水,其次是锶水、碳酸水、锌水,少量的锂水、溴水、氡水;出自变质岩地层的多为偏硅酸水、锶水,少量的碳酸水、锌水和硒水;出自沉积岩地层的多为锶水、偏硅酸水,其中出自碎屑岩地层的还有碳酸水、碘水、锂水、锌水,出自碳酸岩地层的还有碳酸水、锌水、锂水、溴水和硒水,出自松散岩地层的还有溴水等。

1.4.1 矿泉水的元素组成

第一组,水中溶解物的主要元素:钾、钠、钙、镁、铁、铝、氯、硫、氮、氧、氢、碳、硅。

第二组,不多的元素:锂、锶、钡、铅、镍、锌、锰、铜、碘、氟、硼、磷、砷。

第三组,有但含量极少的元素:铬、钴、铀、铟、镓、锗、锆、钛、钒、汞、铋、镉、钨、硒、钼、银、金、铂、锡、锑。

第四组,放射性元素:镭、钍、氡等。

1.4.2 矿泉水的变质作用

在以下各种作用的影响下,基本类型水的原始成分可以发生变化。

1.4.2.1 脱气作用

含气体水是很复杂的流体,在不同热力学条件下它们迅速改变自己的组分与分子结构,由于气体的逸出,盐类便沉淀下来。将喷出来的碳酸水水样搁置几小时以后,就可以看到碳酸、铁、重碳酸盐减少,而 pH 值增大。

重碳酸盐变为不溶的碳酸盐时,由于钙、镁的溶解度不同,其变质程度也不同,这种作用用下列反应式表示:

$$Ca(HCO_3)_2 = CaCO_3 + H_2O + CO_2 \uparrow$$

$$Mg(HCO_3)_2 = MgCO_3 + H_2O + CO_2 \uparrow$$

另外水由酸性变为碱性溶液,Fe^{2+} 氧化为 Fe^{3+},产生 $Fe(OH)_3$ 沉淀。

1.4.2.2 脱硫酸作用

脱硫酸作用在改变水成分方面意义很大。这种作用是去硫螺旋菌活动的结果。在厌氧环境下,硫酸盐还原并产生硫化氢,其反应方程式如下:

$$SO_4^{2-} + 2C + 2H_2O = H_2S + 2HCO_3^-$$

1.4.2.3 阳离子交换作用

这种作用在黏土质的细粒岩石中进行得较明显,因此产生大量的硫酸钠水(芒硝水)、重碳酸钠水(苏打水)以及氯化钠钙水(氯化物-钙水),其反应式如下:

(1)氯化钠钙水

$$2NaCl + Ca^{2+} = CaCl_2 + 2Na^+$$
吸附　　　吸附

(2)硫酸钠水

$$CaSO_4 + 2Na^+ = Na_2SO_4 + Ca^{2+}$$
吸附　　　吸附

(3)重碳酸钠水

$$Ca(HCO_3)_2 + 2Na^+ = 2NaHSO_4 + Ca^{2+}$$
吸附　　　吸附

在矿泉水形成方面主要有下述几个基本作用。

(1)混合作用　各种成分水的混合。

(2)变质作用　包括脱氧、脱硫酸和岩石吸附复合体中离子的交换作用。

(3)微量元素和重金属的富集

通过上述作用,可以形成各种类型的矿泉水。

1.4.3 矿泉水的气体成分

含气体的矿泉水在医疗特性上意义很大。碳酸水、硫化氢水与放射性水都是含气体的水。矿泉水中常见的气体成分包括氧气、二氧化碳、氮气、甲烷、硫化氢和氢气等六种。天然水中的气体可以从大气中来,也有从生化作用产生的,还有一种是由水的变质和放射性物质的衰变而来的(如表 8-5)。

表 8-5　矿泉水中的气体分类

类型	化学成分
生物化学起源的气体: 由微生物分解有机物与矿物盐类生成	CH_4、CO_2、重碳酸化合物、N_2、H_2S、H_2、O_2

类型	化学成分
大气起源的气体： 由大气圈的空气渗入岩石圈产生	N_2、O_2、惰性气体
化学起源的气体： (1)变质起源的气体：岩石在高温、高压影响下发生变质作用而产生的气体 (2)在正常温度与压力下进行的天然化学反应产生的气体	CO_2、H_2S、H_2、CH_4、CO、N_2、HCl、HF、NH_3、$B(OH)_3$、SO_2、Cl_2、S、SO_2、硫化物、氯化物，可能还有某些其他气体
放射起源的气体	He、镭射气与钍射气

1.4.3.1 从大气中来的气体

一般有 N_2、O_2、惰性气体，这些气体渗入岩石深处溶解于水中，产生含水气体。自然界中火山源地带的气流分布带是复杂的，它取决于局部地质特征。在矿泉水中，如果氮气与惰性气体的比例和空气一样，就说明这类气体是来源于空气的。空气中氩（主要惰性气体）氮比为 0.118。假设 α 为判定水中气体来源的一个参数，则：

$$\alpha = \frac{Ar(气体) \times 100}{N_2(气体) \times 1.18}$$

当 $\alpha = 1$ 时，$\dfrac{Ar(气体)}{N_2(气体)} = 1.18\%$

如果是从空气中来的气体，则 $\alpha = 1$；从生物作用来的气体中则不含氩气，则 $\alpha < 1$。

1.4.3.2 从生物作用产生的气体

CH_4、CO_2、重碳酸化合物、N_2、H_2S、H_2、O_2 的产生与微生物活动有关。这类天然气体在很多情况下与石油、煤有关。只要有机物存在，它们可在极其不同的地质条件下产生，并不取决于成煤作用与成油作用。石油存在时，在气体中会出现 CO_2，是有机物分解作用的特征。在厌氧条件下，微生物活动可以产生甲烷，并常伴有 CO_2 的产生。

除了产生甲烷的细菌、产生氢的细菌和脱硫酸细菌外，脱硝酸细菌也有着很大的作用，它能分解硝酸盐并产生氨，再进一步反应生成 N_2。

$$5C_6H_{12}H_6 + 24KNO_3 \longrightarrow 24KHCO_3 + 6CO_2 + 12N_2 + 18H_2O$$

脱硝酸细菌在 65 ℃～70 ℃时分解，这些微生物曾在总矿化量接近 300 g/L 的情况下发现过。破坏有机物产生可燃气体的微生物在高温（100 ℃）下最为稳定。脱硫酸细菌的还原作用在 4 ℃～50 ℃下进行。

1.4.3.3 由地下高温高压下的化学作用产生的气体

这类气体种类很多，如 CO_2、H_2S、H_2、CH_4、CO、N_2、HCl、HF、NH_3、$B(OH)_3$、SO_2 等。火山的结构不同，气体种类也有变化，一般可分为以下两类：游离的有 CO_2、H_2S、CH_4、CO、N_2 及 H_2O；酸性的有 HCl、HF、NH_3、$B(OH)_3$、Cl_2、S、SO_2 和硫化物，以及某些金属氯化物与氟化物。碳酸气一般在不热的气流中出现，在火山活动歇止区中常见。其他气体是按下列反应变化产生的。

CO： $3FeO + CO_2 \Longrightarrow Fe_3O_4 + CO\uparrow$（400 ℃）

CH_4： $Al_4C_3 + 12H_2O \longrightarrow 4Al(OH)_3 + 3CH_4 \uparrow$

N_2： $2FeN \longrightarrow 2Fe + N_2 \uparrow$

H_2： $Fe + H_2O \longrightarrow FeO + H_2 \uparrow (500\ ℃)$

$3FeO + H_2O \longrightarrow Fe_3O_4 + H_2 \uparrow$

H_2S： $FeS_2 + H_2O \longrightarrow FeO + H_2S \uparrow + S$

SO_2： $2FeSO_4 \longrightarrow Fe_3O_4 + SO_2 \uparrow + SO_3 \uparrow$

$SO_3 + H_2S \longrightarrow SO_2 \uparrow + H_2O + S$

CO_2 还可按下列反应产生：

$$2FeCO_3 + O + 3H_2O \longrightarrow 2Fe(OH)_3 + 2CO_2 \uparrow$$

根据美国地球化学家张伯任的实验结果，深层岩石放出的气体中，CO_2 和 H_2 几乎一样多；从地壳表部岩石放出的气体中，CO_2 占优势。CO_2 在一定地质条件下也可以经过化学反应同时放出 H_2S，CO_2 随温度增加也可以变为 CO，在高温下也放出 H_2 和 CH_4。

1.5 矿泉水分布的一般规律

淡水与矿泉水的差别主要是由水动力条件与迁移速度决定的。应该把淡水看成是积极交替带的水，而把矿泉水看成是缓慢循环带的水。

从水文地质的角度来看，淡水存在于积极交替带（即地下径流与地表水积极进行交换）、地质构造的易冲刷部分和河流网的排水影响带，属于现代气象来源的运动水，动力资源大于永久储量，主要类型为淡（或低矿化度的）重碳酸盐水，在干旱地区以及低地也有硫酸盐水与硫酸盐氯化物水。饮用水大部分属于这类水。

矿泉水来自地下缓慢循环带（地下径流变缓，水的交换变慢），存在于流动的深部地台区（相对稳定区）500 m～600 m 深处，在褶皱区有大构造断裂带时可达 1 000 m～2 000 m（热水），混有较古老的缓慢交替水，永久储量大于动力资源。岩石中的盐分以很慢的速度被冲刷下来，水的成分能长期保持恒定。这类水有重碳酸盐型矿泉水和温泉水、硫酸盐氯化物型矿泉水、碱性矿泉水和温泉水。

矿泉水有"储藏"特征，即水的经历很复杂，包括淤泥沉积到岩石成岩作用所有各阶段的残余水，或包括渗透到岩石裂隙和孔隙中去的后生"封存水"。

1.5.1 我国矿泉水的地理分布

(1) 从区域分布上看，我国的矿泉水大多数分布在东部各省，而西部较少。新疆、西藏、青海、宁夏四省共有矿泉水水源仅 103 个，仅占全国饮用天然矿泉水总数的 2.4%。

(2) 矿泉水在我国各省均有分布，分布数量较多的省份（数量超过 200 处）有山东、河北、吉林、黑龙江、辽宁、福建、广东等七省，山东省的矿泉水水源数量最多，达 363 处；分布数量较少的省份（数量小于 20 个）有宁夏、青海、西藏等省区。数量最少的是西藏自治区，仅有矿泉水水源点 12 个。

(3) 在我国的 4 117 个矿泉水水源中，锂、锶、锌、溴、碘、偏硅酸、硒、碳酸、矿物盐等 9 种矿泉水类型均有分布。其中，每个省都有 3 种以上类型的矿泉水，并以锶水和偏硅酸水含量最多。

(4)从饮用天然矿泉水类型看,各省均有锶水和偏硅酸水的分布,而其他类型的矿泉水水源仅分布在部分省、市。碳酸矿泉水在浙江、内蒙古、辽宁、黑龙江、青海、广东、海南、四川、广西、云南等省(区)均有分布。

1.5.2 我国不同岩性中的矿泉水

我国各种岩性中均有饮用天然矿泉水出露,但分布数量差异较大。

(1)岩浆岩中的矿泉水

在我国的矿泉水中,岩浆岩中分布数量最多。我国岩浆岩中的饮用矿泉水主要分布在燕山期花岗岩中,其次是新生代以来的基性、中基性火山熔岩,而其他岩类中则不多见。在岩浆岩中的矿泉水主要有偏硅酸水和碳酸水。偏硅酸水主要分布在东南沿海、东北三省的东部山区。碳酸水主要分布在东北地区的长白山、五大连池及云南腾冲等地。岩浆岩中矿泉水分布较多的还有锌和锶矿泉水。

(2)碎屑岩中的矿泉水

碎屑岩中的矿泉水数量仅次于岩浆岩。碎屑岩中矿泉水分布最多的是锶水。主要分布在山西中部、吉林延吉、陕西北部、四川省、黑龙江省等地。碎屑岩中偏硅酸水分布也较多。另外,还有碳酸、锌、锂、碘等矿泉水。

(3)碳酸盐岩中的矿泉水

分布于碳酸盐岩中的矿泉水数量,仅次于碎屑岩。在碳酸盐岩中主要分布有锶水。主要分布在广西、贵州、山西东部、山东中部、陕西乾县—蒲城、河南郑州西南等地。碳酸盐岩中偏硅酸、碳酸水分布也较多。

(4)松散岩中的矿泉水

我国松散岩分布于新生代盆地上,主要岩性为砂、砂砾石。松散岩中主要的矿泉水类型为锶水。分布于汾渭盆地、哈尔滨附近、河西走廊、太行山、燕山等地带。

(5)变质岩中的矿泉水

分布于变质岩中的矿泉水数量最少。主要由锶水和偏硅酸水组成。常见于东北三省东部山区、河北省太行山、燕山等地区。

1.6 饮用矿泉水评价

对于矿泉,首先要进行地质勘探工作,开展矿泉形成和贮存条件的研究,矿泉水资源及动态研究,矿泉水物理—化学特征及运动条件研究,矿泉水资源动态的研究和医疗特性的研究。在我国,矿泉水的开发应具有水源地的勘察报告,符合国家饮用天然矿泉水标准,并经技术审查认可后,方可着手进行饮用矿泉水的开发。这里着重介绍饮用矿泉水的化学评价。

初步工作是测定矿泉水样电导率、pH值、气体(着重测定二氧化碳)及蒸发残渣,以确定水样是否有价值进一步评价。如果这些指标与矿泉水要求相距甚远,则无必要继续进行更详细的分析。进一步的工作是测定水中钾、钠、镁、钙、碳酸氢根、硫酸根和氯离子等主要成分。按照上述成分测定或根据水温已能确定水样是否属于矿泉水。

在初测的基础上,进行详细的分析评价。通常,作为饮用矿泉,必须具备下列基本条件:(1)口味良好,风格典型;(2)含有对人体有益的成分,包括特有的内容物、一定的矿物质和微量元素。通常,天然矿泉水中至少应含有 1 000 mg/L 溶解盐。当然,不同的国家对其含量指标也有不同的规定;(3)有害成分(包括放射性)不得超过有关标准;(4)在瓶装后的保存期(一般 1 年)内,水的外观与口味无变化;(5)微生物学指标符合饮用水卫生要求。

为此,应从化学分析、微生物学检查和品尝等方面综合了解矿泉水的品质,并且还要观察矿泉水的保藏稳定性。关于矿泉水的有害成分应分为毒理指标和非毒理指标,毒理指标如汞、铅、镉等务必达到卫生指标,而非毒理指标如铁等允许略超过卫生指标。由于矿泉水饮用量少于日常生活饮水,某些成分(如氟)的指标可略放宽。

此外,具有矿泉的地区还应设置水源卫生防护带,其范围应根据地形、地貌、水文地质和周围环境卫生状况而定,并在防护地界设置固定的标志。对于水源水质的全面分析,应每年进行一次,其检验结果应与技术评审认可的报告相符,但允许在界限指标内出现周期性的自然波动。

概括地说,饮用天然矿泉水的水质,必须符合国家标准 GB8537-1995《饮用天然矿泉水》的规定,其中的界限指标和某些元素和组分的限量指标及污染物指标和微生物指标等必须符合饮用天然矿泉水标准的规定。

1.6.1 元素普查

常用的方法是对石英皿或铂皿中蒸发干涸的干渣进行发射光谱分析。由于矿泉水蒸发浓缩了数百到一千倍,往往可以检出 $10^{-9} \sim 10^{-10}$ 的元素。光谱分析对汞、砷、硒等元素的灵敏度很低,但对一般元素灵敏度都很高。此外还可采用中子活化分析,这时应注意有些元素有极高的灵敏度,有些元素灵敏度较低。近年已开始采用等离子谱法,水样可直接送入仪器,元素的定性定量分析结果能够快速打印在记录纸上。

1.6.2 水中成分分析

采用国内权威单位颁布的水分析方法或国际标准方法,如世界卫生组织颁布的《饮水分析法》、美国水工业协会编撰的《水和废水标准分析法》等。应该说明,这些方法都是足够准确的,可以根据具体情况运用。硬度、钙、镁等可采用络合滴定法;碳酸氢根采用酸碱滴定法;氯离子用沉淀滴定法或比浊法;碳酸根采用总量法、沉淀滴定法、络合滴定法或比浊法;钾、钠采用火焰光度法;氟离子采用比色法或离子选择电极法;硝酸根采用变色酸比色法,这个方法可以排除高浓度氯离子的干扰;亚硝酸根采用比色法;硫酸根采用钼蓝比色法;铵离子采用奈氏试剂比色法等等。对于痕量元素,采用有机试剂螯合—萃取,再用原子吸收分光光度计测定的方法将较灵敏、快速和准确。对于汞、砷、镉、硒等元素,要注意选择灵敏度和准确度足够高的方法,如汞用火焰原子吸收法,镉用萃取—原子吸收法或滴汞电极富集—微分电位溶出极谱法,砷用铜试剂银盐比色法等。这些方法可以测量 0.1×10^{-9} 级浓度或更低的浓度。

应注意严格遵守取样、制样、分析等方面的规定,最大限度地防止出现因人为污染或痕量元素倍容器吸附造成的误差。

1.6.3 放射性分析——测定总 α、β、γ 放射性

必要时测定镭、钍、氡的容量。取样方法与测定时间均应严格遵照规定进行。

1.6.4 微生物学检查

用专门的无菌采样瓶取样,用经典方法检查总细菌数和大肠杆菌数。只有当地卫生防疫站进行的微生物学检查结果才具有法律效力。

那些含有有害物质超过卫生标准的水或业已证明属于被污染的水(如检查出氰化物、六价铬可证明水被工业污染;同时检查出铵离子、磷酸根、亚硝酸根可证明水被粪便污染),就谈不上对它们进行评价了。根据水文地质材料、化学分析、放射性检查、微生物学检查和品尝结果,可以将水进行恰当分类,对那些符合矿泉水定义的水样供进一步评价。最后选出分类上典型、口味良好、从有害成分或从细菌学上考虑都是无疑问的、装瓶后稳定的矿泉水。

在许多情况下还要对矿泉水的疗效进行长期观察。

评价矿泉水时,水文地质和化学分析方面的工作都是耗费人力物力的,所以不要轻易对一个水流进行评价,更不要凭主观愿望认定任何一种水源为"矿泉水"。一般水文队对当地水源进行过水文地质调查和水质分析,根据这些材料能初步判明水源是否属于矿泉。绝大多数泉水都属于淡水,不属于矿泉,对于这一点应有清楚的认识。好矿泉水的评价应以科学为依据,不以传说为依据。

1.7 饮用天然矿泉水的生产工艺

饮用天然矿泉水的基本工艺包括引水、曝气、过滤、杀菌、充气、罐装等主要组成工序。其中曝气和充气工序是根据矿泉水中的化学成分和产品的类型来决定的。在采集天然饮用矿泉水的过程中,泉井的建设、引水工程等由水文地质部门来决定。采水量应低于最大采取量,过渡采取会对矿泉的流量和组成产生不可逆的影响。

天然矿泉水有不含碳酸气和含碳酸气两种,其处理和生产工艺也不同。

1.7.1 饮用矿泉水的生产工艺流程

1.7.1.1 不含碳酸气的天然矿泉水的生产工艺流程

不含碳酸气的天然矿泉水生产流程如图所示:

这类天然矿泉水是最稳定的矿泉水,装瓶时不会发生氧化,化学成分也不会发生改变,生产工艺比较简单。如生产的矿泉水产品中需要含二氧化碳,其工艺流程如下:

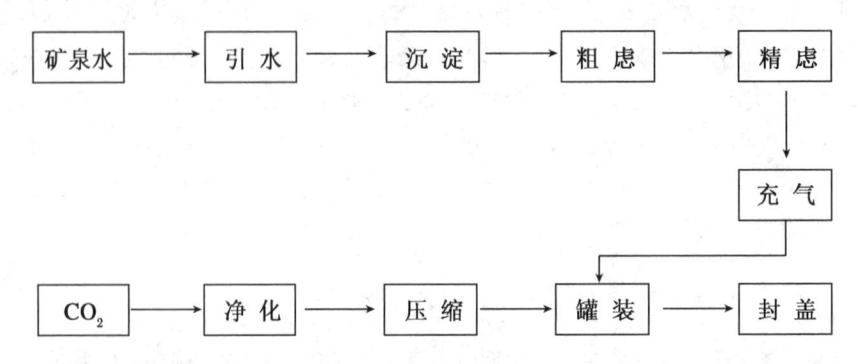

矿泉水 → 引水 → 沉淀 → 粗虑 → 精虑 → 充气

CO_2 → 净化 → 压缩 → 罐装 → 封盖

如不需要含二氧化碳,工艺更简单,没有充气工序。

1.7.1.2 含碳酸气的天然矿泉水的生产工艺流程

对二氧化碳含量高,硫化氢、铁、锰含量低的原水生产含二氧化碳的矿泉水,则不需要曝气工序,需要进行气水分离和气水混合工序,工艺流程如下:

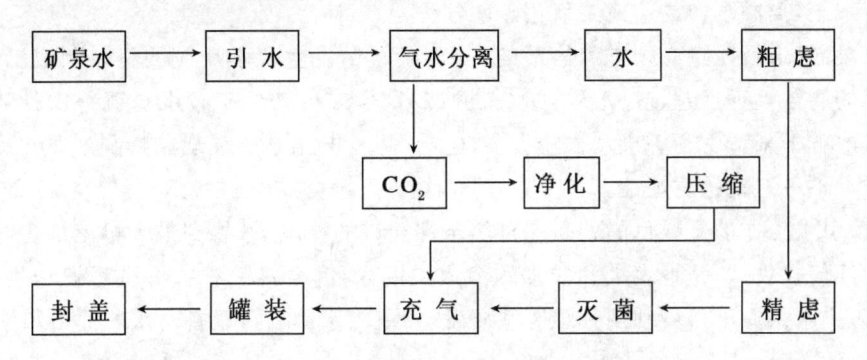

矿泉水 → 引水 → 气水分离 → 水 → 粗滤
气水分离 → CO_2 → 净化 → 压缩
粗滤 → 精滤 → 灭菌 → 充气 ← CO_2(压缩)
充气 → 罐装 → 封盖

对原水中二氧化碳、硫化氢、铁、锰含量较高的矿泉水需要进行曝气,去除气体和铁、锰离子,曝气后其生产工艺和不含碳酸气的天然矿泉水的生产工艺相同,可以再充入生产含二氧化碳的矿泉水或生产不含二氧化碳的矿泉水。

而对于生产含铁碳酸气的矿泉水,一般含有 5 mg/L～70 mg/L 的铁,铁以二价铁形式存在。为了防止装瓶后瓶中出现沉淀,这类矿泉水应在不使铁氧化和不脱气的条件下装瓶。为此,在矿泉水中加入具有稳定作用的酸溶液——抗坏血酸和柠檬酸,抗坏血酸为 80 mg/L,柠檬酸为 100 mg/L,在矿泉水中加入稳定剂的目的是防止沉淀并使水中具有补血功能的二价铁能为消费者所利用,属于医疗矿泉水,这类矿泉水具有明显的铁腥味。含铁矿泉水来自不很深的循环水,这些水在很大程度上已被细菌污染。水在输送、贮存、加工和装瓶时,又可能受到二次污染。有机酸可能充当水中无毒微生物的营养源,特别是那些硫化细菌的营养源,因此含铁矿泉水应充分杀菌。成品中二氧化碳含量不应低于0.4%。

1.7.2 饮用天然矿泉水的生产工艺要点

1.7.2.1 引水

矿泉水引水工程一般分为地上引水和地下引水两部分。对于天然露出的矿泉水和人工揭露的矿泉水,其工程设施和设备条件均有所不同。

对于天然露出的矿泉水,如采用地上取水引水方法,主要是引取天然出口的矿泉水,采取的工程措施是对矿泉水天然露出口的周围进行加固,对出水口进行清淤处理,切断地表水的来源,防止地表水的混入;建造水源保护建筑,把取水系统和泉口周围与外界隔离开来,建立泵房。若采用地下引水方法,主要是通过挖掘的方法,剥离泉口表面的岩石或矿泉水流出裂隙表面的岩石,挖至基岩,把矿泉水露头周围稍扩宽加深,用钢筋混凝土使它相对封闭起来,让矿泉水经一定的自然孔隙或沿人工安装的管道流入水池,然后抽取。也有在矿泉水出露口附近打井取水的方法。这些取水工程的目的,就是把矿泉水从一定的深度引取到最适当的地表。

对于人工钻井或钻孔的矿泉水,成井时一定要采用不易腐蚀、不污染水体的不锈钢井管,抽取时最好使水泵与井管密封连接,并采取措施,防止地表水、浅层水对矿泉水的影响。在开采碳酸泉时应该注意,碳酸水不同于一般的地下水,它含有大量的气体成分,气体随压力的降低而逸出,容易导致矿物质的沉淀,不仅造成水质变化,还可能堵塞通道。所以在开采时一定要掌握矿泉水的水化学特征和水文地质条件,有水文工程的地质专家参与或指导。另外,碳酸矿泉水生产中为了防止矿泉水中二氧化碳的逸出,以自然流动采水较好,但不宜用明渠式采水,否则气体成分既容易逸散,又不利于卫生管理。必需用泵抽取碳酸水时,水泵最好用齿轮泵或活塞泵,离心泵容易造成二氧化碳的损失。

抽水泵、管道及贮罐必须是由清洁的、与矿泉水不发生化学反应的材料制成。因为矿泉水对金属的腐蚀性远远超过一般饮用水。例如:富含二价铁的矿泉水与镀锌铁件接触时,能很快使锌溶解下来。由于矿泉水含盐类多,电导度高,电化学腐蚀现象特别严重。另外,碳酸本身同样有不可忽视的腐蚀性。

总之,引水工作的主要目的就是在自然条件允许的情况下,得到最大可能的流量,防止水与气体的任何损失;防止地表水和浅水的渗入或混入,完全排除有害物质污染和生物污染的可能性,防止水由露出口到利用处理时性质发生改变;水露出口设备对水的涌出和使用方便。

1.7.2.2 曝气

曝气是使矿泉水原水与经过净化了的空气充分接触,使它脱去其中的二氧化碳和硫化氢气体,并发生氧化作用,通常包括脱气和氧化两个同时进行的过程。

曝气工序主要是针对二氧化碳、硫化氢以及低价态的铁、锰离子的含量较高的原水进行的,可用于生产不含二氧化碳的水,或者曝气后可以重新通入二氧化碳气体生成含气矿泉水;而对含气很少,铁、锰离子含量又少的就不需曝气。一些深层的水往往含有较高的二氧化碳、硫化氢和低价态的铁、锰离子,呈酸性,氧的含量较低,处于相对的还原体系。矿泉水出露时如果直接装瓶,由于压力降低,释放出大量的二氧化碳,矿泉水由酸性溶液变为碱性溶液,同时由于氧化作用,原水中的低价铁和锰离子就会被氧化成高价离子,形成氢氧化物絮状沉淀,矿泉水发生混浊,从而影响产品的感官质量;同时原水中的硫化氢气体的存在也会给产品带来臭味;而且铁、锰离子含量过高不仅会影响产品的口感,也不符合饮用水水质标准的要求。因此,加工过程应达到以下目的:(1)从天然矿泉水中脱掉各种气体,以除去不愉快感觉的气体,然后再通入 CO_2 气体饱和;(2)天然气体去除以后,原来的酸性水质变为碱性水质,矿泉水中的金属物质会产生各种形式的沉淀,过滤后再充入 CO_2 气体之后,水的硬度下降,可达到饮用水水质标准。曝气方法主要有自然曝气法、喷雾法、梯栅法、焦炭盘法、强制通风法。

1.7.2.3 过滤

矿泉水过滤的目的是除去水中的不溶性悬浮杂质和微生物,主要有泥沙、细菌、霉菌及藻类等,防止矿泉水装瓶后在贮藏过程中出现的混浊和变质,过滤后的矿泉水水质变得澄清透明、清洁卫生。生产中,矿泉水的过滤一般需要经过粗滤和精滤。但在生产中使用的过滤方法很多,不同的生产厂家有不同的过滤工序。

粗滤一般是矿泉水经过多介质过滤,能截留水中较大的悬浮颗粒物质,起到初步过滤的作用,过滤时可以加入一些锰沙,能够降低水中的锰、铁含量。有时为了提高过滤效果,还可以在矿泉水的粗滤过程中加入一些助滤剂如硅藻土或活性炭,或进行一道活性炭过滤。

精滤可以采用沙滤棒过滤,但近年来企业更多采用微滤和超滤作为精滤。使用精滤常采用三级过滤,目前国内推广的三级过滤为 5 um、1 um、和 0.2 um,大大提高了产品的稳定性和矿泉水的质量,但微滤不能滤掉病毒。许多企业在生产矿泉水时,为了保证产品的质量,将经过灭菌后的矿泉水再经过一道 0.2 um 微滤以去除残存在矿泉水中的菌体。

1.7.2.4 灭菌

在地下、喷泉中采取的原水,在曝气过程中原水中含有的固形物或混浊物质会自然沉淀除去,但放置时间过长,有害微生物就会繁殖,也会污染环境,因此,贮存时间不宜过长。如要长时间贮存,可立即灭菌。

生产上矿泉水的灭菌一般采用臭氧杀菌、紫外线杀菌和氯杀菌,有关具体内容见第一章水的消毒。瓶和盖的消毒采用消毒剂如双氧水、次氯酸钠、过氧乙酸、二氧化氯、高锰酸钾等进行消毒,消毒后用无菌矿泉水冲洗,也可以用臭氧和紫外线进行消毒。

1.7.2.5 充气

充气是指向矿泉水中充入二氧化碳气体,原水经过引水、曝气或气体分离、过滤和杀菌后,再充入二氧化碳气体,充气所用的二氧化碳气体可以是原水中所分离的二氧化碳气体,也可以是市售的钢瓶装二氧化碳。充气工序主要是针对含碳酸气天然矿泉水或成品中含二氧化碳的矿泉水的生产,不含气矿泉水的生产不需要这道工序。因此,矿泉水是否充气主要取决于产品的类型。

碳酸泉中往往拥有质量高、数量多的二氧化碳气体,矿泉水生产企业可以回收利用这些气体。由于这种天然碳酸气纯净,可直接采用该产品生产含气矿泉水。

如果使用的二氧化碳不够纯净,就必须对其进行净化处理。其净化处理过程一般都需要经过高锰酸钾的氧化、水洗、干燥和活性炭吸附脱臭,以去除二氧化碳中所含的挥发性成分。否则会给矿泉水带来异味和有机杂质,并给微生物的生长提供机会。

充气一般是在气水混合机中完成的。为了提高矿泉水中二氧化碳的溶解量,充气过程需要尽量降低水温,增加二氧化碳的气体压力,并使气水充分混合。

1.7.2.6 罐装

罐装工序是指将杀菌后的矿泉水装入已灭菌的包装容器的过程。目前在生产中均采用自动罐装机在无菌车间进行。罐装方式取决于矿泉水产品的类型,含气与不含气的矿泉水的罐装方式不同。不含气矿泉水的罐装采用负压罐装,罐装前先将矿泉水瓶抽成真空,形成一定的负压,矿泉水在贮水槽中以常压进入瓶中,瓶子的液面达到预期高度后,水管中剩余的矿泉水流回缓冲室,再回到贮水槽,装好矿泉水的瓶子压盖后,罐装就结束了。含气矿泉水一般采用等压罐装。

矿泉水的罐装工艺和设备都比较简单,但卫生方面的要求却非常严格,对瓶要进行彻底的杀菌,装瓶各个环节要防止污染。在矿泉水生产过程中,自动洗瓶机(自动完成洗瓶、杀菌和冲洗过程)与罐装工序配合。

1.7.3 矿泉水生产中存在的质量问题

矿泉水生产过程中,如果处理不当,经过一定时间的贮藏,矿泉水会出现一些质量问题。

1.7.3.1 变色

瓶装矿泉水贮存一段时间以后,会出现水体发绿或发黄的现象。发绿主要是由水中藻类物质(如绿藻)和一些光合作用细菌(如绿硫细菌)引起的,由于这些生物中含有叶绿素,矿泉水在较高的温度和有光的条件下贮藏,这些生物利用光合作用进行生长繁殖,从而使水体呈现绿色。通过有效地过滤和灭菌处理能够避免这种现象的产生。而水体变黄主要是管道和生产设备材质不好,在生产中产生铁锈引起的,只要采用优质的不锈钢材料和高压聚乙烯材料就可解决。

1.7.3.2 沉淀

矿泉水在贮藏过程中经常会出现红色、黄色、褐色和白色等各色沉淀。沉淀引起的原因很多：红色、黄色和褐色沉淀，主要是铁、锰离子含量高引起的，可以通过防止地表水对矿泉水的污染和进行充分的曝气来预防。矿泉水在低温下长时间贮藏有时会出现轻微白色絮状沉淀，这是正常现象，是矿泉水国家标准所允许的。这是由于矿物盐在低温下溶解度降低引起的，返回高温贮藏沉淀容易消失或者加以摇动就会再溶解，不影响矿泉水的质量、卫生和口感。而对于高矿化度和重碳酸型矿泉水，由于生产或贮藏过程中密封不严，瓶中二氧化碳逸出，pH值升高，形成较多的钙、镁的碳酸盐白色沉淀，可以通过充分曝气后过滤去除部分的钙、镁的碳酸盐或充入二氧化碳降低矿泉水的pH值，同时密封，减少二氧化碳逸失，使矿泉水中的钙、镁以重碳酸盐形式存在。

1.7.3.3 微生物

我国矿泉水的产品质量存在的最大问题是微生物（主要是细菌和霉菌）的超标。一般情况下，天然矿泉水原水中的微生物数为每毫升1～100个，多数少于20个，这就是矿泉水的原生菌。原生菌被认为对人体是无害的。这并不是说，我们可以放松对细菌的控制。相反，我们要严格控制矿泉水的细菌。因为按标准检验方法规定所检出的细菌主要是污染的细菌，而不是原生菌，它们可以将矿泉水中的硝酸盐转化成亚硝酸盐，从而影响人体的健康。由于压力和温度的变化，原生菌在装瓶后营养度极低的情况下依然可以繁殖。自生菌在20 ℃情况下繁殖最快，而在37 ℃则不繁殖。空气中的霉菌是瓶装矿泉水霉菌污染的主要来源。

所以，微生物的控制成了我们提高矿泉水质量的一个重要方面。解决这一难题，必须从多方面采取措施：(1)加强水源卫生防护，建立卫生防护区；(2)矿泉水生产区离泉(井)口要尽可能地近，以防止水经过长距离的管道输送遭受污染；(3)生产流程中的污染控制：涉及生产设备的消毒、罐装车间的净化、瓶和盖的消毒以及生产人员的个人卫生等。总之，应严格按饮料厂生产卫生规范进行生产。

1.8 人工矿泉水生产工艺

人工矿泉水指原水通过人工矿泉水器，至少有一项元素或组分达到本标准中规定的界限指标的水。

1.8.1 人工矿化水工艺原理和矿化材料介绍

国外对饮水矿化研究采用以下几种方法：
(1)饮水通过盐片和矿石碎屑过滤，使水中硬度增加；
(2)饮水通过一种凝胶结构的高碱基离子交换树脂而使水中硬度增加；
(3)饮水中注入微量海水（海水未被污染）；
(4)将硬度大的地下水与饮水中和；
(5)饮水中加入化学纯无机盐等方法。

人工矿化水的原料水，应尽可能地纯净，不受任何污染。因为在制成矿化水时还要外加一些成分，所以水基最好矿化度低一些。

日本专利中采用矿石（如石灰石、白云石）作为矿化剂，将带有二氧化碳的水通过矿石层，使钙、镁和一些有生理活性的微量成分以离子的形式进入水中。

在美国专利、英国专利中，推荐使用碳酸钙、石灰酸镁粉末，在压力下使碳酸化水通过碱土碳酸盐层。要做到成分和预期的一致,还需要一些监测手段,比如用离子选择电极将水中的阳离子变成电信号,再输入电脑中,由电脑控制矿化的深度等。

用二氧化碳浸蚀难溶的碱土碳酸盐(碳酸钙、碳酸镁、碳酸锶等)制成阴离子中碳酸氢根占优势的矿化水,是近年来人工矿化水工艺的一个重要发展。为了给矿化工艺提供依据,探明难溶的碱土碳酸盐(碳酸钙、碳酸镁、碳酸锶等)在二氧化碳存在下的溶解速度,某高校曾对碳酸盐的溶解规律进行定量的描述而作了试验工作。

对二氧化碳浸蚀难溶的碳酸盐制取矿化水的原理及制作工艺简单介绍如下。

1.8.1.1 二氧化碳的作用

天然状态的水实际上是不纯洁的,它含有各种溶解的化学成份,其中最常见的是碳酸氢钙(酸式碳酸盐)。

在实践中,这种盐与二氧化碳之间的平衡受到了相当复杂的规律的控制,同时,平衡的任何变化都能引起化学反应。例如,碳酸钙的溶解(浸蚀)或结垢,就是对于有关金属特有的简单电化学腐蚀反应所附加的反应。

1.8.1.2 矿化方法

用二氧化碳和碳酸钙起反应:

$$CaCO_3 + CO_2 + H_2O \Longrightarrow Ca(HCO_3)_2$$

将难溶的碱土碳酸盐变成易溶的碳酸氢盐。当有足够的 CO_2 存在时,易溶的碳酸氢钙将以离子的形式存在于水中,

$$Ca(HCO_3)_2 \Longrightarrow Ca^{2+} + 2HCO_3^-$$

即增加了水中的钙离子、碳酸氢根离子和游离的二氧化碳,达到了矿化的目的。

二氧化碳在送入处理水中之前先在滴流塔中洗涤,其碳酸镁、碳酸锶等矿化原理都基于此。由于人工矿化水中引入了外来物质,所以对制成品必需进行杀菌处理。日本由于多加入可溶性盐,因此采用装瓶后热杀菌的方法,但是水中碳酸氢盐多的产品,热杀菌方法是不适宜的,因此采用紫外线杀菌、臭氧杀菌和电解法杀菌(即用卤素发生器杀菌)。臭氧杀菌不仅可以用来处理水,也可以用来处理矿泉水瓶。

近年来日本人声称麦饭石是制取人工矿化水的有效原料,经专家分析,麦饭石里含有微量放射性元素氡,它是治疗癌症的天然矿石。一般自来水中不含有正的水合离子,经过麦饭石矿化后的自来水,其中 H_3O^+ 的浓度可达到 2.84 mg/L。从化学观点出发,此 H_3O^+ 很容易与大气中的氧组成电极位,这就加快了人体代谢功能的转化。

麦饭石的主要用途是制造人造矿化水,再用来生产疗效饮料,效果显著。现代科学测试与分析表明,这种岩石含有二十余种对人体有益的微量元素,使被污染的水净化为矿化水,主要机理有以下几个方面:(1)麦饭石具有强烈的吸附性能,故麦饭石对重金属铅、镉、铬、汞、铜、锌、锰、镍和放射性元素铀、钍、镭等有吸附性作用,麦饭石特别是对水中的氢化物、钛酸酯及致病杂菌等,具有很强的吸附能力;(2)麦饭石同时具有溶解性能,能够溶出锌、锰、锂、钼、硅、硼等多种微量元素,从而使普通水成为人工矿泉水;(3)麦饭石还具有调节水的 pH 值的性能,对生物生长有利;(4)它还具有降氟除氯的功能,可使酸性水、碱性水成为中性水,而有利于水质净化和环境保护。

1.8.2 国内人工净化、矿化装置结构原理简介

该类净水矿化器主要由净水和矿化两个装置组成,两个筒体设于公用的底盘上,为符合使用要求,筒体采用高强度搪瓷或不锈钢材料,管路全部为不锈钢材料。

饮用水(自来水)首先流入细网和装有活性炭的净水器进行过滤和消毒,将水中的有害物质(如氯气、酚、农药、氰化物及汞、镉、铬等)除去,使水质变得清澈、无色、无臭,然后流经中间的消毒器,将残留于水中的有害物质除去(消毒过程也可放在矿化过程之后)再进入矿化容器。矿化容器内装有矿化原料包,矿化剂系天然矿石,经加工处理后按一定比例组成。矿化原料可根据不同地区水质的实际情况,按需要补充具有特殊生理功能的钙、镁、锌、硒等微量元素。水以逆流方式进入矿化容器,溶入了适量的钙、镁、钾、钠、可溶性二氧化硅等对人体健康有益的元素。整个循环是连续进行的,操作方法简单,不用电源,利用自来水压差自流,其中净化器、矿化器均为逆流式,消毒器为顺流式,其水流方式能提高净化和矿化效果。

1.8.2.1 活性炭的选择问题

活性炭因其原料不同,其吸附性能和作用也不同,如以煤作原料的炭,因石墨较多,内、外表面积纤维炭少,相应吸附性差;以木屑、木炭作原料,活化后吸附性较好,但不耐高压;较佳的是果壳、果核炭,吸附性好且耐高压。

以活化方法不同,又可分为物理炭和化学炭两类,经干馏后仅用高温蒸汽(900 ℃～1 000 ℃)活化处理的炭称为物理炭,在活化中添加化学物质的称为化学炭。作净水和药剂用以纤维物理炭为佳。有些设计者和使用者不太注意这种区别,认为只要是活性炭就行,实际上是不能保证达到设计效果的,如选用防毒面具活性炭,则不仅仅是效果问题,而是一个错误,因防毒面具活性炭是添加了化学药剂的,在气象吸附时中和有害气体,但在水中则会渗析出镉,反而对人体有害。

1.8.2.2 活性炭净水器结构的设计选择问题

从外观看,其结构并不复杂,有些设计者认为只要设计一个容器,装一定量活性炭就行了,实际不然。由于使用活性炭本身性能不同,要处理一定量的水,它的结构是不同的,为了达到一定效果,活性炭对水的接触时间、流速、层高都有一定的要求,如直径与高度要有一定的比例,炭层要有一定的高度,水流在炭层中要有 1.5 min 左右的接触时间,以保证活性炭吸附及催化反应过程完整。水流方向也应注意,要使活性炭既不被水流冲刷粉碎,也不被冲失,要使其处于悬浮状态而达到最佳效果。目前水源普遍被污染,且污染成分复杂,需进一步合理选用活性炭和额定流量下活性炭的投放量和配比量,确保水分子在炭层中的停留时间。某矿泉水公司的净化装置选用了防净 No.1 活性炭和 CH-16 型活性碳,如果水源中含某些污染特别严重的元素如氟、六价铬、镉、汞等,可以在净化器内加入某些其他滤料而达到去除目的。

1.8.2.3 消毒方法选择

(1)紫外线消毒器:采用紫外线灯管产生紫外线杀菌,同时因紫外线的作用在空气中(或水中)放出一定量的臭氧也有一定的杀菌作用。实践证明,用紫外线杀菌是不彻底的(有保留细菌),而且紫外线射程有限,即在空气中,其射程不超过 1 m,只能装在管路上;另外,紫外线灯的使用寿命又很有限,用紫外线消毒没有后续力。

(2)臭氧消毒法:是利用臭氧(O_3)发生器,产生 O_3 进行杀菌。O_3 很不稳定,一旦生成后在空气中或水中被很快分解成 O_2 和 O 原子,O 原子与细菌中的酶结合,即酶被氧化而使细菌灭亡,水中的细菌多少是变化的。用 O_3 消毒也没有后续力,臭氧发生器造价高,耗电量大。

(3)氯消毒法:氯杀菌力强,具有后续力,只要水中保留一定量的余氯就可以杀菌。但因氯也是极活泼的元素,而且有毒,易散发到空气中,水中余氯若较高,长期饮用也是不利的。另外,氯极易与水中的有机物结合成有机氯,如与酚结合为氯酚,就发出难闻的臭味。近年来,为了消除水中氯的副作用应多采用二次处理,故其并非理想的消毒法。

1.8.3 生产工艺

经人工矿化的矿泉水再进行过滤、杀菌、罐装等工艺过程而制得产品,具体操作要点与生产其他清凉类饮料相同。

2 饮用纯净水

2.1 饮用纯净水的定义

我国 1985 年 8 月颁布的《生活饮用水卫生标准》(GB5749-1985)将饮用纯净水定义为:"以符合生活饮用水卫生标准的水为原料,通过电渗析法、离子交换法、反渗透法、蒸馏法及其他适当的加工方法制得的,密封于容器中且不含任何添加物可直接饮用的水"。

标准规定,纯净水的各项指标要符合以下要求(见表 8-6)。

表 8-6 饮用纯净水质量指标

项目	指标	项目	指标
感官指标		氰化物(CN)/mg·L^{-1}	≤0.002
色度(度)	≤5(无异色)	挥发酚(苯酚)/mg·L^{-1}	≤0.002
浊度(NTU)	≤1	游离氯/mg·L^{-1}	≤0.05
臭味、异臭	无异味	三氯甲烷/mg·L^{-1}	≤0.02
肉眼可见物	不得检出	四氯化碳	≤0.001
理化指标		亚硝酸盐	≤0.002
pH 值	5.0~7.0	微生物指标	
电导率(25±1)℃	≤10	菌落总数	≤20
高锰酸钾消耗量(以 O$_2$ 计)mg·L^{-1}	≤1.0	大肠菌群(MPN/100 mL)	≤2
氯化物(Cl)/mg·L^{-1}	≤6.0	致病菌	不得检出
铅(Pb)/mg·L^{-1}	≤0.01	霉菌	不得检出
砷(As)/mg·L^{-1}	≤0.01	酵母菌	不得检出
铜(Cu)/mg·L^{-1}	≤1		

2.2 纯净水的生产工艺

2.2.1 纯净水生产工艺流程

桶(瓶)装纯净水生产工艺流程为：

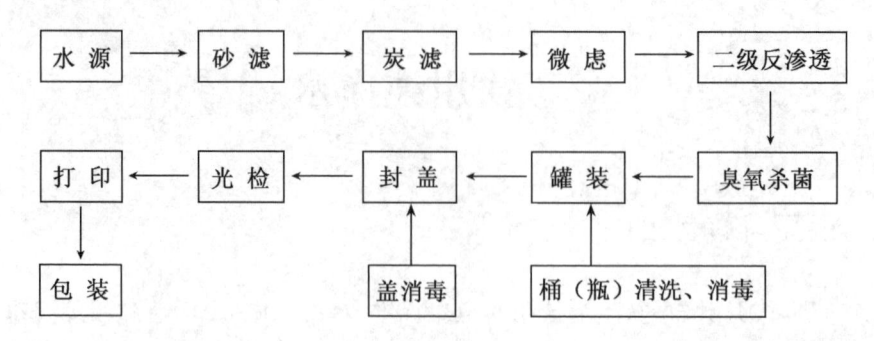

水源 → 砂滤 → 炭滤 → 微滤 → 二级反渗透 → 臭氧杀菌 → 罐装 → 封盖 → 光检 → 打印 → 包装

盖消毒 → 封盖

桶(瓶)清洗、消毒 → 罐装

2.2.2 主要工艺要点

(1) 水源：适合生活饮用水标准的水。

(2) 砂滤：水通过粒状滤料层时，其中的悬浮物和胶体物质被截留在空隙中和介质表面上。

(3) 炭滤：炭滤能有效地吸附水中有机污染物和余氯，并能有效去除水中一些金属离子。

(4) 微滤：一种精密过滤，它的孔径范围一般为 0.1 μm~10 μm，可滤出水中 0.1 μm~10 μm 的微粒，如部分病毒、细菌和胶体等。

(5) 二级反渗透：反渗透(RO)膜大多采用低压螺旋卷式复合膜，它体积小流量大，在 25 ℃时透水量为 0.3~0.8m³/(m²·d)，除盐量>96%。纯净水的生产一般采用一级、二级反渗透串联使用，当进水电导为 400 Us/cm~800 Us/cm 时，出水电导也能达到≤10 Us/cm 的国家标准。

由于反渗透膜的孔径大都≤10×10^{-10} m，它在分离对象时溶液中离子范围和相对分子质量几百的杂质，利用反渗透膜的筛分作用，在产水的同时，能滤除水中的各种细菌、病毒等。利用反渗透的筛分原理，可以达到在常温状态下，离子范围内工业化低成本净化水质的目的。

(6) 臭氧杀菌：臭氧杀菌是国内外纯净水生产中广泛选用的灭菌方法。臭氧浓度达到 0.4 mg/L~0.5 mg/L 临界浓度时，接触时间大于 5 min 就可将细菌基本杀灭，是一种广谱、高效、快速的杀菌方法。臭氧还能通过氧化反应分解和有效去除水中残留的有害物质，如有机物、氰化物以及农药等。

臭氧在空气中的半衰期一般为 20 min~50 min，在水中的半衰期约为 35 min(随水质和水温的不同而异)。氧化反应多余的臭氧可以很快分解成氧气，由于其分解快，又没有残留物质存在，故利用臭氧杀菌消毒既没有污染，又能利用其半衰期对罐装好的纯净水进行整桶杀菌，以获得真正洁净、安全的水。

(7) 桶(瓶)清洗、消毒：桶装纯净水的空桶需周转使用，清洗消毒效果直接影响到产品质量。可采用高压喷淋方法进行预清洗，再由机器进行自动清洗。清洗时应选择低泡、高效型的清洗剂和消毒剂,以确保清洗消毒效果。

因霉菌在150 ℃～170 ℃吹瓶工艺中已被杀灭,因此,在制瓶工序中不会产生霉菌。所以,在生产时尽量使罐装速度和制瓶速度保持一致,杜绝空瓶积压,可以防止通过瓶体导致霉菌传播污染。

(8)盖消毒:瓶盖虽然是高温注塑,但在周转过程中产生二次污染,在使用前必须进行消毒。需用紫外线或臭氧消毒。

(9)洁净室应根据国家标准《瓶装纯净水卫生标准》(GB17324-1998)的要求,罐装车间的洁净度应达到全室1 000级,清洗车间洁净度应达到10万级的标准。符合标准的洁净室包括以下五个方面:形成正压的罐装区;高效过滤的洁净空气;足够的换气次数;合理的气流组织;合理的温度环境。这是保证纯净水产品质量和卫生质量的关键控制点。

思考题

1.我国瓶装水分为哪些类型,各有何特点?
2.矿泉水化学成分是如何形成的?
3.矿泉水分布有何规律?
4.试比较饮用矿泉水和饮用纯净水生产工艺的异同。

指定参考书

1.郭明若[美国],李建才,孔保华.瓶装水生产技术.北京:中国轻工业出版社,2006
2.李正明,吴寒.矿泉水和纯净水工业手册.北京:中国轻工业出版社,2000
3.李勇,刘冠卉,苏世彦.现代软饮料生产技术.北京:化学工业出版社,2006

参考文献

1.王琳,王宝贞.优质饮用水净化技术.北京:科学出版社,2000
2.郭明若[美国],李建才,孔保华.瓶装水生产技术.北京:中国轻工业出版社,2006
3.李正明,吴寒.矿泉水和纯净水工业手册.北京:中国轻工业出版社,2000
4.李勇,刘冠卉,苏世彦.现代软饮料生产技术.北京:化学工业出版社,2006
5.田呈瑞,徐建国.软饮料工艺学.北京:中国计量出版社,2005
6.安可士.我国矿泉水产业现状与发展趋势.地能热.2005,4:21-23

第 9 章 茶饮料

1 茶饮料的概念和分类

1.1 茶饮料的定义

茶饮料是指以茶叶的萃取液、茶粉、浓缩液为主要原料加工而成的,含有一定份量的天然茶多酚、咖啡碱等茶叶天然有效成分的软饮料。茶饮料既有茶叶的独特风味,又兼具营养保健功效,是一类天然、安全、清凉解渴的多功能饮料。

1.2 茶饮料的功效

茶饮料的特殊功效主要源于茶叶经热水萃取并能溶解在水中(茶汤)的可溶性成分。不同含量和比例的可溶性成分是茶饮料加工的主料,其品质高低决定了茶饮料的品质。

1.2.1 茶汤中的主要化学成分

1.1.2.1 茶多酚类

茶叶的多酚类物质主要由儿茶素(catechins)、黄酮醇类(flavonols)、花青素(leucoanthocyanins)、酚酸(phenolic acids)四类成分组成。茶多酚类物质在茶饮料中的含量约为 50~80 mg/mL,它是茶饮料中滋味鲜爽浓厚的最主要的成分之一。儿茶素又是茶多酚类的主要成分之一,约占茶多酚的 60%~70%。儿茶素由十多种成分组成,主要包括－EGC、＋C、－EC、－EGCG、－ECG(C 代表儿茶素、E 代表顺式、G 代表没食子基或没食子酰基)等。在茶饮料中,儿茶素含量为 35~50 mg/100 mL。

目前对茶多酚的药理作用研究较多,主要药理作用如下:

(1)对自由基的消除作用　可广泛地消除体内的自由基,属极强的消除自由基的天然物质。

(2)抗衰老作用　研究证明茶多酚能提高抗氧化酶系 GSH-PX(谷胱苷肽-氧化酶)和 SOD(超氧化物歧化酶)的活性,降低细胞的 LPO(脂质过氧化物),延缓心肌褐素(LF)的形成,因而具有延缓细胞衰老的作用。

(3)抗辐射作用　辐射对机体损伤的机理主要是通过间接作用即自由基引起的。研究表明,茶多酚对辐射损伤的保护途径之一是通过 GSH-PX 和 SOD 的活性发生作用的。

(4)抗癌作用　茶多酚抑癌作用机制与茶多酚对肿瘤细胞 DNA 生物合成的抑制有关,二者呈明显的量效关系,即茶多酚的量越多,它对 DNA 生物合成抑制率越高。茶多酚的抑制作用还与内含儿茶素的量尤其是酯型儿茶素的量有密切关系。各种儿茶素的抑制作用按如下次序递减:EGCG＞ECG＞EGC＞EC。

(5)抗菌、杀菌作用　研究发现茶多酚对人轮状病毒 Wa 株有抑制作用,当茶多酚浓度在 1:8(茶多酚:水)时,可完全抑制 Wa 株病毒。L-EGC 和 L-EGCG 具有抑制伤寒、副伤寒、霍乱和痢疾的作用,当摩纳哥度达到 5～10 mg/mL 时抑菌作用显著。

1.2.1.2　生物碱

茶饮料中生物碱的含量约 15～25 mg/100 mL。它包括咖啡碱、可可碱、茶叶碱。其中咖啡碱占 80%～90%。生物碱是茶饮料滋味、苦味及功能成分的重要组成之一。茶咖啡碱的药理作用如下:

(1)兴奋作用　咖啡碱具有兴奋中枢神经系统的作用,可提高思维效率;

(2)利尿作用　咖啡碱的这种作用是通过肾促进尿液中水的渗出率来实现的。此外,咖啡碱对膀胱的刺激作用也协助利尿。咖啡碱的利尿作用也有助于醒酒,解除酒毒;

(3)强心解痉　即松弛平滑肌的作用,据研究,如给心脏病人喝茶,能使病人的心脏指数、脉搏指数、氧消耗和血液的吸氧量都得到显著提高。这些都是同茶叶中的咖啡碱、茶叶碱的药理作用有关,特别是与咖啡碱的松弛平滑肌的作用密切相关。咖啡碱具有松弛平滑肌的功效,因而可使冠状动脉松弛,促进血液循环。

(4)助消化作用　咖啡碱的刺激作用可提高胃液的分泌量,从而增进食欲,帮助消化。

茶叶中除了数量较多的咖啡碱以外,还有少量的茶叶碱和可可碱,它们也具有咖啡碱的上述作用,有的作用甚至比咖啡碱还要强。

1.2.1.3　蛋白质和氨基酸

茶叶中的蛋白质几乎不溶于热水,仅有少量的可溶性蛋白质存在于茶汤中。茶汤中含有 12 种氨基酸组分,其中最主要的是茶氨酸(theanine),在茶饮料中氨基酸含量约占 8～25 mg/100 mL,氨基酸是饮料滋味鲜爽醇和的重要组成之一。

1.2.1.4　可溶性糖

存在于茶汤中的碳水化合物主要是还原糖、可溶性果胶,还有少量可溶性的淀粉。在茶饮料中可溶性糖含量约占 20～25 mg/100 mL,它是构成茶饮料滋味醇和的重要组成之一。

1.2.1.5　色素

茶饮料中的色素组分在不同的茶类中有较大的不同,在绿茶饮料中其色素主要由茶多酚类中呈黄绿色的黄酮醇类和花青素及花黄素组成,叶绿素不溶于水,故不构成绿茶饮料的色泽。乌龙茶和红茶饮料中的色素主要由茶多酚类的氧化产物,如茶黄素、茶红素、茶褐素等组成,茶黄素和茶红素不仅构成了乌龙茶和红茶饮料色泽的明亮度和强度,而且也是茶饮料滋味鲜爽和浓度的重要组成之一。

1.2.1.6 维生素

维生素 C 可溶于热水,但维生素 C 容易被氧化而破坏,在绿茶饮料中存在着少量维生素 C,而乌龙茶和红茶饮料中,由于乌龙茶和红茶是经过发酵工艺加工而成的,维生素 C 在发酵过程中被大量破坏,因此,乌龙茶和红茶饮料中维生素 C 含量极低除非是人工添加。维生素 B 类一般不溶于热水,故在茶饮料中一般不含维生素 B 类物质。

1.2.1.7 矿物质

茶叶含有几十种矿物质元素,其中大部分可溶于热水,在茶饮料中一般含有 K、Ca、Mg、Zn、Al、Cu、Fe、Se 等几十种矿物质元素。在茶饮料中一般含矿物质元素为 8.0~15.0 mg/100 mL,其中以钾的含量最高,占 50%~70%。

1.2.1.8 香气物质

茶叶中含有几百种香气物质,它们大部分是在制茶加工过程中形成的。在茶叶提取过程中,一部分香气物质可溶于热水中,一部分香气物质则呈气态挥发。茶叶中香气物质对温度十分敏感,在茶饮料加工过程中,特别是杀菌过程中,香气物质发生了复杂的化学变化,会造成茶饮料香气严重恶化。经高温杀菌后,乌龙茶和红茶饮料的香气成分呈现出减少的趋势,且含量和比例发生了较大的变化,失去新鲜及花香风味,形成了不愉快的"熟汤味"。绿茶饮料经高温杀菌后,"甘薯味"明显,因而茶饮料加工应尽可能减少热处理时间,采用超高压瞬时杀菌技术非常必要。

茶叶中可溶性化学成分依不同的品种、产地、贮存时间、加工方法、季节等因素,其组成成分的含量和比例有很大的不同,从而形成了不同品质和风味(香气、滋味、色泽)特征的茶饮料产品。因此,正确地选择茶叶原料(包括速溶茶、茶浓缩汁),是茶饮料加工的关键技术之一。

1.2.2 茶饮料对人体健康的作用

(1)补充人体水分　茶饮料对人体有补充水分的作用;

(2)增加营养物质　茶叶中含有丰富的营养物质,六大营养素含量齐全,其中特别是维生素、氨基酸、矿物质含量丰富,不仅种类多,而且含量高,常饮可以增加营养,促进身体健康;

(3)医疗保健作用　茶饮料是以茶叶为主要原料,含有茶多酚、咖啡碱、茶色素等多种保健和药用成分。现代研究证实,常饮对人体有良好的医疗保健效果。

1.3 茶饮料的分类

茶饮料因产品形态不同可分为液体茶饮料和固体茶饮料两大类;因原辅料种类和加工方法不同可分为 3 大类:茶汤饮料、调味茶饮料、功能茶饮料。

1.3.1 纯茶饮料(茶汤饮料)

即以茶叶为原料,加水浸提后的萃取液或其浓缩液、纯茶粉作为主剂,不经调配的纯茶稀释液加工而成,保持了原茶叶的香味品质和风味,如绿茶、红茶、乌龙茶等。

1.3.2 调味茶饮料

即以茶叶为主要配料,再加入糖、果汁、香料、牛奶、酸味剂、CO_2 等配料配制而成的风味各异的茶饮料,这类产品以合适的甜酸度,配合水果香和花香,茶叶风味并不显著突出。包括果味茶饮料、果汁茶饮料、碳酸气茶饮料、含乳茶饮料、混合茶饮料、冰绿茶、奶茶、大青茶等。

1.3.3 功能茶饮料

即以茶叶提取液或茶叶中的某种活性成分(如茶多酚)为主料,有目的地添加中草药及植物性原料(人参、枸杞、银杏叶等)或营养强化剂制成。如儿茶素饮料、茶多酚饮料、减肥茶饮料等。

1.4 茶饮料产品质量标准

1.4.1 感官指标

感官指标见表9-1。

表9-1 茶饮料感官指标

项目		纯茶饮料	调味茶饮料				功能茶饮料
			果味茶饮料	果汁茶饮料	碳酸型茶饮料	含乳茶饮料	
色泽	乌红色	呈红棕色呈黄绿色	呈红棕色呈黄绿色	具有该品种果汁和茶应有的混合色泽	呈红棕色或该品种应有的色泽	具有浅绿或浅棕的乳白色泽	具有该品种应有的色泽
香气与滋味		具有该茶应有的芳香味,略带苦涩味	具有类似该品种果汁和茶的混合香气和滋味,甜酸适口	具有该品种果汁和茶的混合香气和滋味,甜酸适口	具有该品种应有的香气和滋味,甜酸适口,爽口,有清凉感	具有茶和奶混合的香气和滋味,甜酸适口	具有该品种应有的香气和滋味,无异味,口感纯正
外观		清澈透明	清澈透明或略带浑浊,允许有少量果肉沉淀	清澈透明	乳浊液久置后允许有少量沉淀,振荡后,仍呈均匀状乳浊液	清澈透明或略带浑浊	
杂质		无肉眼可见的外源杂质					

1.4.2 理化指标

理化指标见表9-2。

表 9-2 茶饮料理化指标

项目		纯茶饮料	调味茶饮料				功能茶饮料
			果味茶饮料	果汁茶饮料	碳酸气茶饮料	含乳茶饮料	
可溶性固形物/%≥ (20℃折光计法)		0.5	4.5	4.5	4.5	4.5	4.5
总酸(以一个分子水柠檬酸计)/g·L^{-1}≥		—	0.6	0.6	0.6	—	—
pH 值		5.0~7.5	<4.5	<4.5	<4.5	5.0~7.5	—
茶多酚 /mg·L^{-1}≥	绿茶	450	200	200	100	200	200
	乌龙茶	400					
	红茶	300					
咖啡因 /mg·L^{-1}≥	绿茶	100	40	40	20	40	40
	乌龙茶	100					
	红茶	100					
二氧化碳气容量 (20℃时容积倍数)≥		—	—	—	2.5	—	—
果汁含量/%≥		—	—	5.0	—	—	—
蛋白质含量/%≥		—	—	—	—	1.0	—
食品添加剂		按 GB2760-1996 规定					

1.4.3 卫生指标

卫生指标见表 9-3。

表 9-3 茶饮料卫生指标

项 目	指 标
砷(以 As 计)/mg·L^{-1}	≤0.2
铅(以 Pb 计)/mg·L^{-1}	≤0.3
铜(以 Cu 计)/mg·L^{-1}	≤5.0
菌落总数/个·mL^{-1}	≤5
大肠菌群/个·(100 mL^{-1})	≤3
霉菌、酵母/个·mL^{-1}	≤10
致病菌	不得检出

2 茶饮料加工

茶饮料的生产及消费由于适应现代社会快节奏的要求,发展特别迅猛。传统的采用沸水冲泡、慢慢品尝的饮茶方式已不能适应现代生活快节奏的要求,所以国内外众多的企业都在积极进行茶饮料及其深度加工。美国每年进口茶中,约有1/3用于加工速溶茶。日本每年从我国进口大量的乌龙茶做罐装茶水。日本茶饮料生产量已占到软饮料的30%。在国内茶饮料均受到消费者的欢迎,有些还远销国外和港、澳市场。此外,近几年来国内外均有用精茶提取液加工糖果、饼干、冰棒、汽水等茶饮料、食品,这不但增加了饮料、食品的营养价值,而且也提高了茶的经济效益。

茶饮料加工是指采用鲜叶经初、精制后的茶叶,经提取分离得到的茶汁,按科学配方进行调配、灌装、杀菌等操作,得到的仍保留茶的特有色、香、味的一种新型饮料的工艺过程,以及利用提取得到的茶汁经过滤、浓缩、干燥等操作得到固体饮料的工艺过程。研究茶饮料及其深度加工,探讨茶饮料消费新领域,是茶叶深加工面临的新课题。

2.1 茶饮料主要的原辅料及添加剂

2.1.1 茶饮料的主要原辅料

2.1.1.1 茶叶

茶叶是加工茶饮料的主要原料。常用的有红茶、绿茶、花茶和乌龙茶等,一般分为四级,以3~4级为主。1~2级数量少,价格高,大批量生产会导致原料紧张,成本过高,销售困难。用于加工茶饮料的茶叶应符合以下要求:

(1)当年加工的新茶,感官审评无烟、焦、酸、馊和其他异味;
(2)不含茶类夹杂物及非茶类物质,农药残留物质不超过标准;
(3)茶叶中主要成分保存完好,干茶色泽正常,冲泡后液体茶符合该级标准。

2.1.1.2 中草药

选用的中草药或中药材应该符号国家卫生部的有关规定,功效突出,不含有毒及有害成分。

2.1.1.3 饮料用水

水是茶饮料的主要原料,水质的优劣直接影响着产品的质量。原则上,茶饮料生产用水应符合饮用纯净水水质要求。由于茶叶中含有茶多酚类物质,金属元素的存在,会使茶饮料产生沉淀、混浊、色变,影响其外观和品质。

2.1.1.4 食糖

食糖是茶饮料中的重要原料之一,常用的有白砂糖、葡萄糖、果葡糖浆等。用得最多的是白砂糖,这是由于白砂糖具有纯度高、色泽白、风味甘甜、无异杂味、易于使用和保藏、价格低廉等特点。

2.1.2 茶饮料的常用添加剂

除上述主要原辅料外,在茶饮料中常常还添加甜味剂、酸味剂、抗氧化剂、防腐剂、赋香剂等食品添加剂。关于这些添加剂的作用机理、使用范围、允许使用量以及使用注意事项等请参阅参考书目。

2.2 液体茶饮料加工工艺

2.2.1 茶叶碳酸饮料

茶叶碳酸饮料是指含有二氧化碳的茶饮料。可由红、绿茶提取液、水、甜味剂、酸味剂等成分经调配、碳酸化、灌装而成的饮料。与一般碳酸饮料相比,它含有多种茶的有效成分,具有香气浓郁、可口等特点,是一种清热解渴、清心提神的天然清凉饮料。

2.2.1.1 茶叶碳酸饮料生产工艺

与碳酸饮料一样,茶叶碳酸饮料也有一次灌装法和二次灌装法。

(1)一次灌装法　是将茶汁、糖浆冷却后,与冷却水按一定比例混合,进行碳酸化、灌装、压盖而成。

(2)二次灌装法　此法是将茶汁及糖浆等原料按一定比例混合冷却后按规定量装入瓶,再灌入经充分碳酸化的冷却水,最后压盖而成。

2.2.2.2 工艺操作要点

茶叶碳酸饮料生产工艺应严格按下述操作要点进行。

(1)设备清洗消毒　凡是用作生产茶叶碳酸饮料的生产用具、机械和设备等,均需先用自来水冲洗数次,有的还需刷洗,最后用无菌过滤水反复冲洗备用。

(2)空瓶清洗　灌装用瓶,需先用2%～3%的NaOH溶液于50 ℃温度下,浸5 min～20 min,而后用棕毛刷或刷瓶机内外刷洗干净,再用灭菌水冲洗数次,使瓶内外清洁,不留残渣,倒立在沥瓶机上沥干,灯检后备用。

(3)茶汁提取　按配方称取检验符合标准的茶叶,放在干净容器内。用沸水(90 ℃～95 ℃)浸泡5 min～10 min,后经反复过滤,滤汁要澄清,无茶渣残留于内。再与糖浆混合,即为茶叶碳酸饮料的基本原料,又称为原汁或母液。

(4)溶糖　溶糖方法有热溶法和冷溶法两种。为了保证质量,一般应采用热溶法,溶时将配制成的65%浓糖液投入锅内,边加热边搅拌,升温至沸,撇除浮在液面上的泡沫。然后维持沸腾5 min,以达到杀菌的目的。取出冷却到70 ℃,保温2 h,使蔗糖不断转化为还原糖,再冷却到30 ℃以下为止。

(5)水处理　茶叶碳酸饮料品质的优劣,主要条件之一是水的质量。因此,茶饮料用水必须经过澄清、过滤、软化、灭菌等过程,再经冷冻机降温到3 ℃～5 ℃,再经汽水混合机,在一定压力下形成雾状,与二氧化碳混合形成碳酸水。

(6)底浆配制　糖浆配制时的加料顺序十分重要。加料次序不当,将有可能失去各原料应起的作用。根据茶叶饮料的特殊性,其投料顺序应为:

茶汁→糖液→防腐剂液→香精→着色剂液→抗氧剂→加入食用酸。

按上述配制顺序将各种原料逐一加入,要求糖浆混合均匀,但不宜过分搅拌。否则,易使糖浆吸收空气,影响灌装和成品质量。配制好的糖浆应测定其浓度,经检验确定符合质量要求后才能使用。

(7)灌装　对二次灌装法,先将底浆注入贮液桶内,送入灌装机中定量灌装,小瓶(250 mL)加入30 mL～50 mL,大瓶(500 mL)加入60 mL～100 mL,再将已充入二氧化碳气的碳酸水,输送到灌装机中,注入装有底浆的饮料瓶中,立即封口。若采用一步法,则是将底浆与水按比例先混合后,再经过碳酸化,最后一次灌装。

(8)检验装箱　每批产品生产后,均应按食品卫生标准进行感官和理化检测。符合标准后,贴标装箱。

2.2.2　罐装茶水

罐装茶水是一种纯茶饮料,主要产品是乌龙茶,另有少量红、绿茶。这一产品的出现彻底改变了过去那种繁琐的茶叶冲泡和饮用方式,保持了原茶汤风味,加工简便,成本低廉,无合成色素及各种常规饮料的添加剂,产品清澈,清洁卫生,不污染环境,营养丰富,具有保健作用,适合机械化生产,适应了现代生活快节奏的步伐,因此深受消费者的欢迎。

罐装茶水的加工工艺,一般分为浸提、过滤、调制、加热、装罐、充氮、密封、灭菌、冷却等工序。茶叶浸提用去离子纯水,茶与水的比例为1:100,水温为80 ℃～90 ℃,浸提3 min～5 min,经过粗滤和细滤,冷却后即成原液。然后调成饮用浓度,加入一定量的碳酸氢钠,将茶水调成pH值为6～6.5,再加抗坏血酸钠作为抗氧化剂,防止茶水氧化,再加热到90 ℃～95 ℃,趁热装罐,并向罐内充氮气取代顶隙间的空气,最后封罐,将封好口的罐放入高压锅内经115 ℃～120 ℃杀菌7 min～20 min,冷却即成。

而无菌包装茶饮料,经过135 ℃～137 ℃、10 s～15 s处理后进入无菌包装生产线。

2.2.2.1　**罐装乌龙茶水**

罐装乌龙茶水是选用福建省所产乌龙茶加工而成,是日本茶叶饮料中最畅销的产品之一,销售量逐年递增。

(1)主要原辅料

①茶叶　由我国福建省所产乌龙茶为主料:其中三级色种占70%,三级水仙占30%。要求必须采用当年加工的新茶,品质未劣变,不含其他茶类及非茶杂质,无金属及化学污染,无农药残留,色、香、味正常,主要成分保存完好。

②冲泡用水　罐装茶水用水要求十分严格,因为水质的优劣直接影响着茶水的质量。为此,水质应该达到饮用纯净水要求,否则将会造成茶汁浑浊。

③抗氧化剂　灌装茶水需保持一定时间的货架寿命。添加抗氧化剂,在于抑制茶叶中的物质氧化,避免茶水变色,影响其品质。

(2)工艺操作要点

①茶汤制备　将茶叶进行浸提,使用纯水浸泡时水温必须在85 ℃～90 ℃,浸泡时间为5 min左右,浸泡中进行搅拌,让茶叶中的有效物质浸出。

②过滤　采用多级过滤,浸泡茶叶必须进行有效的过滤,去除茶渣和有关物质。首先是用不锈钢过滤器过滤,将茶渣全部去掉,再用滤布进行过滤,去除细小杂质,用200目尼龙布过滤;最后高速离心(3 500 r/min),得到原液。

③原液调制　将萃取的茶原液,用纯水稀释到一般饮用浓度。然后添加极微量的碳酸氢钠,将茶汁pH值调节到6～6.5,为了保持茶汤汤色,防止褐变,最后添加极微量的抗坏血酸钠,防止氧化。

④装罐灭菌茶汤原液调制后,再通过热交换器加热到90 ℃～95 ℃时,趁热装入罐内,为了保持茶汤原有的色、香、味,防止变质,除了去除听内氧气外,还应充入一定数量的氮气,并立即卷边封口,放进杀菌锅内进行高压灭菌。在115 ℃时杀菌20 min或120 ℃时杀菌7 min,制品冷却后即为成品。

⑤PET瓶装茶汤原液调制后,经过135 ℃～137 ℃、10 s～15 s处理后控制液温为90 ℃,在无菌包装生产线上,用耐热PET瓶趁热装罐。

2.2.3.2 罐装绿茶水

罐装绿茶水是继罐装乌龙茶后推出的又一纯天然茶水品种。然而,由于绿茶本身内在成分所决定,在加工中,特别是在技术上有些问题尚待研究解决,以获得良好的品质和风味。

(1)主要原料 多以炒青绿茶为主,由于炒青绿茶具有原料来源广泛、成本低廉的特点。必须采用当年加工的新茶,品质未有劣变,以三四级茶为主,不含茶类及非茶类杂物,无污染,色、香、味品质正常,茶叶主要成分保存完好。其他原辅料与罐装乌龙茶相似。

(2)操作要点 罐装绿茶水加工工艺与乌龙茶加工近似,工艺流程可见罐装乌龙茶加工工艺。其生产过程的操作要点如下:

①原液制备 将已备好的茶叶,按配比称好,盛于不锈钢容器或陶制容器中,用85 ℃～90 ℃纯水浸泡5 min,其茶水比例为1∶100为好。

②过滤 浸提后的茶汤,先用不锈钢的茶滤器过滤,去除茶渣后,再以200目的滤布过滤,最后高速离心(3 500 r/min),以除去茶汤中的微粒、杂质、浑浊物,使茶汤清澈明亮,得到原液。

③调料 于茶汤中先添加抗坏血酸钠0.05%,作为抗氧化剂。如绿茶茶汤偏酸,还必须加入碳酸氢钠中和,使pH值为5.71～6.07。

④装罐杀菌 将调好的茶水,立即加热到90 ℃,趁热装罐,在罐与盖的间隙,以40 mL/s的速度充氮20 s,使氮气代替罐内液面空间的空气,然后立即卷边封口。充氮密封的茶水罐头,宜在115 ℃的高压蒸气锅中灭菌20 min后,放于冷水中冷却,即为成品。

⑤PET瓶装茶汤原液调制后,经过135 ℃～137 ℃、10 s～15 s处理后控制液温为90 ℃,在无菌包装生产线上,用耐热PET瓶趁热装罐。

2.2.3 保健茶饮料

保健茶饮料是以茶叶为主料,有针对性地添加中草药或植物性原料加工而成,营养丰富,且有一定疗效作用。饮后具有清凉解渴、提神益智、消除疲劳、消暑解毒、帮助消化等功能,常饮还能去脂减肥,防治龋齿,清心明目等。

2.2.3.1 主要原辅料

(1)茶叶 选用优质红茶为主要原料。要求品质正常,无霉变,无异味,不含茶叶及非茶类夹杂物,主要成分保存完好。

(2)中草药及植物性原料

①枸杞子 具有滋补肝肾、强筋骨、延缓衰老等功效,配以山楂,适宜中、老年人长期饮用。

②菊花 具有散风清热、平肝明目的功效。

③茯苓 药理有利水渗湿、健脾和胃、宁心安神作用。

能够用来生产保健茶饮料的原材料很多,常使用的还有桑葚、决明草、麦冬、甘草、金银花、酸枣、大枣、薏仁米、银耳、人参、灵芝、胖大海、大丽花、雏菊、白花、蛇草、夏枯草等。

2.2.3.2 生产工艺

(1)浸提 中草药及植物性原料用90 ℃～95 ℃纯水浸泡2次,各20 min,茶水浸提与罐装茶水相同。

(2)配料　砂糖、茶汁、植物浸提液体及其他原料按配方规定进行调配。

(3)装罐杀菌　将调配好的保健茶水,立即加热到90 ℃,趁热装罐,在115 ℃的高压蒸气锅中灭菌20 min后,放于冷水中冷却,即为成品。

(4)PET瓶装:保健茶水调制后,经过135 ℃、10 s～15 s处理后控制液温为90 ℃,在无菌包装生产线上,用耐热PET瓶趁热装罐。

(5)检验　每批产品根据产品标准进行检验。

2.2.4　茶叶调味饮料

茶叶调味饮料的加工可以根据需要、口味和爱好,加入配料。如冰柠檬红茶、薄荷绿茶以及少数民族地区人民喜饮的酥油茶或奶茶,据消费者的喜爱嗜好进行配方。其生产工艺可参照灌装茶水。

2.3　速溶茶的加工

速溶茶是以成品茶、半成品茶、茶叶副产品或鲜叶过滤、浓缩、干燥等工艺过程,加工成一种易溶于水而无茶的新型饮料,具有冲饮携带方便,不含农药残留等优点。当前有速溶红茶、绿茶、花茶等,以速溶红茶居多。

各种速溶茶就其溶解性而言有冷溶和热溶两种类型,价格约为干茶的10倍。并且越是发达国家消费量越大,约占茶叶消费量的1/3,国外速溶茶的生产大多以成品茶为原料提取,主要生产国有美、英、德、澳大利亚、印度、斯里兰卡等国家。

我国速溶茶生产厂家生产的速溶茶和速溶茶粉为中小企业生产茶饮料提供成品原料,目前主要集中在福建等地。

2.3.1　速溶茶的产品种类

(1)速溶红茶　以红茶为原料加工而成,速溶红茶的特点是汤色红明、香气鲜爽、滋味醇厚。

(2)速溶绿茶　以绿茶或茶鲜叶为原料,经萃取、浓缩、干燥等工艺加工而成,品质特点是具有绿茶的风味,即汤色黄而明亮、香气较鲜爽、滋味浓厚。

(3)速溶花茶　用各种花茶为原料,或以鲜花和茶叶为原料经加工而成,品质特点是具有花茶风味,即冲泡后汤色明亮、有明显的花香、滋味浓厚。

(4)调味速溶茶　调味速溶茶是在速溶茶基础上发展起来的配制茶。起初,多用来做夏季清凉饮料,加冰冲饮,故称冰茶。冰茶除速溶茶部分外,还要加糖、香料或果汁等,其风味可根据需要调制。目前市场上有种类丰富的调味速溶茶。

2.3.2　速溶茶的产品特点

速溶茶之所以能够得到很快发展,这与它本身固有的特点是分不开的。速溶茶是茶叶深加工产物,原料来源广泛,不受产地限制,既可直接取材于中低档成品红、绿茶,亦可用鲜叶或半成品为原料;速溶茶成品既可直接饮用又可与水果汁、糖等辅料调配饮用,从而能满足不同消费者的需要;速溶茶符合食品卫生安全要求,原料中所带的重金属、砂石和农药残留物等在速溶茶加工过程中均随叶渣一起除去。可以说速溶茶几乎没有污染成分,是一种比较纯净的饮品；速溶茶生产容易实现机械化、自动化和连续化；速溶茶体积较小，包装牢固，份量轻，运费少，饮用方便，既可冷饮又可热饮，又无去渣烦恼，符合现代生活快节奏的需要。

2.3.3 速溶茶的加工工艺

2.3.3.1 速溶茶的一般加工工艺

无论是速溶红茶还是速溶绿茶，其一般加工工艺流程为：原料选择→预处理→提取→净化→浓缩→干燥→包装→成品。

速溶茶的一般工艺操作要点如下：

(1) 原料选择与预处理 如制造速溶红茶，配搭 10%～15% 的绿茶，可以明显改进汤色，并提高产品的鲜爽度；如选用茶叶的副产品或中低档茶作原料，则由于常用原料中有效成分较低和各成分协调性差，使其品质粗涩、香气差；为使品质提高，并有可观的经济效益，可在茶叶副产品或低档茶中加入 20%～30% 的中上档茶；又如在绿茶中加入 30% 左右的红茶，成品则有乌龙茶风味；如选用鲜叶或绿茶加工成红茶速溶茶则需转化。

原料选定后要进行破碎处理，以增大茶叶同溶剂接触的表面积，提高可溶物的浸出率。因为茶叶有效成分的提取率同固液两相接触面和浓度差呈线性关系，一般轧碎程度掌握在 60 目并用不锈钢筛筛滤。

(2) 提取 速溶茶加工中提取工序至关重要，速溶茶风味好坏与所提取的成分关系密切。有些成分易于提取，如香气成分和鲜味成分，另一些成分则较难提取。所以提取操作应用得当，不仅可获得较高的提取率，还可得到良好的品质。

影响提取工艺的主要因素有：提取方法、茶水比、提取次数和时间等。

①提取方法 有沸水冲泡提取和连续抽提两种。沸水冲泡提取的茶水比为 1:15～1:20，连续抽提的茶水比为 1:10。沸水冲泡提取的浓度为 2%～5%，连续抽提的提取液浓度可达到 15%～20%。

②提取时的茶水比 实践证明，提取时茶水比愈大，提取率愈高。但浸提用水太多，会导致提取液浓度的降低，给浓缩工序带来负担，能耗亦大。与此同时，在长时间的浓缩过程中，茶叶中的有关成分在水热条件下会发生变化，大量的芳香物质将随水分的蒸发被带走，造成浓缩液失去茶香，相伴产生不清鲜的熟汤味，降低了成品品质。为此，提取时的茶水比在 1:6～1:10 较好。

③提取次数 如果用 1:8 的茶水比分 2 次提取，第 1 次提取 10 min，第 2 次为 15 min，则基本上提净了水浸出物。然而原料老嫩不同，第 1 次提取率各不相同，其规律是随原料嫩度下降，提取量相应提高。

④提取时间 一般提取时间与浸出量关系不明显，提取时间以 10 min～15 min 为宜。

(3) 净化与浓缩 在抽提液中常有少量茶叶碎片悬浮物，抽提液经冷却后又常有少量冷不溶性物质，为了保证在用冷水或硬水冲泡时也有明亮的汤色和鲜爽度，必须在浓缩前将提取液进行过滤，去掉杂质。

最有效的方法是采用物理方法进行处理，如离心、过滤等。另也可以采用化学方法，这主要是针对冷不溶性物质的沉淀部分经适当的化学处理，促使这部分物质转溶。

经过处理后的提取液一般浓度较低，必须加以浓缩以提高固形物浓度，使其增加到 20%～48%，既可提高干燥效率，也可获得低密度的颗粒速溶茶。

浓缩的方法可用真空浓缩或膜浓缩，主要原理是利用液固两相在分配上的某些差异，而获得溶质和溶剂的分离方法,可以取得不同浓度的浓缩液。由于茶叶中的可溶物质在高温下长期受热时,易受到破坏、变性、氧化等,所以茶可溶物在浓缩时,要充分考虑温时效应,从茶叶的安全性看,要求"低温短时"。目前,在速溶茶生产上使用最多的是真空浓缩、膜浓缩方法,其特点是不加热或低温加热,不存在相变过程,是一种对茶叶品质有利的浓缩方法。

(4)干燥　干燥工序不仅对制品的内质有影响,而且对制品的外形及速溶性等也有重要影响。目前常用的干燥方法有喷雾干燥和冷冻干燥,两种干燥方法各有其特点。

真空冷冻干燥的产品,由于干燥过程是在低温状态下进行,茶叶的香气损失少,很好地保持了原茶的香味,但干燥时间长,能耗大,成本高,且速溶性也不好,一般已不再使用;喷雾干燥操作简单,效率高,制品的体积质量小,外形呈颗粒状,流动性能好,溶解性好,且成本较低,是速溶茶干燥的常用方法。但其产品是在高温条件下雾化干燥,故芳香物质损失大。

两种干燥方法的成本相差很大,后者是前者的 6~7 倍,因此,喷雾干燥至今仍然是国内外速溶茶加工的主要方法。

成品速溶茶具有较低的松密度,每 100 mL 只有 9 g~15 g,一般粒径控制在 200 μm~500 μm,以满足商业上的一般要求;速溶茶的松密度与茶溶液中溶存的果胶含量有密切关系,当果胶含量低于固形物重量的 0.2% 时,松密度就难以达到上述标准,如果果胶含量超过 2.0%,这样的速溶茶在冷的硬水中就无法溶解。因此,果胶含量是衡量松密度的指标之一,一般在 1.0% 以上。

(5)包装　速溶茶是一种疏松的小颗粒,因此它对异味尤为敏感,更易吸潮,即使轻度吸湿也会结块变质,损失香气,汤色变深,严重吸潮时会变成似沥青状,不可饮用。因此,包装速溶茶的环境必须注意控制温、湿度,一般温度应低于 20 ℃,相对湿度低于 60%。包装方式宜用轻便包装材料,常用的为轻量瓶、铝箔塑料袋等。

2.3.3.2　速溶乌龙茶加工工艺

速溶茶生产工艺常因当地的经济条件、技术力量及原料来源等原因,不可能完全一致。这里介绍福建省安溪茶厂的速溶乌龙茶生产工艺,仅供参考。

(1)工艺流程

原料茶处理→抽提→冷却→过滤→离心→浓缩→干燥→包装→成品

(2)工艺要点

①原料处理　乌龙茶的原料都较粗大,一般要求轧碎,茶梗为 0.5 cm~1.0 cm,叶茶粒度在 14 目~20 目之间。

②提取　采用高效密闭加压循环连续提取,提取时间为 10 min,水温在 95 ℃~100 ℃,压力控制在 186.3 kPa~205.9 kPa。提取液在密闭系统中冷却后进入下一道工序。

③离心过滤　由于提取液含有部分残渣和不溶性杂质,因此需离心过滤。经冷却的提取液用压力泵输入过滤器,在 245.2 kPa 压力下过滤,滤液再经转速为 2600 r/min 的离心机澄清。

④浓缩　在喷雾干燥前经过离心过滤后的茶提取液,还需浓缩以减轻干燥的负荷。本工艺浓缩工序采用薄膜蒸发浓缩,料液进入蒸发器的锥体盘后,在离心力作用下使料液分布于锥盘外表面,形成 0.1 mm 厚的液膜,在 1s 内经蒸汽加热蒸发水分,受热温度为 45 ℃~50 ℃,一次浓缩可将固含量提高 1 倍。

⑤干燥　一般采用喷雾干燥的办法。为了获得不同产品粒度、松密度及含水量,应对固含量适当(40%~50%)的料液进料量、热风分配和离心喷头的旋转速度(即改变压缩空气压

力,常用294.2 kPa～392.3 kPa)等进行合理调控。应严格控制热空气的进出口温度,进口温度一般为250 ℃左右,出口温度为80 ℃～100 ℃。

⑥包装　选择具有良好的防潮和密封性能的材料,在低温、低湿条件下迅速包装。

2.3.4　速溶茶生产中重点关注问题

2.3.4.1　转化

生产速溶茶的原料有绿茶、鲜叶和未"发酵"的半成品,为了使提取液完成发酵过程,必须通过酶的作用或加入氧化剂来完成,前者称为酶法转化,后者称为化学转化。

酶法转化是将利用天然植物或微生物生产的酶制剂与未发酵的混合液放在一起,在30 ℃振荡保温1.5 h～2.0 h,就能完成从绿茶变红茶的转化作用,其转化速度与酶活性大小、基质浓度、溶解氧浓度以及温度、pH值有关。酶制剂是通过交联、包埋、吸附等方法固定到适当载体上制成的固定化酶。

其次为化学转化,即用氧化剂来完成的转化过程。这是一种氧化反应,必须有氧化剂参加。常用的氧化剂有氧、臭氧和过氧化氢。化学转化的速度取决于氧化剂的种类、用量、茶叶的类型、茶内多酚类物质的浓度以及转化温度等条件。两种转化方法相比,酶法转化条件温和,是一种生化反应过程,尤其是由天然多酚氧化酶引起的偶联氧化反应能使茶黄素的氧化与氨基酸的还原同时发生,有利于香气的改善,使反应产物更接近茶叶风味。

化学转化的突出优点是简单易行。但转化过程中茶黄素只经历单纯的氧化,促使茶红素增多。随着酸性茶红素的形成,抽提液的pH值有所下降。一般用KOH回调pH值至8.8,但使汤色变暗,茶味偏涩,香气也较差。生产实践中通过漂色、添加适当的呈味物或采用调香技术加以改进,也可以拼配一些优质速溶茶。

2.3.4.2　转溶

红茶在冲泡后,由于多酚类化合物和咖啡碱二者分子内和分子间的氢键缔合形成一种乳凝状胶体化合物(冷后浑),使颗粒红茶无法溶解于冷水和硬水之中,加牛奶冲泡,浑浊更为严重。因此,汤色浑浊的速溶茶,不仅有损外观,还影响滋味和香气,故有必要进行转溶。

(1)冷后浑产生的实质　茶汤中的各种有机化合物,大多带有数量不等的极性基团,其中以酮基和羟基最多。在一定条件下,它们之间能形成氢键。所谓氢键,就是氢原子同时和两个负电性很大而原子半径较小的氧(氟、氮)原子间的结合,结合力愈大,分子愈稳定。

冷后浑则是咖啡碱与茶黄素和茶红素分子间或分子内靠氢键缔合形成的一种大分子化合物所引起的。分子间氢键的缔合不仅在分子间进行,往往还可以多个汇集到一起,因此极性基团减少,非极性基团增加,粒径也就随之变大。当缔合物粒径达到10^{-7} cm～10^{-5} cm时,茶汤就不再是透明的真溶液了,而显示出典型的胶体特征,如果缔合物不断膨大,细微的胶粒就会云集絮凝,甚至在重力场下内聚沉,这就是所谓的冷后浑。

(2)冷后浑解决办法　提高速溶茶的溶解性,可以通过生物化学的酶解方法,也可以通过化学方法引入适当的极性基团使胶质离子化,从而使极性加强,造成同性电荷相互排斥,这两条途径都能起到茶乳酪转溶的作用;也有的将组成茶乳酪的任何一方乃至茶乳酪本身都加以抽除,以期控制氢键的缔合度,防止胶粒和絮凝的形成。

①酶法转溶　酶是生物体内具有高度催化活性的特殊蛋白质。酶促反应条件温和,底物专一性强,副反应少,催化效率特别高。所以,酶法转溶是一种有前途的方法。

酶法转溶主要采用多酚酶,多酚酶能切断儿茶素与没食子酸的酯键,释放没食子酸。解离的没食子酸阴离子又能同茶黄素、茶红素竞争咖啡碱,形成分子量较小的水溶物,它的阳离子(H^+)可在通氧搅拌条件下,加碱(KOH)中和,以免汤色变暗。

②碱法转溶　茶叶抽提液中,茶红素几乎占多酚类化合物的70%左右,它与咖啡碱缔合形成的茶乳酪在冷水中也最难溶解。如果将沉淀物离心出来加苛性碱处理,差不多全能转溶于冷水。一方面,由于苛性碱解离的羟基带有明显的极性,能插进茶乳酪复杂分子,打开氢键,并且跟茶红素等多酚类竞争咖啡碱,重新组合小分子水溶物;另一方面苛性碱的使用,又会使汤色变暗,这主要是因为 a.茶红素的碱金属盐使汤色转深;b.苛性碱会促进多酚类和茶黄素深度氧化成茶红素,使汤色转深。因此,碱法转溶时,通入氧、臭氧或过氧化氢等氧化剂漂色就成了必不可少的辅助手段。另外,用食用酸将 pH 值回调到 5.2 左右,可以消除茶汤的碱味。

③冷冻离心　茶乳酪也可以不经任何转溶处理,直接通过冷冻离心去除。这种方法在制造冷溶型速溶茶的初期曾一度用过,只是茶味略嫌淡薄,但产品不带异味,处理技术也比较简单。

④浓度抑制　茶乳酪的形成是因为多酚类与咖啡碱络合形成大分子絮状沉淀的结果。因此,可以在乳酪形成前,用化学或物理的方法去除部分多酚类和咖啡碱,以遏制茶乳酪的絮凝和聚沉。

冷冻离心和浓度抑制的处理方法,其缺点均为牺牲茶叶的有效可溶物以换取最终产品的澄清度。

2.3.4.3　增香

速溶茶的增香包括去杂留香、香气回收和人工调香等复杂技术,涉及到天然香气的分离、提纯,以及人工合成等多个领域,许多手段尚在摸索中。

(1)去杂留香　中、低档茶的最初抽提部分约占总抽提液的 6%,粗老气比较明显;接着是约 10% 左右的抽提液,不仅茶味浓强,而且香气鲜爽;再接着是约 14% 左右的低香抽提液;其余都是无香气部分,大致占抽提液总体积的 70%。合并粗老气和低香、无香这几部分抽提液,经过真空浓缩就可以冲淡粗老气。然后将浓缩液连同香气鲜爽、茶味浓郁的精华部分一道干燥,就可制成品质高于原茶之上的优质速溶茶。

(2)香气回收　速溶茶加工过程中,香气损失是很难避免的。目前,主要运用分馏—冷凝法回收香气,也可以用色谱装置回收香气。

(3)人工调香　加工速溶茶,香气主要损耗在抽提、浓缩和干燥等过程,尤其是用低档茶原料加工速溶茶时,不仅涉及到去杂留香与回收香气的问题,还需要适当增香,以弥补香气不足。

3　茶饮料加工实例

3.1　混合茶饮料

由乌龙茶、荞麦、大枣、枸杞组合而成。产品营养丰富,香气浓郁,风味独特。将荞麦与乌龙茶混合制成深受消费者喜爱的新型复合茶饮料,具体制作方法是:将荞麦、大枣、枸杞和乌龙茶混合,于 95 ℃热水中浸提 30 min,四者配合比例为 60∶15∶5∶20,经过调配、过滤、灭菌、充氮、装罐、密封、包装等工序,制成既具备荞麦、大枣、枸杞和乌龙茶香气,又具有乌龙茶风味的新型复合茶饮料。该茶饮料由于营养丰富,品质风味独特,饮用方便,深受广大青少年消费者的喜爱。

3.2 固体茶饮料

以红茶、牛奶(炼乳)、蔗糖为原料生产固体茶饮料。工艺要点及工艺流程如下:
(1)工艺流程
红茶→抽提→冷却→过滤→离心→浓缩→干燥→包装→成品
(2)工艺要点
①提取　水温在 90 ℃～95 ℃,提取时间为 15 min;
②离心过滤　先粗过滤,再离心过滤。经冷却的提取液用压力泵输入过滤器,在 245.2 kPa 压力下过滤,滤液再经转速为 2 600 r/min 的离心机澄清;
③浓缩　真空浓缩至固形物含量 15% 以上;
④调配　按比例添加牛奶(炼乳)、蔗糖;
⑤干燥　真空干燥至含水量 3%;
⑥包装　选择具有良好的防潮和密封性能的材料,在低湿条件下迅速包装。

产品有红茶、牛奶、麦乳精等特有的多种复合香气和滋味,甜度适中,颗粒疏松、无结块,色泽均匀有光泽。红茶乳晶呈红棕色,水冲即溶,且能溶于冷水,溶解后成乳状液体,无上浮物和沉淀;在汤色上,红茶乳晶呈棕红明亮状。

思考题
1.茶饮料的定义是什么?
2.茶汤中主要化学成分及功能是什么?
3.茶饮料混浊沉淀的原因是什么?
4.简述罐装茶水加工工艺。

指定参考书
1.严鸿德等.茶叶深加工技术.北京::中国轻工出版社,1998
2.胡小松,蒲彪.软饮料工艺学.北京:中国农业大学出版社,2002.
3.蒋和体,吴永娴.软饮料工艺学.北京:中国农业科学技术出版社,2006

参考文献
1.蒋和体,吴永娴.软饮料工艺学.北京:中国农业科学技术出版社,2006
2.胡小松,蒲彪.软饮料工艺学.北京:中国农业大学出版社,2002.
3.邵长富,赵晋府.软饮料工艺学.北京:中国轻工业出版社,1987
4.王泽农编著.茶叶生物化学.北京:中国农业出版社,1980
5.徐梅生主编.茶的综合利用.北京:中国农业出版社,1994
6.严鸿德等.茶叶深加工技术.北京:中国轻工出版社,1998

第10章 固体饮料

1 固体饮料概述

固体饮料是指以糖(或不加糖)、果汁(或不加果汁)、植物抽提物及其他配料为原料,经加工制成粉末状、颗粒状或块状的经冲溶后饮用的制品;也可以定义为,水分含量在5%以内,具有一定形状,经冲溶后才可饮用的颗粒状,或鳞片状,或粉末状的饮料。

1.1 固体饮料的特点

相对于液体饮料来说,固体饮料有如下特点。

1.1.1 体积小,易于携带和运输

液体饮料含固形物一般为10%～20%,而固体饮料含水量在3%以下,由于含水量大为降低,故体积减小,给包装带来方便,大大降低了包装和运输费用。

1.1.2 风味好,营养丰富

固体饮料是按照人们的不同口味要求,精心调配而成的,其配方是经过精心设计和实践检验的,溶于水后所成的饮料能满足不同层次的人们对其风味的不同要求。在固体饮料中常添加许多营养丰富的物质,如果蔬汁、牛乳、维生素、氨基酸、蜂蜜等,人们在饮用饮料的同时也获得了丰富的营养。

1.1.3 不易变质,易于保存

固体饮料虽然含有微生物所需要的营养成分,但是固体饮料的含水量低,微生物在这种条件下无法生长繁殖,因此,固体饮料不易变质,可久贮不坏。

1.1.4 经济效益好

固体饮料生产工艺较为简单,设备投资少,所需技术也不复杂,建厂所需时间和费用都较少,因此,用较少的投入即可得到较多的收益。

1.2 固体饮料的分类

1.2.1 按原料组成分类

(1)果香型固体饮料 以糖、果汁(或不加果汁)、食用香精、着色剂等为主要原料制成的制品。

(2)蛋白型固体饮料 以糖、乳制品、蛋白粉或植物蛋白等为主要原料制成的制品。

(3)其他型固体饮料 以糖为主,配以咖啡、可可、乳制品、香精等为主要原料而制得的制品;或以茶叶、菊花等植物为主要原料,经抽提、浓缩与糖拌匀(或不加糖)而制得的制品;或以食用包埋剂吸收咖啡或植物的其他提取物,以及其他食品添加剂等为原料加工制成的产品。

1.2.2 按成品形态分类

(1)粉末型固体饮料 将各种原料混合后,用喷雾干燥法将其干燥成粉末状或将各种原料磨成细粉,再按配方混合的制品,如橘子粉、杏仁粉、速溶豆浆粉、咖啡粉、固体汽水等。

(2)颗粒型固体饮料 由混合料调制而成的不等形颗粒状的一种饮料。一般为通过配料、烘干、粉碎、筛分制得的固体饮料,如山楂晶、菊花晶、蜜乳晶、杏仁麦乳精等。

(3)片剂型固体饮料 将粉碎的各种原料按配方充分混合均匀后,用压片机压成片剂状的固体饮料,如汽水片、果汁片、燕麦片等。

(4)块状型固体饮料 将粉碎的细粉原料按配方充分混匀后,用模型压成立方块形状的固体饮料,如咖啡茶、柠檬茶、奶茶等。

(5)其他型固体饮料 除上述以外的固体饮料,如红茶、绿茶、沱茶等也属固体饮料。

1.2.3 按溶于水时是否起泡分类

(1)起泡型固体饮料 原料中加入了柠檬酸和碳酸氢钠,溶于水后生成大量的二氧化碳,二氧化碳气体逸出形成气泡,如强化汽水晶、起泡可乐饮料粉等。

(2)非起泡型固体饮料 原料中未加入柠檬酸和碳酸氢钠,溶于水后不会产生气泡。绝大多数固体饮料均属此类。

1.3 固体饮料的发展

固体饮料历史不长,但在产量、品种、包装和功能等方面发展都很快。在国外,美国、西欧、日本等国,固体饮料的年递增长率达到10%以上。较著名的品牌有:英国的"阿华田"(Oval-tine)可可型麦乳精;澳大利亚的"美绿"(Milo)强化型麦乳精;美国的"庭格"(Tang)橙汁型果味粉;瑞士的"雀巢"(Nestle)公司和美国"卡夫通"(Kraft General Foods,Inc.)公司生产的速溶咖啡以及速溶可可等产品;美国"立顿"(Lipton)公司的速溶茶、速溶柠檬茶和速溶奶茶等。包装有马口铁听装、不同规格的塑料瓶装、各种花色的软包装等。在国内,各种固体饮料的产量也在迅速增长,其产量已占全部饮料的一半以上。近年来,速溶茶、菊花茶、菊花晶以及油茶、麦片、各类果子晶、减肥茶、豆浆粉、豆乳晶、花生晶、南瓜粉、奶茶等固体饮料销势都很好。

在我国食品工业中固体饮料起步较晚,起点不高,绝大多数企业达不到合理的经济规模,专业化程度低,技术装备落后,而且由于体制等问题,品牌杂多、品种单调、技术含量低、产品质量不高,南北发展不平衡以及人才短缺等问题,都制约着我国固体饮料工业的规模化发展。但是,我国有着丰富的天然资源和历史悠久的饮食文化,通过借鉴和吸收国外先进技术和设备,可促进我国固体饮料工业的规模化发展。目前,国内外固体饮料正朝着组分营养化、品种多样化、功能保健化、成分绿色化、包装优雅化、携带方便化的方向发展。我们应充分利用和发展我国丰富的资源优势,遵循天然、营养、回归自然的发展方向,适应消费者对饮料多口味的需要,积极发展乳蛋白、植物蛋白、果蔬汁、速溶茶等兼具营养性、功能性、特殊性的固体饮料,并继续改进固体饮料的包装。

2　果香型固体饮料

果香型固体饮料从组织形态上分为两类:果汁型固体饮料和果味型固体饮料。它们在质量要求、原辅料、机械设备、生产工艺等方面都基本相同或相似,主要差别在于果味型固体饮料的色、香、味全部来自人工调配,而果汁型固体饮料的色、香、味则全部或主要来自于天然果汁或果浆。

2.1　果香型固体饮料的质量要求

2.1.1　感官指标

色泽:冲溶前不应有色素颗粒,冲溶后应具有该品种应有的色泽;

外观状态:颗粒状的应为疏松、均匀小颗粒,无结块;粉末状的应为疏松的粉末,无颗粒,冲溶后呈浑浊液或澄清液;

香气和滋味:具有该品种应有的香气和滋味,不得有异味;

杂质:无肉眼可见外来杂质。

2.1.2　理化指标

水分:颗粒状≤2%,粉末状≤5%;

颗粒度:颗粒状≥85%;

溶解时间≤60 s;

酸度:1.5%～2.5%(以适当酸计);

着色剂:符合 GB2760 规定;

甜味剂:符合 GB2760 规定;

食用香料:符合 GB2760 规定;
溶解度:果味≥95%,果汁≥90%;
体积比:真空法≥195 cm³/100 g,喷雾法≥160 cm³/100 g;
砷(以 As 计)≤0.5 mg/kg;
铅(以 Pb 计)≤1.0 mg/kg;
铜(以 Cu 计)≤10 mg/kg。

2.1.3 微生物指标

细菌总数(个/g)≤1 000;
大肠菌群(个/100 g)≤30;
致病菌:不得检出。

2.2 果香型固体饮料的主要原料

果香型固体饮料的主要原料有甜味料、酸味料、香料、果蔬汁、食用色素、麦芽糊精、增稠剂和乳化剂等。

2.2.1 甜味料

甜味料是果香型固体饮料的主要原料,是该类产品的主体。使用甜味料,不仅可以赋予产品一定的甜度,而且使产品具有一定的体态、感官、品质和营养功能。甜味料以蔗糖为主,此外葡萄糖、果糖、麦芽糖等均可使用。蔗糖价格便宜,货源广,易保管,加工性能好,与葡萄糖等混合使用还可使制品中的苦味和酸味减弱。

2.2.2 酸味料

酸味料是果香型固体饮料的重要原料,使产品具有酸味,起调整酸味、促进食欲、提高质量的作用。柠檬酸、苹果酸、酒石酸等均可作为酸味料。其中最常用的是柠檬酸,其风味柔和,货源多,一般为白色结晶,容易受潮和风化,宜放于阴凉干燥处。

2.2.3 香料

香料主要是改善、增加和模仿各类水果的香气、香味和滋味。各类食用香精如橘子、柠檬、猕猴桃、山楂、苹果、水蜜桃、哈密瓜等香精均可使用。香料要求易溶于水,且香气浓郁而不刺激。香精有乳化香精和粉末香精等,在生产中可根据实验确定。

2.2.4 果蔬汁

果蔬汁是果香型固体饮料的主要原料,除了使产品具有相似鲜果蔬的色、香、味外,还提供人体必需的营养素如糖、维生素、无机盐等。多种鲜果如苹果、广柑、橘子、葡萄等,经过破碎、压榨、过滤、浓缩,均可制成高浓度的果汁。果蔬汁在生产过程中,要注意避免和铜、铁等金属容器接触,操作要迅速,以保证果蔬汁中的营养成分免遭破坏。果蔬汁浓度的高低根据固体饮料生产工艺而定。

2.2.5 食用色素

食用色素可使固体饮料制品具有与鲜果蔬相似的色泽和鲜果蔬的真实感,从而提高其商品价值。常用的食用色素有胭脂红、苋菜红、柠檬黄、亮蓝、姜黄、甜菜红、红花黄色素、虫胶色素、叶绿素、叶绿素铜钠盐、焦糖色、辣椒红、番茄红等,天然色素已成为世界上发展的一种趋势。不过无论采用何种色素,都必须按照卫生管理部门的规定,用量不得超过国家食品卫生标准的规定。

2.2.6 麦芽糊精

麦芽糊精也是固体饮料的重要原料之一。它是一种白色粉状物,为D-葡萄糖的一种聚合物,其主要成分是糊精,由淀粉经酶法水解,再经精制、浓缩、喷雾干燥制成。主要用来提高饮料的黏稠性,降低其甜度,增加其体态和份量。

2.2.7 稳定剂

包括增稠剂和乳化剂,是用来改善和稳定各组分的物理性质和组织状态,使浆体混合成具有所要求的流变性和质构形态,并使其保持稳定、均匀。常用的增稠剂有羧甲基纤维素钠、明胶、卡拉胶、阿拉伯树胶、海藻酸钠等。常用的乳化剂有单硬脂酸甘油酯、蔗糖酯和各种复合乳化剂等。

2.3 果香型固体饮料的主要生产设备

果香型固体饮料的主要生产设备须根据工艺路线来确定,可以采用喷雾干燥法生产粉状产品,也可采用浆料真空干燥法生产颗粒状产品。喷雾干燥法干燥速度快,产品质量好,营养损失少,操作条件可调控;真空干燥法生产的产品组织疏松,速溶性好,是生产高档固体饮料的常用方法。但这两种方法所用的设备投资较大,工艺操作较复杂,能源消耗费用较多,产品成本也较高。因而这两种方法在果香型固体饮料生产中采用得较少,而一般多采用干料真空干燥法、干料热风沸腾法、干料远红外加热干燥法等。这几种方法的共同点就是设备投资少,工艺操作简便,产品质量也有保证,能源消耗低,产品成本也相应降低,因而运用也较普遍。这几种方法,一般需要下列设备。

2.3.1 砂糖粉碎机

砂糖粉碎机一般采用筛片式磨粉机,主要作用是将颗粒状的砂糖磨成粉末状的砂糖粉,以利于砂糖能与其他原料充分混合均匀,从而更有效地吸收其他成分,避免产品中有色点和硬块出现。

2.3.2 合料设备

合料设备有大有小,型号品牌也多种多样,一般采用单浆槽式混合机。该机的主要部件是盛料槽,槽内有电动搅拌器,槽外有与齿轮联动的把手,还有料槽的支架等。配料时,可将物料在料槽中充分混合均匀后,再自动倒出物料。

2.3.3 成型设备

成型设备一般多采用摇摆式颗粒成型机,该机的主要部件是加料槽、正反旋转的带有刮板和筛网的圆筒、网夹管、减速装置和支架等。该机的主要作用是将混合好了的坯料,通过旋转的滚筒,由筛网挤压而出。筛网一般为6目,并可随时更换。

2.3.4 干燥设备

固体饮料生产通常采用蒸汽真空干燥法,主要设备是在箱体内装上蒸汽管或蒸汽薄板,供蒸汽进入加热,并供冷水进行冷却。蒸汽管或蒸汽薄板上可搁置料盘。也可采用远红外干燥法,其主要设备是在干燥箱内装上远红外电热板以取代蒸汽管。也可采用热风沸腾干燥法,其主要原理是吹风通过靠近干燥箱前面的蒸汽排管,然后将热风吹入长方形的干燥箱,热风以箱内筛板底部经筛孔向上吹出,使筛板上的坯料成沸腾状态进行干燥。箱内筛板有一定斜度,使坯料从高到低,逐步让干料从低处的出料口流出。热风大小可用开关来调节,沸腾情况可通过孔眼来观察。热风干燥法,能源消耗较少,便于较大规模生产,但颗粒较难控制,有时粉碎较多。

2.3.5 封口设备

果香型固体饮料,大多采用复合薄膜袋装,可采用连续式塑料封袋机。用马口铁听装和玻璃瓶装的,可采用罐头封盖机和旋盖机。

2.3.6 其他设备

规模较小的工厂,大多采用浓缩果汁来生产果汁型固体饮料,可直接从果汁厂购买果汁,不必添加果汁生产设备。对于规模较大的工厂需要自行加工果汁时,就必须添加漂洗、破碎、压榨、过滤、浓缩等果汁生产设备。这些设备属果汁生产设备的范畴,这里不予介绍。

2.4 果香型固体饮料的生产工艺

2.4.1 果香型固体饮料的一般生产工艺流程

果香型固体饮料的一般生产工艺流程如图10-1所示。

原辅料→预处理→称量→合料→成型→干燥→过筛→检验→包装→成品

图10-1 果香型固体饮料的一般生产工艺流程

2.4.2 原料预处理

(1)砂糖须先用粉碎机粉碎,过80～100目筛,成为细糖粉后才能配料。

(2)若用其他厂加工的糖粉,须先通过60目筛,然后投料,以免粗糖粉和糖粉块混入合料机,以保证合料均匀,不出现色点和白点。

(3)麦芽糊精也需过筛,且在加入糖粉之后投料。

(4)食用色素和柠檬酸须分别用少量水溶解之后再分别投料,然后再投入香精,搅拌均匀。

(5)投入混合机的全部用水(包括溶解色素和柠檬酸的用水及香精等液体),须保持在5%～7%。如果用水过多,则产品颗粒坚硬,影响质量,并且成型机不好操作;如果用水过少,则产品不能形成颗粒,只能成为粉状,不合乎质量要求。如果用果汁取代香精,则果汁的浓度必须尽量高,并且合料时绝对不能加水。

2.4.3 合料

合料时必须严格按照产品配方和投料次序进行投料,而且应充分搅拌均匀。果味型固体饮料的原辅材料用量一般为砂糖97%、柠檬酸或其他食用酸1%、各类香精0.8%、食用色素按国家标准控制。果汁型固体饮料和果味型固体饮料的配方基本相似,所不同的是用浓缩果汁取代全部或大部分香精,柠檬酸和食用色素可不用或少用。果汁型固体饮料和果味型固体饮料中一般都用糊精来减少和调整甜度。

2.4.4 成型

成型即造粒,就是将混合均匀和干湿适当的坯料,放进颗粒成型机成型,使其成为颗粒状态。颗粒的大小,与成型机筛网孔眼的大小有直接的关系,必须合理选用。一般以6～8目的筛为宜。成型后的颗粒状坯料,由出料口进入盛料盘。

2.4.5 干燥

将盛装在盘子中的坯料,轻轻地摊匀铺平,然后放进干燥箱中干燥。干燥温度应保持在80℃～85℃,以使产品保持良好的色、香、味。

2.4.6 过筛

将完全烘干的产品通过6～8目的筛子进行筛选,除去较大颗粒与少数结块的颗粒,保持产品颗粒基本一致。

2.4.7 包装

将检验合格的产品,摊晾至室温后进行包装。产品如不摊晾而在产品温较高时包装,则易回潮变质,影响货架期。

2.5 果香型固体饮料生产实例

2.5.1 中华猕猴桃晶的生产

猕猴桃,果实形如梨,色如桃,因猕猴喜食,故称猕猴桃。它是我国特产,主要产于河南、陕西、山西、湖南等地。它全身是宝,经济价值很高。其果实中维生素C含量居水果之冠,被誉为"水果之王"。它还有葡萄糖、果糖、多种矿物质和12种人体所需的氨基酸。猕猴桃可调中下气,主骨节风,治疗瘫痪不遂、常年白发,对消化道癌症、消化不良、食欲不振、肝炎、尿结石等症都有一定的治疗作用。因此,猕猴桃正成为世界上新兴的热门水果,我国也已把猕猴桃的开发利用列为重点项目。

(1)生产工艺流程　如图10-2所示

猕猴桃原果→挑选→乙烯催熟→洗果→打浆(去籽、去渣)→过滤→浓缩→配料(加辅料)→造粒→包装→成品

图10-2　猕猴桃晶生产工艺流程

(2)乙烯催熟　选择8～9成熟、无霉变的新鲜猕猴桃果,在密闭室内分层平铺数层,每天喷洒少量乙烯,经3～5天催熟处理,使果实柔软即可使用。

(3)洗果　熟果经流水洗净,再经无菌水冲洗备用。

(4)打浆　调好打浆机的筛网直径在0.6 mm左右。将催熟洗净的果实经打浆机进行打

浆处理,由于猕猴桃浆易褐变,所以在打浆时要添加适量的异抗坏血酸等。

(5)过滤　经打浆得到的果浆仍然有杂质存在,必须过滤处理,去渣得到果汁备用。

(6)真空浓缩　将果汁打入真空浓缩锅内进行浓缩,至3~4倍浓度,以利于保存。真空度控制在80 kPa~90 kPa,出锅温度保持在50 ℃左右。

(7)配料　按猕猴桃原浆20 kg、白砂糖85 kg、麦芽糖浆5 kg、柠檬酸1.3 kg、苹果酸0.6 kg、柠檬酸钠0.3 kg、食盐2 kg、环烷酸钠2 kg、甜蜜素0.2 kg、香精适量的配方进行配料,将物料置入搅拌机中进行搅拌至松软状混合物,控制其水分含量在1%左右。

(8)造粒　将上述调好的物料移入造粒机中造粒,造粒机筛网直径为10~12目。

(9)干燥　将造好的物料装入托盘中,置真空干燥箱内干燥。抽真空,通蒸汽。注意压力、温度和真空度之间的关系。也可在70 ℃~80 ℃的烘房内进行干燥,这种方法要求经验丰富,操作熟练,否则易烘焦而影响产品的质量和外观。

(10)包装　干燥完毕,待真空度回零后,开箱取出托盘,冷却的产品经检验合格并过筛后,即可进行包装。因猕猴桃晶易受潮,故应在干燥的空调房间内包装。

3　蛋白型固体饮料

蛋白型固体饮料是以糖、乳及乳制品、蛋及蛋制品或植物蛋白以及营养强化剂为主要原料制成的,固体状的蛋白质食品或饮料。例如乳粉、豆乳粉、蛋乳粉以及豆乳精、维他奶、花生精、麦乳精等,蛋白质含量≥4%。

3.1　蛋白型固体饮料的质量要求

近几年来,蛋白型固体饮料生产发展很快,并于1986年制订了麦乳精的质量标准。这一标准,也可作为制订其他蛋白型固体饮料质量标准的参考。现将该标准介绍如下。

3.1.1　感官指标

可可麦乳精:呈棕色,有光泽的疏松均匀小颗粒。具有可可与牛奶所固有的香味和滋味,无焦糊味、酸败味及其他异味。溶于热开水,冲调后呈浅棕色、均匀一致的混悬液。甜度适中,可有少量可可粒粉沉淀。

不含可可麦乳精:除色泽为浅黄色外,其他性状均应符合以上感官指标。

3.1.2　理化指标

(1)水分≤2.5%;

(2)溶解度:含可可的≥94%,不含可可的≥96%;

(3)体积比≥220 mL/g;

(4)蛋白质含量≥8%;

(5)脂肪含量≥9%；

(6)总糖含量65%～70%；

(7)灰分≤2.5%；

(8)重金属含量：铅<0.5 mg/kg，砷<0.5 mg/kg，汞(Hg计)≤0.04 mg/kg；

(9)六六六含量≤0.3 mg/kg，DDT含量≤0.2 mg/kg。

3.1.3 卫生指标

(1)细菌总数≤3万个/g；

(2)大肠菌群≤90个/100 g；

(3)致病菌：不得检出。

3.1.4 其他要求

(1)DDT、六六六农药残留量，暂作为内控指标；

(2)保存期：听装1年，玻璃瓶装半年，塑料袋装3个月；

(3)重量误差：500 g以下(含500 g)±1%；500 g以上±5%。

3.2 蛋白型固体饮料的主要原料

3.2.1 白砂糖

白砂糖是各种蛋白型固体饮料的主要原料。选用一级或优级白砂糖，纯度要求达到99.6%以上，水分含量不高于0.5%，10%的水溶液不呈现浑浊，呈中性。

3.2.2 甜炼乳

甜炼乳以新鲜全脂牛奶加糖，经真空浓缩制成，呈淡黄色，无杂质沉渣，无异味及酸败现象，不得有霉斑及病原菌。一般要求水分含量低于26.5%，脂肪不低于8.5%，蛋白质不低于7%，蔗糖含量40%～44%，酸度低于48°T。

3.2.3 可可粉

可可粉应是以新鲜可可豆经焙炒、冷却、粗碎、壳肉分离、前期碱处理、磨浆、榨油、饼粉碎、筛选而制成，呈深棕色或红棕色，有天然可可香，无受潮、发霉、虫蛀、变色、酸败味等不正常气味。水分不高于3%，脂肪为16%～18%，细度以能通过100～120目为准。

3.2.4 奶油

奶油是由新鲜牛奶脱脂所得的乳脂加工制成的，呈淡黄色，无霉味、无酸败味及其他异味，无霉斑。水分低于16%，酸度低于20°T，脂肪高于80%。

3.2.5 蛋黄粉

蛋黄粉是以新鲜蛋黄或冰蛋黄混合均匀后，经喷雾干燥制成，为淡黄色粉状，无受潮结块,气味正常,无苦味及其他异味,溶解度良好。脂肪不低于42%,游离脂肪酸少于5.6%(以油酸计)。

3.2.6 麦精

麦精是麦芽糖和糊精的混合糖分的液体,内含麦芽糖、三糖、四糖、糊精等,以制啤酒用的干绿麦芽和碎大米各50%为原料制成。呈棕黄色,不浑浊,有显著麦芽香味,无发酵味、焦苦味及其他不正常气味,酸度不超过0.5%,水分少于25.5%,含干物质为74.5%。

3.2.7 奶粉

选用以鲜奶喷雾干燥制成的全脂奶粉。淡黄色粉状,无结块及发霉现象,有显著鲜奶味,无不正常气味。脂肪含量不低于26%,水分不高于4%,酸度应低于19°T,溶解度不低于97%。

3.2.8 柠檬酸

柠檬酸用以帮助形成奶油芳香,并有利于乳的热稳定性,是白色晶体。一般用量为0.002%,并应符合《中华人民共和国药典》的规定。该品易于风化和受潮,应存放于阴凉干燥处。

3.2.9 小苏打(碳酸氢钠)

白色结晶粉末,无臭,味咸,在潮湿空气中缓慢分解。纯度不低于98.5%,可采用药用级或食用级产品。其作用是中和原料带来的酸度,以避免蛋白质受酸的作用而产生沉淀和上浮现象。

3.2.10 维生素

维生素作为强化剂,用以生产强化麦乳精。经常采用的是维生素A、维生素D和维生素B_1,维生素A和维生素D只溶于油,维生素B_1可溶于水。使用时都应符合药用要求。

3.2.11 麦芽糖糊精

麦芽糖糊精用于生产具有特殊风味的奶晶如人参奶晶、银耳奶晶等,以降低其甜度并增加其粘稠性。白色粉状物,由淀粉水解而制成,为D-葡萄糖的一种聚合物,其主要成分为糊精。

3.2.12 其他添加物

其他添加物主要是指用以生产具有特殊风味的奶晶饮料所需要的添加物,如人参浸膏、银耳浓浆等。这些添加物的采用,必须符合食品卫生法的规定,一般都是由各生产单位自行制备。

3.3 蛋白型固体饮料的主要生产设备

蛋白型固体饮料的生产主要是采用间歇式浆料真空干燥工艺,现将这一生产工艺所需的主要设备简述如下。

3.3.1 化糖锅

化糖锅含夹层,供通蒸汽加热。内壁为不锈钢,有搅拌桨叶,便于搅匀各种糖料,加速熔化操作。用以熔化各种糖料如砂糖、葡萄糖、麦精等。

3.3.2 配浆锅

该锅的结构与材质与上述化糖锅基本相同。用以调配炼奶、奶粉、蛋粉、可可粉、奶油等。

3.3.3 混合锅

混合锅用以混合糖液和奶浆,其结构与材质均与上述两项设备相同。

3.3.4 均质机

一般均采用均质机和胶体磨,用于均质物料。

3.3.5 浓缩锅

浓缩锅用以消除浆料在乳化过程中带进的空气,并调整浆料烘烤前的水分。除浓缩锅体外,还须配置平衡桶、高位冷却塔和真空泵等,以达到真空排气的目的。

3.3.6 干燥箱

干燥箱用以烘干浆料,使产品水分控制在标准以内。干燥箱为密封体,有活动密封门,箱内有排管或空心薄板,供通入蒸汽以加热浆料,也可以通入冷水进行干料冷却。干燥箱通过管道与平衡桶、高位冷却塔和真空泵相通,使箱内在干燥过程中实现高度真空。

3.3.7 轧碎机

轧碎机用以轧碎从烘盘取出的整块多孔干料。该机为一不锈钢圆形筒,内有一定大小筛孔的筛网套筒和可以转动的轧片,将干燥块料轧碎后从筛孔挤压而出。

3.3.8 包装机

固体饮料包装应根据不同包装材料如塑料袋、玻璃瓶、铁罐等,而采用不同的封装设备。一般是采用电热压封机以封闭预先制好的袋子。近年来又出现一种自动称量、自动制袋和自动封口的塑料封袋机。铁罐封口则与罐头封盖一样,可以采用多种形式和不同自动化程度的封盖机。玻璃瓶装的产品,一般都靠手工拧紧,亦可考虑采用机械代替手工。

3.4 蛋白型固体饮料的生产工艺

3.4.1 蛋白型固体饮料生产工艺

生产工艺流程如图 10-3 所示。

化糖 ┐
    ├→混合→乳化→贮存→脱气→贮存→装盘→干燥→
配浆 ┘

轧碎→贮存→检验→包装→检验→成品

图 10-3 蛋白型固体饮料的生产工艺流程

3.4.2 化糖

先在化糖锅中加入一定量水,然后按照配方加进砂糖、葡萄糖、麦精及其他添加物,在 9 ℃～95 ℃条件下搅拌溶解,使之全部溶化,用 40～60 目的筛网过滤后进入混合锅。待温度降至 70 ℃～80 ℃时,边搅拌边加入适量碳酸氢钠,以中和各种原料可能引进的酸度,从而避免随后与之混合的奶质出现凝结现象。碳酸氢钠的加入量,应随各种原料酸度高低而定,一般加进量为原料总投入量的 0.2% 左右。

3.4.3 配浆

配浆时先在配浆锅中加入适量的水,然后按照配方加入炼奶、蛋粉、奶粉、可可粉、奶油,使温度升高至 70 ℃,搅拌混合。蛋粉、奶粉、可可粉等需先经 40～60 目的筛子,避免硬块进入锅中而影响产品质量。奶油应先经熔化,然后投料。浆料混合均匀后,经 40～60 目的筛网进入混合锅。

3.4.4 混合

在混合锅中,使糖液与奶浆充分混合,并加入适量的柠檬酸以突出奶香并提高奶的热稳定性。柠檬酸用量一般为全部投料的 0.002%。

3.4.5 乳化

可用均质机、胶体磨、超声波乳化机等进行两道以上的乳化。这一过程的主要作用是使浆料中的脂肪滴破碎成尽量小的微液滴,增大脂肪滴的总表面积,改变蛋白质的物理状态,减缓或防止脂肪分离,提高和改善产品的乳化性能。

3.4.6 脱气

浆料在乳化过程中混进大量空气,如不加以排除,则浆料在干燥时势必发生气泡翻滚现象,使浆料从烘盘中逸出,造成损失。乳化后的浆料在浓缩锅中脱气,浓缩脱气所需的真空度为 96 kPa,蒸汽压力控制在 9.8 kPa 以内。当浓缩锅内的浆料不再有气泡翻滚时,则说明脱气已完成。脱气浓缩有调整浆料水分的作用,一般应使完成脱气后的浆料水分控制在 28% 左右,以待后续干燥工艺。

3.4.7 分盘

分盘就是将脱气完毕并且水分含量合适的浆料分装于烘盘中。每盘数量需根据烘箱具体性能及其他实际操作条件而定,每盘浆料厚度为 0.7 cm~1 cm。

3.4.8 干燥

将装好料的烘盘放置在干燥箱内的蒸汽排管上或蒸汽薄板上,加热干燥。干燥初期,真空度保持于 90 kPa~93 kPa,随后提高到 96 kPa~98 kPa,蒸汽压力控制在 14.7 kPa~19.6 kPa。通汽干燥时间为 90 min~100 min。干燥完毕后,必须先停蒸汽,然后放进冷却水进行冷却约 30 min。待料温下降后,再消除真空出料。全过程为 120 min~130 min。

3.4.9 轧碎

将干燥完成的蜂窝状的整块产品,送进轧碎机中轧碎,使产品基本上保持均匀一致的鳞片状。在此过程中,要特别重视卫生要求,所有接触产品的机件、容器及工具等均须保持洁净,工作场所要有空调设备,以保持温度在 20 ℃左右,相对湿度在 40%~50%,从而避免产品吸潮而影响产品质量,有利于后续包装操作。

3.4.10 检验

产品轧碎后,在包装之前必须按照质量要求抽样检验。包装后,则着重检验成品包装质量。

3.4.11 包装

检验合格的产品,可在空调情况下进行包装,包装间一般保持温度在 20 ℃左右,相对湿度为 40%~45%。

3.4.12 其他问题

(1)各种原料的配比　原料的配比需根据原料的组成情况和产品的质量要求计算决定。

(2)维生素 A、维生素 D 及维生素 B 的投料问题　生产强化麦乳精时,须加维生素 A、维生素 D 及维生素 B_1 以达到产品质量要求。由于维生素 A、维生素 D 不溶于水而溶于油,因此应先将其溶于奶油中,然后投料。因为维生素 B_1 溶于水,可在混合锅中投入。

(3)加进其他添加物如人参浸膏、银耳浓浆的蛋白型固体饮料一般就不再加麦精,有利于显示这些添加物的独特香味。这类产品的脂肪和蛋白质含量较低,一般只为 4%~5%。为了降低此类产品的甜度并增加其粘稠性,可考虑加进 10%~20% 的麦芽糊精。这类产品不能以麦乳精命名,以区别于那些含有麦精并且脂肪和蛋白质含量较高的蛋白型固体饮料。

3.5 蛋白型固体饮料的生产实例

麦乳精是典型的含乳固体饮料,麦乳精顾名思义是由麦、乳、精 3 种主要成分组成的。麦指麦精;乳指配方中的乳制品,包括乳粉、炼乳和奶油等;精则是由于麦乳精所用原料中葡萄糖、饴糖和麦精3种原料中都含有一定量的糊精而得名。

3.5.1 生产工艺流程

麦乳精生产工艺流程如图10-4所示。

原料→配料→混合→杀菌→乳化→均质→脱气→浓缩→干燥→粉碎→检验→包装→麦乳精

图 10-4 麦乳精生产工艺流程

3.5.2 原料

麦乳精的主要原料为蔗糖、柠檬酸、乳制品、蛋黄粉、可可粉、麦精、葡萄糖、饴糖、碳酸氢钠、维生素类等。原料质量符合前述要求。

3.5.3 配料

(1)配方　麦乳精配方设计参见表10-1,其中B配方脂肪含量较A配方低。

表 10-1 麦乳精配方表

原料	乳粉(%)	甜炼乳(%)	奶油(%)	蛋粉(%)	可可粉(%)	麦精(%)	砂糖(%)	葡萄糖(%)	柠檬酸(%)	小苏打(%)
配方 A	4.8	42.9	2.1	0.70	7.6	18.9	20.1	2.7	0.002	0.2
配方 B	12.5	21.5	—	0.65	7.65	25.5	29	3.0	0.002	0.2

(2)配料　配料一般分为以下2个过程。

①制备糖浆　将砂糖、葡萄糖、麦精及其他配方放入水中,在90 ℃~95 ℃温度下搅拌溶化。化糖水量一般为25%~30%,热法化糖兼有杀菌作用(95 ℃,10 min)。化糖时物料添加顺序为:水、砂糖、葡萄糖、麦精、饴糖,除了考虑蔗糖溶化杀菌外,还要考虑葡萄糖和饴糖具有酸性,容易引起糖的转化,后加葡萄糖可以减少糖的转化。另一方面在化糖过程中,加入麦精后,可在搅拌下加入0.1%~0.2%碳酸氢钠,以中和原料中的酸度,将酸度(以乳酸计)控制在0.1%以下,避免混合时与蛋白质作用引起凝乳现象。糖浆温度控制在90 ℃以上,以呈不沸腾状态为宜。糖浆与乳浆混合前应使用40~60目网筛进行过滤。

②混合　混合前先调配乳浆,在混合罐中加入适量水,并加入炼乳,再加入经过40~60目筛筛过的蛋黄粉、可可粉和乳粉以及奶油等。然后将此乳浆与糖浆混合,搅拌使之充分混合。混合后料浆温度应在65 ℃以上,一方面满足混合料杀菌的要求,同时可以减少蛋白质的热变性。在混合过程中,可以加入适量的柠檬酸,以突出乳香并提高乳的稳定性。

3.5.4 杀菌

为了有效控制和降低麦乳精中的细菌总数和大肠菌数,延长保藏期,除加强设备清洗、空气净化、严格生产卫生管理外,还应对混合原料进行有效而合理的杀菌。

由于麦乳精混合料是一种固形物含量75%以上黏稠性浆体、流动性差,不适宜采用高温短时或超高温杀菌方法,因此目前麦乳精混合料仍采用低温长时间的杀菌方法,杀菌工艺为:温度为68 ℃~70 ℃,保温20 min~25 min。为此将95 ℃以上的糖浆与乳浆混合时,混合料温度达到65 ℃以上就可以达到杀菌目的。

3.5.5 乳化均质

麦乳精浆液含乳固体17%以上,含固形物约78%,其中含有可可粉带入的不溶性粗纤维和添加的油脂。乳化均质是为了细化浆料中的脂肪球,改变粒径分布,减缓或防止脂肪分离,提高乳化稳定性,可使冲调液保持浓稠,增加圆润、细腻口感,同时减少分层和沉淀。乳化均质可用胶体磨、乳化机、均质机等进行乳化或均质,均质压力一般为 7 MPa~10 MPa。均质目的在于将浆料中的脂肪球变小,改变粒径分布,减缓或防止脂肪分离,提高乳化稳定性。

3.5.6 脱气浓缩

浆料在混合和乳化过程中会混进大量空气,使浆料在干燥时发生气泡翻滚现象,影响干燥过程,为此干燥前应进行脱气。一般采用浓缩脱气方式,浓缩时真空度在 93.3 kPa 以上,加热蒸汽控制在 0.1 MPa 以下,浓缩除具有脱气作用外,还有调整浆料水分的作用。脱气后浆料固形物浓度应控制在 65%~67% 范围内。

3.5.7 干燥

麦乳精浆料一般采用真空干燥法,与常压干燥相比,真空干燥具有水分蒸发快、干燥温度低等优点。而且在微量或没有空气的情况下干燥,可以减少蛋白质变性,脂肪酸败和维生素氧化分解。真空干燥一般分为3个阶段。

(1) 蒸发阶段 此阶段真空度可提高到 96 kPa 以上,沸腾温度为 70 ℃ 左右,维持 45 min。在高真空蒸发阶段能迅速排除整个系统内及浆料中的空气,使浆体正常沸腾,防止浆料溢出。加热蒸气压力为 0.3 MPa~0.4 MPa。当发生溢浆现象时,可相对减少进汽量。

(2) 干燥阶段 沸腾蒸发后,真空度可降至 80 kPa 左右,时间为 45 min~50 min。加热蒸汽压力、加热温度不宜过高,防止半成品结焦。

(3) 冷却阶段 在干燥阶段,物料温度达到 95 ℃ 左右。干燥后冷却固化可以提高产品光泽,快速冷却可以使糖形成细小均匀的结晶体。采用烤盘干燥时,烤盘由于冷却收缩使物料松动,利于脱盘。冷却阶段包括冷却、定型和散热过程。冷却时间一般为 15 min~20 min,冷却温度为 50 ℃~55 ℃。

3.5.8 破碎与包装

干燥好的蜂窝状整块麦乳精需要破碎或轧碎。在此过程中要严格遵守卫生标准,防止来自工作环境的二次污染。粉碎工作室在生产前应采用紫外线照射杀菌,所有接触产品的容器、工具均应保持洁净。麦乳精粉碎颗粒应控制在 3.5 mm 以上,保持均匀一致的鳞片状。粉碎后进行抽样检查,包装后也应检验包装质量。粉碎和包装应在相对湿度为 50%~60%,温度为 20 ℃~25 ℃ 的条件下进行。

4 其他类型固体饮料

固体饮料种类很多,有以糖为主配入咖啡、可可、香精等原料制成的固体饮料,例如速溶咖啡;还有以茶叶、菊花及茅根等植物浸提物,经过调配、浓缩、干燥而制成的浸汁型固体饮料,如菊花晶、柠檬茶等;此外还有起泡型固体饮料,即固体汽水和无糖饮料等。

4.1 速溶咖啡

速溶咖啡与普通咖啡一样,从咖啡豆中提取有效成分并干燥而成。目前冻干法和喷干法生产的速溶咖啡商品均有销售,可根据不同需要进行生产。速溶咖啡中的咖啡因含量大于3%,水分含量小于4%。

4.1.1 速溶咖啡生产工艺流程

由咖啡豆生产速溶咖啡的生产工艺流程如图10-5所示。

咖啡豆→配料→焙炒→磨碎→浸提→分离→干燥→检验→包装→成品

4.1.2 工艺流程说明

(1)配料。是将不同品种和质量的咖啡豆按一定配比进行混合,以在焙炒时获得较佳香味,同时稳定产品质量和降低成本。

(2)焙炒、磨碎、浸提。从焙炒到浸提的工序与牛奶咖啡饮料的工艺相同,咖啡豆浸提时粉碎的粒度大小、加水量、浸提时间与方法决定浸提物的固形物含量。焙炒温度为200 ℃~240 ℃,时间为15 min左右,重度焙炒比轻炒时间长1 min~2 min。实践表明,用咖啡豆10倍量的水浸提时,浸提出的固形物量比1倍量的水增加10%。但加水量多,浓缩和干燥过程中所需的能量增加,成本增高,不经济。因此浸提时的料水比一般为1:(3.5~5.0),浸提时间为60 min~90 min,浸提温度为90 ℃以上。生产速溶咖啡时,咖啡浸提需要在压力和高温下进行,咖啡浸提液浓度一般为30%~32%(普通浸提液浓度仅有10%~12%)。当咖啡浸提液浓度达到30%时,可直接进行干燥,否则要预先浓缩,达到规定浓度后再进行干燥。

(3)干燥。干燥前应先进行离心分离,去除固体微粒。

咖啡浸提液的干燥方法有热风干燥、喷雾干燥和冻结干燥。热风干燥的温度为150 ℃~180 ℃,咖啡温度为60 ℃~70 ℃,最后可能达到150 ℃左右。在这种高温下,香气和色泽都会受到损失。喷雾干燥时的热风温度为160 ℃~200 ℃,为了获得需要的视密度,可在送往离心喷雾盘以前在咖啡浸提液中溶解适量的CO_2加以调节。

为减少咖啡香气的损失,有时也采用真空干燥和冷冻干燥,其中尤以冷冻干燥时的损失为最小。将咖啡浸提液的浓缩物冻结,并在接近真空的状态下进行冻结干燥,冰不经过水而直接升华变为蒸汽,最后成为多孔质的干燥咖啡。速溶咖啡的易溶性与其粒度关系极大。粒度过细会浮于表面或变成疙瘩,不易溶解。粒度过大时,溶解慢,又容易变为沉渣。速溶咖啡的良好粒度为200 μm~500 μm,冻结干燥产品易溶,与其粒度无关。

4.1.3 速溶咖啡芳香化与保存方法

芳香化技术是提高速溶咖啡质量的重要手段之一。近年来速溶咖啡产品已基本达到焙炒磨粒咖啡所具有的香味和滋味,甚至用低档咖啡豆为主原料也能生产出高质量的速溶咖啡,其中咖啡芳香化起到了重要作用。芳香化技术之一是在从原料配比、焙炒、浸提直至干燥的过程中,如何保留更多的咖啡芳香物。另一项则是先将咖啡芳香物质收集起来,然后兑回到速溶咖啡产品中去。

咖啡油的提取一般用压榨法或有机溶剂浸出法、蒸汽蒸馏法,近年来开发了超临界二氧化碳抽提技术。咖啡挥发性芳香物的提取可以用水蒸气和惰性气体如氮气或二氧化碳作载体,通过吸收法或冷冻法收集。

以蒸汽为载体的提香方法可用于浸提过程,将浸提机中的载香蒸汽用水间接冷却,冷凝收集香气成分,所得芳香物以高沸点成分为主,一般与咖啡油混合制成乳化液,在干燥前加到浓缩咖啡液中。以惰性气体为载体的提香方法除用于浸提时在浸提机中提取外,还用于收集研磨咖啡时散发的咖啡香。载香惰性气体用固体 CO_2 或液氮为制冷剂进行冷冻收集,可获得低沸点的咖啡芳香成分,与焙炒磨粒咖啡香味一致。收集的咖啡芳香物一般与咖啡油一起,直接雾化加入速溶咖啡粉末中。

速溶咖啡有较强的吸湿性,要注意密闭保存,在开启使用期间,取出咖啡时不要带入水分或进入湿气,每次使用后仍要密封好,并放于干燥处。

4.2 可可晶

可可晶的生产在这里主要介绍一项瑞士饮料生产技术。它是在可可粉颗粒化之前将可可香料稀溶液以不损伤粉末自由流动性的量加入其中,然后用蒸汽或水进行颗粒化,干燥后制成的新的可可粉。

4.2.1 制作方法

可可香料稀溶液为浓度(以可可香味剂的重量计)$(3\,000\sim 4\,000)\times 10^{-6}$ 的水溶液,喷雾最适量为粉末中可可的 $0.25\%\sim 0.5\%$(重量比)。这样的量可使粒子湿润充分,不影响粉末的自由流动性。喷雾温度要尽量低,最好在 25 ℃以下。喷雾后将粉末颗粒化,干燥,制成颗粒状可可晶。

4.2.2 制作实例

将含 18.6 份的可可粉末、80 份糖、1 份卵磷脂、0.06 份香草、0.03 份肉桂和 0.3 份盐的可可饮料粉,连续供给干燥塔最上部的喷嘴。在粉末从喷嘴重力落下之前,将 $3\,500\times 10^{-6}$ 的可可粉稀溶液向幕状落下的可可混合饮料粉末中喷雾,其喷雾量控制在可可香味剂占可可粉 0.4%(重量比)的标准。通过蒸汽湿润粉末互相粘着固结成粒,在落下的过程中经乱流干燥空气蒸发过剩水分,形成干燥可可晶。

思考题
1. 简述固体饮料的定义和分类。
2. 简述固体饮料的生产过程和操作注意点。
3. 简述蛋白型固体饮料的生产过程和操作注意点。
4. 列举固体饮料常用的干燥方法及其干燥机理。
5. 分析固体饮料生产中常见的问题并提出解决方法。

指定参考书
1. 邵长富,赵晋府.软饮料工艺学.北京:中国轻工业出版社,1987
2. 李勇.现代软饮料生产技术.北京:化学工业出版社,2006

3.朱蓓薇.饮料生产工艺与设备选用手册.北京:化学工业出版社,2003

参考文献

1.邵长富,赵晋府.软饮料工艺学.北京:中国轻工业出版社,1987
2.李勇.现代软饮料生产技术.北京:化学工业出版社,2006
3.朱蓓薇.饮料生产工艺与设备选用手册.北京:化学工业出版社,2003
4.莫慧平.饮料生产技术.北京:中国轻工业出版社,2001
5.郭本恒.乳粉.北京:化学工业出版社,2003
6.蔺毅峰.固体饮料加工工艺与配方.北京:科学技术文献出版社,2000
7.高愿军.软饮料工艺学.北京:中国轻工业出版社,2002
8.田呈瑞.软饮料工艺学.北京:中国计量出版社,2005
9.张国志,金铁成.食品工业.1999(2):17～19
10.徐家莉.食品科学.1998,19(11):65～66
11.李基洪.软饮料生产工艺与配方3000例(上册).广州:广东科技出版社,2004
12.蔺毅峰.固体饮料加工工艺与配方.北京:科学技术文献出版社,2000
13.仇农学.现代果汁加工技术与设备.北京:化学工业出版社,2006
14.张国治.软饮料加工机械.北京:化学工业出版社,2006

第11章 特殊用途饮料

GB10789-1996《软饮料分类》中定义：特殊用途饮料(drinks for special use)就是通过调整饮料中天然营养素的成分和含量的比例，以适应某些特殊人群营养需要的制品，又称为功能性饮料。本章重点介绍运动饮料、滋补饮料和低热量饮料。

1 运动饮料

运动饮料(sports drink)是指营养素的组分和含量能适应运动员或参加体育锻炼、体力劳动人群的生理特点、特殊营养需求的软饮料，分为充气运动饮料和不充气运动饮料两类。在运动饮料国家标准中，规定了糖类、维生素、矿物质项目指标作为各种运动饮料的通用营养素要求，其中可溶性固形物和钠的含量为强制性指标(可溶性固形物含量不低于5%、钠含量为50 mg/L～900 mg/L)，其余指标为推荐性，由企业自行决定是否采用。

1.1 运动员的营养

运动能力的强弱，除了与先天的遗传和后天的锻炼有关外，还与长期的饮食和营养有很大的关系。

根据运动员的生理特点和营养需求，首先必须满足热量平衡，这对运动员的运动能力和健康有着重要的影响。热能是体力活动的基础，热量摄入不足可引起严重的营养不良和体力下降；而热量摄入过多同样会影响体力甚至导致肥胖、心血管疾病及糖尿症。据调查资料介绍，我国运动员的热能需求量一般为 14 630 kJ/d～18 392 kJ/d。运动员热能消耗量的大小取决于运动的强度和持续时间。

其次，运动员的营养需求必须考虑在运动中随着汗液排出体外的无机盐、水分等，应该及时补充，使运动员恢复体力，并保证运动员的健康。

最后,为了提高运动员的运动能力,最高限度地发挥人体各部分的生理功能,还必须研究与运动相关的一些功能性物质,并指导运动员合理摄取。

1.1.1 运动与碳水化合物

碳水化合物是机体能量的主要提供者,在肌肉运动时可以直接利用,效率高。人体内碳水化合物的贮备量是影响耐力的重要因素。长时间的剧烈运动,可导致肌糖原和肝糖原被过量消耗而出现低血糖情况,此时会发生眩晕、头昏、眼前发黑、恶心等症状。人体内糖类贮备量的限度一般为 400 g(相当于 6 688 kJ),因此在运动时尽量不要超过这个限度,以免低血糖的发生。在能量代谢过程中,糖类可以直接利用,速度快,效率高,而脂肪和蛋白质的分解反应复杂,提供能量的速度较慢,并且蛋白质在代谢过程中会产生酸性物质,导致体液的 pH 值下降,加速疲劳的产生。因此,大运动量之前或运动过程中供给适当的糖类是有益的,可以预防低血糖的发生并提高耐力。

1.1.2 运动和水

水是生命活动中的重要物质,人体的三分之一由水组成,各种代谢过程的正常进行也取决于水的"内环境"的完整性。当人体水分损耗达到体重的 5% 时称为中等程度的脱水,这时机体活动明显受到限制,损耗达 10% 时即为严重脱水。在较高的环境温度下运动时,由于代谢产热和环境热的联合作用,使体热大大增加。为了维持体温的稳定,人体依靠大量排汗来散发过多的热量,从而保证生命活动的正常进行。运动中的排汗率和排汗量与很多因素有关,如运动强度、密度和持续时间等。运动强度越大,持续时间越长,人体排汗率越高。此外,气温、湿度、运动员的训练水平和对热适应等情况也会影响排汗量。据有关资料介绍,在气温 27 ℃~31 ℃ 的条件下,进行 4 h 长跑训练,运动员的出汗量可达 4.5 L;在气温 37.7 ℃,相对湿度大于 80% 的环境下进行一场 90 min 的足球比赛,运动员的出汗量将超过 6.4 L,即汗液丢失量达到体重的 6%~10%。研究表明,当汗液丢失量达到体重的 5% 时,运动员的最大吸氧量和肌肉工作能力将下降 10%~30%,所以在赛前和赛中运动员均应合理地补充一定量的水分,使体液恢复正常。

1.1.3 运动和无机盐

无机盐是构成机体组织和维持正常生理功能所必需的物质。人体在激烈运动或高温作业时会大量排汗,使机体内环境失去平衡,并可造成细胞内正常渗透压的严重偏离及中枢神经的不可逆变化。另外,在排汗的同时还会随着汗液损失大量的无机盐,致使体内电解质失去平衡,此时如果单纯地补充水分,不但达不到补水的目的,而且会越喝越渴,甚至会发生头晕、昏迷、体温上升、肌肉痉挛等所谓的"水中毒"症状。

人的血液 pH 值介于 7.35~7.45 之间,呈弱碱性,正常状态下变动范围很小。但在高强度运动中由于大量出汗,导致无机盐的流失,从而引起体液(包括血液、细胞间液、细胞内液)组成发生变化,影响人体正常的生理机能。人体体液酸碱度之所以能维持相当恒定,是由于体液中缓冲物质作用的结果。在剧烈运动时,人体会产生乳酸等大量的酸性物质,导致体液的 pH 值下降,如果不能得到及时调节就会使运动员感到疲劳。因此,在赛前运动员应尽量选择一些碱性食品,如含钾、钙较多的水果、蔬菜等。在运动过程中要同时补充水分和无机盐,以保持体内电解质的平衡,这也是运动饮料的基本功能。运动饮料中常见的无机盐有钠、钾、钙、磷、镁、铁等。其中,钠、钾具有保持体液平衡、防止肌肉疲劳、脉率过高、呼吸浅频及出现低血压状态等作用;钙、磷能够维持血液中的细胞活力,对神经刺激的感受性、肌肉收缩作用和血液的凝固等有重要作用。运动员对磷的平均需求量为 1 500 mg/d~2 000 mg/d,而对于马拉松运动员以及短跑、体操和击剑运动员来说,磷的需求量更多;镁是一种重要的碱性电解质,能中和运动中产生的酸。

1.1.4 运动和维生素

维生素是维持人体正常的生理功能所必不可少的物质,其中与人体运动最为密切的有维生素 B_1、维生素 B_2、维生素 C 和维生素 A。维生素 B_1 参与糖代谢,在进行大运动量时,运动员必须补充额外的糖质和与之相适应的维生素 B_1,从而保证糖代谢的正常进行,为人体提供能量。此外,维生素 B_1 还与肌肉活动和神经系统活动有关。

维生素 B_2 与维生素 B_1 一样,也参与糖代谢。有研究报道,服用维生素 B_2 后,可提高跑步速度和缩短体力恢复的时间,同时还可以减少血液中乳酸、二氧化碳和焦性葡萄糖的蓄积。

维生素 C 能够提高肌肉活动的持久力,并具有迅速消除运动疲劳的功能。维生素 C 的需求量与运动强度成正比。据研究报道,运动员在比赛前 30 min~40 min,服用 200 mg~250 mg 维生素 C 可取得显著的效果。

维生素 A 与人体的视觉功能有着密切的关系,缺少维生素 A 常常会导致"夜盲症"的发生。因此,对于要求视觉敏锐的击剑、射击等运动员必须确保维生素 A 的摄入量符合要求。

1.1.5 运动与蛋白质

蛋白质的合理摄入与运动员的体质和运动能力息息相关。运动员在进行体育活动时,会消耗贮藏在体内的血液蛋白质,使血清蛋白浓度降低,如果不能及时补充,就会出现贫血现象。因此,运动员的蛋白质摄入量应比一般人多。一般人每日蛋白质供给量为 1.4 g/kg~2.0 g/kg 体重,而对运动量大的运动员,如举重运动员则需要多供给蛋白质。在激烈的训练期间,每日每 kg 体重的供给量为 2.2 g~2.6 g,但不应超过 3 g,否则会增加消化、代谢等负担。

蛋白质的摄入不仅要考虑数量,而且要保证质量。这是因为组成人体各种组织细胞蛋白质的氨基酸有一定的比例,每日膳食中蛋白质的氨基酸比例只有与此一致,才能被充分利用,满足机体合成各种组织细胞蛋白质的需要。因此,膳食蛋白质中的氨基酸既要在数量上满足机体的需要,还要在比例上符合机体的要求。一般来讲,动物性蛋白质的氨基酸比例与人体的需求比较符合,而植物蛋白质的某些氨基酸含量往往不足,如蛋氨酸和赖氨酸。因此运动员在训练期间,应食用优质蛋白质,其中动物性蛋白质以 60% 为宜。在增加蛋白质供给的同时,必须补充一些水果、蔬菜等碱性食物,以中和蛋白质代谢过程中产生的酸性物质,消除机体疲劳。

在运动过程中,为了满足运动员体力恢复的需要,可以通过饮料补充适量的必需氨基酸。人体对氨基酸的吸收,不会影响胃的排空,补充的氨基酸的量少,也不会引起体液 pH 值的改变,并且氨基酸属于两性电解质能够增加血液的缓冲性。

1.1.6 运动与脂肪

脂肪对人体来说也是一种必不可少的营养素,尤其是人体所需的必需脂肪酸必须从膳食中摄取。但高脂肪的饮食会使人体的血脂升高,对健康不利,而对于运动量大的人来说,摄取稍多一些的脂肪也是无害的。一般来讲,合理膳食的脂肪发热量约为总热量的 25%~35%。

1.2 运动饮料的开发程序

目前对运动饮料研究比较集中的课题是能量的供应、渗透压的选择、营养素的配比和生理生化效应等。在设计和开发运动饮料时应该注意以下几点：(1)运动饮料应能够迅速补充运动员在运动中失去的水分和电解质，既解渴又能抑制体温上升，消除疲劳，保持良好的运动机能。(2)运动饮料要能够迅速补充人体所需的能量，一般使用血糖指数(GI)较高的糖类，如葡萄糖、麦芽糖、砂糖，此外饮料中一般还加有促进糖代谢的维生素 B_1、维生素 B_2，及有助于消除疲劳、恢复体力的维生素 C。(3)在规定浓度时，运动饮料与人体体液的渗透压最好相等，这样人体吸收运动饮料的速度为吸收水时的 8~10 倍，因此饮用后不会引起腹胀，可使运动员放心参加运动和比赛。(4)根据具体运动情况，运动饮料在设计时可以添加一些营养素和功能性物质，如牛磺酸等。(5)运动饮料在风味设计上要易于让人接受，一般不使用合成甜味剂和合成色素，运动中和运动后均可饮用。

运动饮料的研究和开发与普通的饮料不同，它不但要求色、香、味好，还要使运动员在比赛中保持最佳竞技状态，降低疲劳程度。因此设计的产品是否合理，能否满足运动员的特殊需要，还需要进行一系列生理生化指标的测定，方能给以评价。运动饮料的开发一般遵循以下程序：(1)确定使用对象和使用时期；(2)初步设计配方；(3)根据使用对象的运动特点对配方进行初步测试和筛选；(4)将初步筛选出的配方进行调整，再进行动物模型试验，初步确定配方；(5)运动饮料试验(包括测定必要的生理生化指标)；(6)确定配方，制订原材料标准、生产工艺、成品质量标准和包装规格，并进行试生产；(7)正式投产。

1.3 运动饮料配方

运动饮料种类繁多，可以适应不同类型运动员的特殊营养需求，常见的有电解质等渗饮料、休闲运动饮料、高能运动饮料、马拉松长跑运动饮料、提高肌肉运动功能的饮料等。下面对这些运动饮料的配方作一具体介绍。

(1)电解质等渗饮料

电解质等渗饮料能够迅速补充运动中损失的水分和电解质，提高血液中糖的浓度，给机体补充能量，恢复体力。有关电解质等渗饮料配方见表 11-1。

表 11-1 电解质等渗饮料配方

原辅料名称	含量	原辅料名称	含量
柠檬酸	9.73 kg	磷酸二氢钾	3.6 kg
葡萄糖	20.07 kg	蔗糖	20.07 kg
氯化钠	2.96 kg	柠檬酸钠	2.36 kg
氯化钾	0.87 kg	三氯蔗糖	0.65 kg
维生素 C	0.42 kg	香精	1.75 kg
食用色素	40 g	水	加至 1 000 L

(2)休闲运动饮料

休闲运动饮料属于非专业型运动饮料,供普通人群休闲运动时饮用。目前市场上常见的"娃哈哈激活"、"乐百氏脉动"就属于该类型的饮料。有关休闲运动饮料配方见表11-2。

表11-2 休闲运动饮料配方

原辅料名称	含量	原辅料名称	含量
氯化钠	1.6 kg	维生素C	0.48 kg
三氯蔗糖	0.16 kg	食用色素	20 g
葡萄糖	73.52 kg	磷酸二氢钠	0.56 kg
磷酸二氢钾	0.48 kg	苯甲酸钠	80 g
香精	0.16 kg	无水柠檬酸	3.2 kg
水	加至1 000 L		

(3)高能运动饮料

高能运动饮料除了含有易被人体吸收的葡萄糖、果糖及电解质外,还加入了人体必需的维生素和功能因子。该饮料是专为剧烈运动或处于特殊工作环境的人群而配制的,具有迅速消除疲劳、恢复体力和强身健体的功效。有关高能运动饮料配方见表11-3。

表11-3 高能运动饮料配方

原辅料名称	含量	原辅料名称	含量
果葡糖浆	80 kg	甜菊苷	100 g
钠盐	120 g	磷酸盐	50 g
柠檬油	0.6 kg	维生素C	120 g
钾盐	100 g	铁盐	150 g
柠檬酸	1 kg	人参花浓缩汁	适量
维生素B_1、维生素B_2	16 g	水	加至1 000 L

(4)马拉松长跑运动饮料

马拉松长跑运动饮料是针对长跑运动员的营养需求特性而设计的,能够为运动员迅速地补充水分、糖、电解质和维生素。常见的马拉松长跑运动饮料配方见表11-4。

表11-4 马拉松长跑运动饮料配方

原辅料名称	含量	原辅料名称	含量
葡萄糖	80 kg～120 kg	柠檬酸	1 kg
氯化钾	1 kg	维生素C	2 kg～4 kg
氯化钠	2 kg～4 kg	维生素B_1	16 g
水	加至1 000 L		

(5)提高肌肉运动功能的饮料

该类饮料具有提高肌肉运动功能的作用,其中含有的支链氨基酸混合物能够很快地被人体吸收,随着血液迁移到体内各器官中,提高肌肉的运动功能。有关提高肌肉运动功能的饮料配方见表11-5。

表 11-5 提高肌肉运动功能的饮料配方

原辅料名称	含量	原辅料名称	含量
砂糖	50 kg	维生素	10 kg
大豆卵磷脂	8 kg	柠檬酸	1 kg
酪蛋白钠盐	30 kg	酪朊酸钠	30 kg
矿物质	10 kg	水	加至 1 000 L

L-亮氨酸∶L-异亮氨酸∶L-缬氨酸(1∶1.1∶0.6)组成的支链氨基酸混合物 10 kg

2 滋补饮料

滋补饮料是指具有特定保健功能的饮料。它适宜于特定人群饮用,可调节机体功能,不以治疗为目的。具体而言就是在传统饮料的基础上,科学地加入人体所需的"功能因子",使其在解渴的同时还具有调节人体生理活动,增强防御免疫能力,预防疾病和促进康复等作用。

随着社会经济的迅速发展,老龄化社会的形成和人们生活水平的不断提高,再加上工业化的高度发展对环境造成的负面影响给人类的身体健康带来的严重威胁,迫使人们越来越追求身体健康,"花钱买健康"将会逐渐成为 21 世纪的一种时尚。用现代生物医药工程等高新技术手段,以中医理论为指导,充分利用我国特色资源优势,研制和生产高附加值的天然滋补饮料,提高人们的身体素质,增进健康,减少疾病,将是我国饮料工业发展的方向,具有广阔的发展前景。

2.1 滋补饮料与中医营养学的关系

中医营养学,是在中医理论指导下,应用食物或其他天然营养物质,来保健强身,预防和治疗疾病,或促进机体康复以延缓衰老的一门学科。中医营养学的研究内容主要包括基础理论和临床应用两大部分。从历史有关文献来看,该学科着重于生活与临床应用,常包括五大方面的内容,即"以食养生","辩证施食","饮食有节","五味调和"和"饮食有忌"。

中医营养学是我国几千年的文化瑰宝,在指导我国人民健康饮食和疾病防治上发挥了重大的作用。因此,在滋补饮料的研究和开发中,要将我国传统的中医营养学理论和现代软饮料加工技术结合起来,充分利用我国丰富的中草药资源,根据不同人群的生理特点和营养需求,进行科学配制、重组和调味,生产出系列化的营养科学的滋补饮料,以满足人们对健康的追求。滋补饮料的研究与中医营养学有着密切的关系,具体表现在以下两个方面。

(1)滋补饮料要以协调阴阳平衡为指导思想。中医强调人体阴阳平衡,认为身体失健患病都是由于阴阳失衡所致。因此,在滋补饮料配方时,要根据阴阳平衡理论和食物的性味进行合理调配,以机能调节为目的,防止大热大寒、大补大泻,配方以平和为宜。如在儿童滋补饮料开发时可选用性味平和、健脾胃、助消化的原料。

(2)充分挖掘和利用我国中医食疗理论,指导滋补饮料的生产。中医食疗主要有五大学说,即形、气、精五脏相关学说;食饮有节、五味调和学说;食物性味、归经学说;食疗、食养结合学说及饮食宜忌学说。正如孙思邈所说:"食能祛邪安脏腑,悦神志以资气血。"孙氏还指出药疗与食疗不同之处:"药性刚烈,犹若御病……若能用食平疴,适性遣疾者,可谓良工。"因此,可以利用我国丰富的中草药资源,或选择药食同源类原料开发出不同类型的滋补饮料,以适应不同人群的需求,如安神滋补饮料、强筋滋补饮料、抗衰老滋补饮料等。再者,根据食物性味、归经学说可知,山楂性味酸、甘、温,具有消食健胃、活血化淤之功效,其活性成分主要有脂肪酸、山楂酸、山楂黄酮等,因此可用于开胃、健脾滋补饮料的生产。

2.2 开发滋补饮料应注意的几个问题

滋补饮料的研制开发是涉及到生物技术、医学、食品工程等学科的综合科学。为此,在开发滋补饮料时应注意以下几个问题。

2.2.1 以科学的理论为指导

在研制滋补饮料时,配方设计、原料选择、添加剂加入、功效成分确定、生产工艺设计等都应科学合理。具体应该做到以下两点:

(1)以中医营养学理论为基础,指导滋补饮料的研究与开发。在设计滋补饮料配方时,应尽可能了解所选原料的性质特点,弄清它们之间的关系,防止拮抗,尽可能选用具有相互协调作用的原料。滋补饮料的配方要突出功能性,科学地选择原料和合理组方,才能发挥饮料中特殊营养成分的功能作用,起到滋补和保健的功效。

(2)应该采用先进的生产技术,最大限度地保持营养和功效成分,并能尽量掩盖滋补饮料的异味,要通过科学实验来确定工艺路线,按小试——中试——生产性实验进行,最后进行规模化生产。

2.2.2 要突出滋补饮料的功能特性

(1)滋补饮料的基本特点是对人体具有生理调节功能,故在原料选择、配方组成到生产工艺等各个环节都要从功能性出发,确保所设定的功能有效。只有经卫生部指定的单位进行功能评价及其他检验,证明其功能明确、可靠,而且必须经地方卫生行政部门初审同意后,报呈卫生部审批,合格后方可生产。

(2)滋补饮料适合特定人群饮用,它具有调节人体的某一个或几个功能的作用,因而只有相应功能失调的人群饮用才具有良好的滋补作用。若随便饮用,不但起不到滋补作用,反而有损于身体健康。

(3)滋补饮料属于食品,不是药品,不以治病为目的,故不可盲目服用滋补饮料当作治病药物,否则很可能会掩盖病情,耽误治疗,影响身体健康。

2.2.3 要以市场为导向

要考虑市场的接受性,它是滋补饮料最重要的属性之一。滋补饮料要具有创造性,有新的性能、新的用途,符合市场的新需要。既要有较高的营养价值和良好的功能性,又要有良好的口感,色、香、味俱佳,对消费者要有较强的吸引力。

2.3 滋补饮料的品种介绍

滋补饮料是一种功能保健型饮料,按其功能特性可以分为:降血脂滋补饮料、降血糖滋补饮料、安神滋补饮料、明目滋补饮料、强筋滋补饮料、抗衰老滋补饮料、美容滋补饮料等。按照使用的原料特性又可以分为中草药滋补饮料、微生态滋补饮料、花卉花粉类滋补饮料等。下面以板蓝根滋补饮料为例,具体介绍其生产过程。

板蓝根有南北之分,两者药用价值类似。南板蓝根别名蓝龙根、土龙根,为爵床科植物马蓝的干燥根、根茎和叶(大青叶),主产于四川、云南、贵州、湖北等地;此外,广东、广西、福建等地也产。资源丰富,喜生于野外林边较潮湿的地方。板蓝根一般冬季挖根并除去地上茎及泥土,晒干或切段后晒干使用,其叶为通称的大青叶,8~10月采收晒干使用。板蓝根性寒味淡,大青叶性寒味苦,具有很高的药用价值,因此通常作为药用植物,根、叶可单方使用,亦可与其他中草药复方,具有清热凉血、解毒、抗病毒等功能。主治急性热病、瘟病发热、喉痛、出斑、风热感冒、流行性乙型脑炎、肝炎、腮腺炎。一般用水煎服或制成板蓝根冲剂饮用。为了使板蓝根资源得到更充分的开发利用,经过合理的原料选择配比,试制出了口味适当的清凉滋补饮料,并使其适合工业化生产,产品可在炎热的夏季及春秋干燥时节作为凉茶饮用,不但有清凉解渴、解毒的效果,而且具有独特的保健作用。

(1)加工方法
①工艺流程

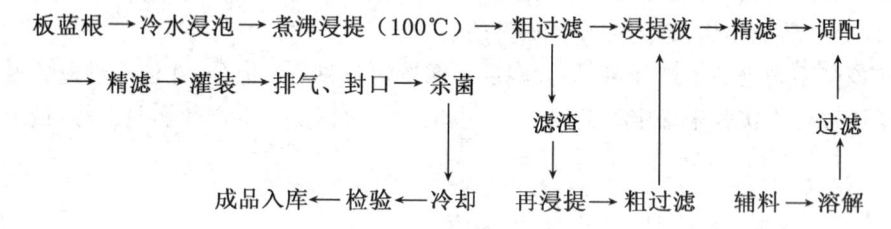

板蓝根→冷水浸泡→煮沸浸提(100℃)→粗过滤→浸提液→精滤→调配→精滤→灌装→排气、封口→杀菌→冷却→检验→成品入库

滤渣→再浸提→粗过滤
辅料→溶解→过滤

②工艺要点

(a)原料挑选　选用干燥后的板蓝根,要求根、茎、叶的比例适当统一,与野生植株基本一致,无杂质、霉变和病虫害,所用的蔗糖、柠檬酸等辅料必须符合国家标准。

(b)浸提　先用冷水浸泡半小时,使板蓝根充分润湿和吸水,后采用高温煮沸法浸提,即先快速加热升温至沸腾,然后缓缓加热保持沸腾状态浸提 15 min~20 min,便于有效成分的浸出,粗滤得浸提液;滤渣再加入少量的水(为第一次用水量的1/4),用同样的方法和时间进行二次浸提,以便提高原料的利用率,滤出浸液,合并两次浸提液,经过后续的精滤即得到板蓝根浸提原液(pH值为7左右),计量放入调配罐。

(c)过滤　粗滤采用100目滤布进行,精滤用300~400目多层滤布或砂棒精密过滤器过滤,以所得滤液澄清透明为准。

(d)辅料制备　将称好的柠檬酸、蔗糖分别用适量软水加热溶解后,分别用100~200目滤布过滤到两个不同的不锈钢或塑料容器中备用。

(e)调配　将计量好的板蓝根浸提原液放入调配罐快速煮沸,然后按配方依次加入定量的蔗糖和柠檬酸备用液,并搅拌均匀,使总糖度为6~7波美度,pH值为5.0~5.5。

(f)灌装、封口、杀菌　将调配好的料液过滤,于65℃~75℃的温度下及时热灌装,然后进行排气和封口,避免二次污染。杀菌条件为 100 ℃,15 min～20 min,最后冷却到 40 ℃。

(g)检验、成品包装　按质量标准检验,产品合格后用纸箱包装,存放在通风、阴凉、干燥的地方。

本饮料配方为:板蓝根 2.5%,蔗糖 6%,柠檬酸 0.08%。

(2)产品质量指标

①感官指标

色泽:产品呈棕色。风味:甜酸适口、清凉微苦,具有板蓝根特有的滋味,无杂异味,气味协调。组织状态:产品基本澄清透明或允许有一定的混浊度,无杂质存在,久置允许有少量沉淀。

②理化指标

总糖度(折光计)≥5 波美度;酸度(以柠檬酸计)≤0.08%;铅(以 Pb 计)≤1 mg/L;砷(以 As 计)≤0.5 mg/L;铜(以 Cu 计)≤10 mg/L。

3　低热量饮料

随着我国经济的发展,人们的生活水平已从温饱型向小康型转变。与此同时,人类的文明病也接踵而来,特别是肥胖病的发病率呈逐年上升趋势,有调查显示,仅北京地区肥胖者就占被调查人数的 10%,其中儿童肥胖者占 3%～5%。另外,我国社会的老龄化正在形成,各种老龄病(高血压、脑血栓、冠心病)的发病率明显上升,引起了人们的恐慌和烦恼。鉴于此,世界各国都加大了对保健食品的开发和研究,而饮料在人们的日常生活中占有相当大的比例,因此开发低热量饮料,减少能量的摄入,对预防肥胖病及因肥胖症带来的一系列疾病已成为饮料界的一大任务。

3.1　低热量饮料的发展现状

低热量饮料是采用低聚糖或糖的代用品研制出来的,在人体内产生的能量较少的饮料。20 世纪 80 年代初,在日本的饮料市场上出现了低热量饮料,当时风靡一时。这种饮料主要是由可溶性膳食纤维(葡聚糖)、低聚糖、糖醇钙等配制而成的,具有低甜度、低热量,基本不增加血糖、血脂的特点,同时这些物质还都具有某些生理活性。随着食品科学技术的发展,日本市场上的新型低聚糖(不包括蔗糖、麦芽糖等常用的双糖)不断出现。自从 1988 年异构乳糖投入生产以来,几乎每年都推出新的低聚糖产品,如低聚半乳糖、低聚木糖、低聚乳果糖、低聚果糖、低聚异麦芽糖、大豆低聚糖、低聚龙胆糖等。1993 年日本各种低聚糖总量达 2.26 万吨,为生产低热量饮料提供了广泛的优质原料。如日本市场较有名的"OLIGO CC"功能饮料就是由低聚糖、钙吸收剂、食物纤维等成分配制而成的。由于这些饮料具有甜度低、热量低的特点,深受广大消费者的青睐,最高年销售量达 9 000 万瓶。

我国低聚糖和功能性甜味剂的研制起步较晚,20世纪后期才有较大发展。针对消费者饮食观念的转变和市场的需求,我国加大了对低热能食品的研究与开发,先后从天然植物中提取了多种低热值的功能性甜味剂,并进行了批量生产。另外,还利用某些具有二肽生甜团的氨基酸合成了高甜度的甜味素,用来替代蔗糖进行低热量饮料的生产。我国目前生产的天然糖苷甜味剂主要有甜菊苷(Stevioside)、甘草甜素(Glycyrrhizin)等。人工合成的二肽甜味素主要有:阿斯巴甜(Aspartame)、阿力甜(Alitame)等。这些甜味剂的甜度大大高于蔗糖,而产生的热量却很低,是生产低热量饮料的理想甜味剂。

3.2 低热量饮料配方

在低热量饮料中,使用强力甜味剂来替代蔗糖,会引起产品固形物含量的降低和黏度的下降,因此口感也会发生变化。在实际生产中通常加入一些增稠剂,以增加产品的固形物含量并改善口感。目前有很多甜味剂都能产生与蔗糖相似的甜味,但在某些方面还存在不足之处,尚不能完全替代蔗糖。有时,数种甜味剂混合使用能产生协同增效作用,可以弥补单一甜味剂的不足,改善甜味特性。不过,阿斯巴甜、三氯蔗糖和纽甜这3种强力甜味剂的甜味特性很好,与蔗糖几乎一样,特别适合在低热量饮料中使用,替代蔗糖的比率可以高达50%~100%。几种低热量饮料的实用配方见表11-6、表11-7和表11-8所示。

表11-6 低热量碳酸饮料实用配方

原辅料名称	咖啡汽水(%)	薄荷汽水(%)	橙味汽水(%)
阿斯巴甜	0.06	0.09	0.008
低聚异麦芽糖	—8.00	7.665	
柠檬酸钠	—	—	0.008
柠檬酸	0.04	0.033	0.103
咖啡抽提液	5.00		
食用色素	—	适量	0.165
焦糖色素	0.20	—	—
薄荷香精		0.05	
咖啡香精	0.10	—	—
橙味香精	—		0.113
苯甲酸钠	0.015	0.013	0.033
加水至	100	100	100

表11-7 低热量果汁饮料实用配方

原辅料名称	橙汁1(%)	橙汁2(%)	橙汁3(%)	梨汁(%)	柠檬风味饮料(%)
浓缩橙汁(90%)	5	15	5.62	—	—
高果糖浆					15.52
浓缩梨汁(70%)	—	—	—	2.26	—
纽甜	—	0.002	—	—	—

原辅料名称	橙汁1(%)	橙汁2(%)	橙汁3(%)	梨汁(%)	柠檬风味饮料(%)
柠檬酸	0.25	1.162	0.17	0.18	1.10
维生素C	0.05	0.023	—	—	—
阿斯巴甜	0.08	—	0.04	0.05	0.09
柠檬酸钾	—	—	0.02	—	0.11
柠檬酸钠	—	—	—	—	0.11
食盐	—	—	—	—	0.23
三聚磷酸钠	0.10	—	—	—	—
苯甲酸钠	—	0.03	—	—	0.22
磷酸钾	—	—	—	—	0.10
山梨酸钾	0.024	—	—	—	—
β-胡萝卜素(5%)	—	0.044	—	—	—
Jaffa香精	—	0.062	—	—	—
浆果香精	—	—	—	0.08	—
桃香精	—	—	0.49	—	—
橙味香精	—	0.087	0.09	—	—
青柠檬乳化香精	—	—	—	—	0.19
柠檬香精	—	—	—	—	0.31
青柠檬香精	—	—	—	—	0.16
食用色素	0.20	0.18	0.20	0.49	0.18
加水至	100	100	100	100	100

表11-8 低能量乳酸饮料实用配方

原辅料名称	菠萝乳酸饮料(%)	蜜瓜乳酸饮料(%)
阿斯巴甜	0.018	0.02
高果糖浆	4.20	3.80
低聚麦芽糖	6.98	7.34
营养酵母	0.25	0.28
柠檬酸	0.50	0.25
柠檬酸钠	0.20	0.10
卡拉胶	0.06	0.05
菠萝香精	0.20	—
乳酸香精	0.10	0.10
蜜瓜香精	—	0.05
苯甲酸钠	0.03	0.03
加水至	100	100

思考题

1. 简述长跑运动员的生理代谢和营养特点，并说明开发长跑运动饮料的依据。
2. 简述运动饮料的开发程序。
3. 简述滋补饮料与中医营养学的关系。
4. 滋补饮料的研究与开发应该遵循哪些原则？
5. 说明开发低热量饮料的目的意义。

指定参考书

1. 胡小松，蒲彪主编.软饮料工艺学.北京：中国农业大学出版社，2002
2. 僧松龄著.运动营养保健饮料配方与制作.北京：人民体育出版社，1991
3. 李勇主编.现代软饮料生产技术.北京：化学工业出版社，2006
4. 蔺毅峰主编.软饮料加工工艺与配方.北京：化学工业出版社，2006
5. 杨桂馥主编.软饮料工业手册.北京：中国轻工业出版社，2002
6. 陈中，芮汉明编.软饮料生产工艺学.广州：华南理工大学出版社，1998

参考文献

1. 胡小松，蒲彪主编.软饮料工艺学.北京：中国农业大学出版社，2002
2. 僧松龄著.运动营养保健饮料配方与制作.北京：人民体育出版社，1991
3. 李勇主编.现代软饮料生产技术.北京：化学工业出版社，2006
4. 蔺毅峰主编.软饮料加工工艺与配方.北京：化学工业出版社，2006
5. 杨桂馥主编.软饮料工业手册.北京：中国轻工业出版社，2002
6. 陈中，芮汉明编.软饮料生产工艺学.广州：华南理工大学出版社，1998
7. 王爱国.保健饮料的开发原则.食品工业，2001，4(5)：6～9
8. 张治良.利用地方药物资源开发滋补性饮料新产品.农牧产品开发，1998(4)：31～33
9. 张雪峰.中医食疗的防病保健意义.江苏卫生保健，2005，7(2)：36～37
10. 郭永洁.中医食疗的特点与研究.东方食疗与保健，2004(9)：22～23